高等学校通识教育系列教材

C/C++程序设计基础与实践教程（第2版）

杨明莉　刘磊　主编

成桂玲　高婷　郝莉萍　潘冠宇　副主编

清华大学出版社

北　京

内 容 简 介

"程序设计基础"课程是高等学校计算机基础课程中的核心课程。本书分为两篇:基础知识篇以 C/C++语言程序设计基础为主,讲解程序设计的概念、方法和思路,利用实训培养学生的基本编程能力,以及逻辑思维和抽象思维能力;综合提炼篇以课程设计综合训练为辅,培养学生自主学习和解决问题的能力,并通过提炼 ACM-ICPC 的竞赛题,凝练算法,使学生拓宽解题思路,掌握编程方法与技巧。全书内容丰富,通俗易懂。

本书适合各类本科院校作为"程序设计基础"专业课的教材,也适合计算机科学与技术、电子信息工程和计算机与电子信息相关本科专业作为参考教材。由于本书提炼了 ACM-ICPC 竞赛的核心算法,提高了编程的层次,所以也适用于想参加 ACM-ICPC 竞赛的学生。

图书在版编目(CIP)数据

C/C++程序设计基础与实践教程/杨明莉,刘磊主编. —2 版. —北京:清华大学出版社,2020.1
高等学校通识教育系列教材
ISBN 978-7-302-54192-9

Ⅰ. ①C… Ⅱ. ①杨… ②刘… Ⅲ. ①C 语言-程序设计-高等学校-教材 Ⅳ. ①TP312.8

中国版本图书馆 CIP 数据核字(2019)第 256422 号

责任编辑:刘向威　张爱华
封面设计:文　静
责任校对:梁　毅
责任印制:丛怀宇

出版发行:清华大学出版社
　　　网　　址:http://www.tup.com.cn,http://www.wqbook.com
　　　地　　址:北京清华大学学研大厦 A 座　　　　　邮　　编:100084
　　　社 总 机:010-62770175　　　　　　　　　　　　邮　　购:010-62786544
　　　投稿与读者服务:010-62776969,c-service@tup.tsinghua.edu.cn
　　　质量反馈:010-62772015,zhiliang@tup.tsinghua.edu.cn
　　　课件下载:http://www.tup.com.cn,010-83470236
印 装 者:三河市君旺印务有限公司
经　　销:全国新华书店
开　　本:185mm×260mm　　　印　　张:22　　　　　　字　　数:536 千字
版　　次:2014 年 6 月第 1 版　　2020 年 4 月第 2 版　　印　　次:2020 年 4 月第 1 次印刷
印　　数:1~1500
定　　价:49.00 元

产品编号:080424-01

前　言

"程序设计基础"是一门非常重要的专业基础课程,是计算机科学与技术、电子信息工程、计算机通信及相关专业的必修课。在计算机相关教育领域,"程序设计基础"的核心地位是公认的。

由于大部分学生只是从计算机导论的前导课程中学习到一些关于程序设计的基础知识,对于语言代码和算法设计没有在思想上形成计算思维习惯,所以在"程序设计基础"课程的学习过程中,理解一些算法思想进而将其转换成标准代码有难度。目前在科学计算领域,C/C++无疑是主流的程序设计语言。只要从事科技开发,无论做软件还是硬件,都要通晓C/C++程序设计语言。C++是 C 的扩充,只有掌握了 C 这种结构化的程序设计语言,才能在C++这种面向对象的程序设计语言上有所建树。市场上有关 C/C++的教材和参考书很多,而本书力求写出自己的新特色。本书以 C/C++语言程序设计基础为主,注重讲解程序设计的概念、方法和思路,利用实训培养学生的基本编程能力,以及逻辑思维和抽象思维能力;以课程设计综合训练为辅,培养学生自主学习和解决问题的能力,并通过提炼 ACM-ICPC 的竞赛题,凝练算法,使学生拓宽解题思路,掌握编程方法与技巧。全书内容丰富,通俗易懂。

本书的特色主要有以下三点。

第一,在基础知识篇,每章都采用"讲解 1＋实训 1＋讲解 2＋实训 2＋……＋本章小结＋习题"布局方式。这样的结构,既适合教师授课,也适合学生按照学习内容分步骤做实训。

第二,在综合提炼篇,增加课程设计的完整内容,给出课程设计的基本模板,其中包括课程设计的培养目标、目的和要求、实现步骤和课程设计报告的书写格式,以及成绩评定等。设计课程设计报告任务书并设计 5 个任务,方便教师指导和学生选题。综合训练可使学生在做完验证性基础实验后,进一步提高自主学习和解决问题的能力。

第三,增加 ACM-ICPC 中的算法精解,融合了 ACM-ICPC 中的典型算法竞赛题,通过问题描述、算法思想讲解和参考代码,一步步引领学生进入 ACM-ICPC 的基础领域,同时使学生享受到更深层次的程序设计乐趣。

本书中程序实现的参考源代码均采用 C/C++的标准格式书写,各例题、实训、课程设计和 ACM-ICPC 中的程序都在 Visual C++ 6.0 中编译并实现。

本书由杨明莉、刘磊任主编,成桂玲、高婷、郝莉萍、潘冠宇任副主编,由陈义辉、王昌平主审。其中第 7 章、第 11 章和第二部分由杨明莉编写,第 1 章和第 2 章由高婷编写,第 3 章和第 4 章由刘磊编写,第 5 章和第 6 章由成桂玲编写,第 8 章和第 9 章由郝莉萍编写,第 10

章和附录部分由潘冠宇编写。参加编写的人员还有吴大亲、赵春阳、汤赫男等。全书由杨明莉统稿。

由于编者水平有限,书中难免存在疏漏之处,非常希望广大读者批评指正。

编 者

2019 年 5 月

目　录

基础知识篇

综合提炼篇

基础知识篇

第1章　　C/C++ C 程序设计概述

本章主要介绍 C/C++ 的发展历史及特点，算法的概念、特性及应用，C 语言程序的基本结构，C 语言的字符集、基本词法、基本词类和基本语句，以及使用 Visual C++ 6.0 调试 C/C++ 程序的方法和步骤。

本章学习目标与要求

➢ 了解 C 语言的发展历史及特点。

➢ 掌握 C 语言程序的基本结构和基本词法。

➢ 掌握算法的特性及表示方法。

➢ 熟悉 C/C++ 语言程序编译、连接和运行过程。

1.1　C/C++ 程序简介

1.1.1　C/C++ 的发展历史

C 语言是国际上流行的计算机高级语言，被广泛地应用于系统软件和应用软件的编写，是公认的最重要的几种编程语言之一，被称作"低级语言中的高级语言，高级语言中的低级语言"。

C 语言最早的原型是 ALGOL 60。ALGOL 60 结构严谨，非常注重语法和程序结构，但与计算机硬件相距甚远，不适合编写系统软件。1963 年，在 ALGOL 60 的基础上，剑桥大学推出了 CPL(Combined Programming Language)。CPL 较 ALGOL 60 更接近硬件一些，不足的是规模较大，不易实现。1967 年，剑桥大学的 Matin Richards 对 CPL 进行了简化，产生了 BCPL。1970 年，贝尔实验室的 Ken Thompson 以 BCPL 为基础，设计了更简单更接近硬件的 B 语言，并用 B 语言编写了第一个 UNIX 系统。由于 B 语言是一种解释性语言，功能结构性不够强，为了更好地适应系统软件的设计要求，1972 年贝尔实验室的 Dennis M. Ritchie 设计了 C 语言，它既保持了 BCPL 和 B 语言的优点，又克服了它过于简单、没有数据类型等缺点。1973 年，Ken Thompson 和 Dennis M. Ritchie 用 C 语言改写了 UNIX 代码，并在 PDP-Ⅱ计算机上实现，并奠定了 UNIX 系统的基础。从此，C 语言成为 UNIX 环境下使用最广泛的主流编程语言。

AT&T 贝尔实验室的 Bjarne Stroustrup 在 20 世纪 80 年代初开发了 C++ 语言。Bjarne Stroustrup 将 C++ 语言设计成一种更好的 C 语言。C++ 语言并不是对 C 语言的功能做简单的改进和扩充，而是一种本质性革新。C 语言的大多数特性都成为 C++ 语言的一个子集，所以大多数 C 程序其实也是 C++ 程序(反之则不成立，许多 C++ 程序都绝对不是 C 程序),这对于继承和开发当前已广泛使用的软件是非常重要的,可节省大量的人力和物力。和 C 语言不同,C++语言具备了"面向对象编程"(Object-Oriented Programming,OOP)的能力。OOP 是近年来才开始流行的,它是一种功能非常强大的编程技术。它使得程序的各个模块的独立性更强,程序的可读性和可理解性更好,程序代码的结构性更加合理。这对于设计和调试一些大型的软件是非常重要的。再者,C++语言设计的程序具有扩充性强的特点,对于编写一些大型的程序而言是非常重要的。

1.1.2 C 语言程序的特点

1. C 语言是中级语言

C 语言既具有高级语言的功能,又具有低级语言的许多功能。C 语言允许直接访问物理内存,能够进行位(bit)操作,这使 C 语言在运行系统程序时,显得非常有效,而原来通常用汇编语言来编写,现在用 C 语言代替汇编语言。C 语言的这种双重性,使它既是成功的系统描述语言,又是通用的程序设计语言,所以有人称它为中级语言。

2. 结构化语言

C 语言是结构化程序设计语言,面向过程编程。结构化语言的一个显著特点是代码和数据的分离化,即程序的各部分除了必要的信息交流外,彼此互不影响,互相隔离。体现 C 语言主要特点的是函数。

C 语言的程序是由函数构成的,一个函数为一个"程序模块"。一个 C 源程序至少包含一个函数,就是 main()函数(主函数),也可以包含一个 main()函数和若干个其他函数。所以说函数是 C 程序的基本单位。同时,C 语言系统也提供了丰富的库函数(又称系统函数),用户可以在程序中直接引用相应的库函数,根据需要编制和设计用户自己的函数。所以,一个 C 语言程序由用户自己设计的函数和库函数两个部分组成。

3. 语言简洁、紧凑、灵活

C 语言共有 32 个关键字、9 种控制语句,程序书写自由,主要用小写字母来表示,压缩了许多不必要的成分。另外,C 语言是一种自由格式的语言,没有像 FORTRAN 语言那样的书写格式的限制,故用 C 语言编写程序自由方便。

4. 运算符丰富

C 语言有 34 种运算符,并把括号、赋值、强制类型转换都作为运算符来处理。C 语言可以进行字符、数字、地址、位等运算,并可完成通常由硬件实现的普通算术运算、逻辑运算。灵活使用各种运算符可以完成许多在其他高级语言中难以实现的运算或操作。

5. 语法限制不太严格,程序自由度大

例如,对变量类型使用比较灵活,整型、字符型及逻辑型数据可以通用;对数组越界不做检查,由编写者自己保证程序的正确,并且放宽了语法检查,因此程序员应当仔细检查程序,保证其正确,而不要过分依赖 C 语言编译程序去检查。编写一个正确的 C 语言程序可能会比编写一个其他高级语言程序难一些,因而对用 C 语言编程的人员,要求更高一些。

6. 可移植性好

可移植性是指程序可以从一个环境下不加改动或稍加改动就可移植到另一个完全不同的环境下运行。对汇编语言而言,由于它只面向特定的机器,故其根本不可移植。而一些高级语言其编译程序也不可移植,而只能根据国际标准重新实现。但 C 语言在许多机器上的

实现是通过将 C 语言编译程序移植得到的。据统计,不同机器上的 C 语言编译程序,其 80% 的代码是相同的。

1.2 算　法

程序是利用计算机程序设计语言设计出的能够在计算机上运行,并且能够解决实际问题的工具。

一个程序应该包括两方面的工作内容:一是对数据进行合理的组织,即在程序中要指定数据的类型和数据的组织形式,也就是数据结构(data structure);二是设计解决问题的算法,即操作步骤,也就是算法(algorithm)。

于是,Nikiklaus Wirth 提出了下面的公式来表示程序:

程序 = 数据结构 + 算法

1.2.1 算法的特性

算法是指为了解决某个特定问题而采用的确定且有效的方法和步骤。计算机算法可分为两大类:数值运算和非数值运算。数值运算的目的是求解数值,例如,求一个数列的和、求一个长方体的体积、求 n 的阶乘等;非数值运算包括的领域就非常广泛了,主要用于事务管理,例如教务管理、工资管理、档案管理等。一个算法应该包括以下五个特性。

1. 有穷性

一个算法应包含有限的操作步骤,即在执行若干个操作后,算法将结束。

2. 确定性

算法中每一个步骤应当有确定的含义,而不能有二义性,对于相同的输入必须有相同的结果。

3. 可行性

算法中的每一步都应当能有效执行,通过基本运算后能够实现目标。

4. 有零个或多个输入

在计算机上实现算法,所需的数据多数情况下要在程序执行时通过输入得到,但也有些程序不需要输入数据。

5. 有一个或多个输出

算法的目的是要通过程序的执行得到正确的结果,所以至少要有一个输出结果,也有的程序可能会输出多个结果。

1.2.2 算法表示

算法可以用各种描述方法进行描述,常用的有自然语言、伪代码、传统流程图和 N-S 流程图。使用流程图将算法描述出来,然后,根据流程图编写程序代码是计算机程序设计常常采用的方法。本书主要介绍伪代码、传统流程图和 N-S 流程图三种表示方法。

1. 用伪代码表示算法

伪代码是用介于自然语言和计算机语言之间的文字和符号来描述算法的。

【例 1-1】 用伪代码描述：如果 Y 大于 0,则输出 1,否则输出 -1。

```
IF Y is positive THEN
    print 1
ELSE
    print -1
```

也可以中英文混用,将上例改写成:

```
若 x 为正
    打印 1
否则
    打印 -1
```

2. 用传统流程图表示算法

传统流程图也是很好的描述算法的工具,传统流程图中使用的符号如表 1-1 所示。

表 1-1　传统流程图中使用的符号

符 号	功 能	符 号	功 能
⬭	开始/结束框	◇	判断框
▭	处理框	→	流程线
▱	输入/输出框	○	连接点

其中,流程线包括四个方向线,即→、←、↓、↑。

【例 1-2】 求两个整数乘积的算法的流程图,如图 1-1 所示。

3. 用 N-S 流程图表示算法

1973 年美国学者 I. Nassi 和 B. Shneiderman 提出了一种新的流程图形式。这种流程图的特点是去掉了流程线,结构简洁、清晰,算法的每一步都用矩形框来描述,一个完整的算法就是按用户设计的执行顺序连接起来的一个大矩形。这种流程图被称为 N-S 流程图,如图 1-2 所示。

例如,求两个整数的乘积的 N-S 流程图如图 1-3 所示。

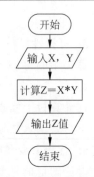

图 1-1　求两个整数乘积的传统流程图

图 1-2　N-S 流程图

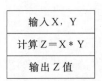

图 1-3　求两个整数的乘积的 N-S 流程图

1.3 C语言程序的基本结构及基本词法

1.3.1 C语言程序的基本结构

C语言程序是由一个主函数和若干个(或 0 个)用户函数组成的。主函数可以调用任何用户函数,用户函数间可以互相调用,但不能调用主函数。C语言程序总是从 main() 函数开始执行,而不论 main() 函数在整个程序中的位置如何;从主函数的第一条语句开始执行,直到主函数的最后一条语句结束。下面就以一个简单的例子说明 C 语言程序的基本结构。

【例 1-3】 在计算机屏幕上输出"Good morning,students!"。

```
/* This is a simple C program */
# include <stdio.h>
void main()
{
    printf(("Good morning,students!");          /* 输出一串字符 */
    return 0;                                    /* 向操作系统返回一个数字 0 */
}
```

经过编译、连接后,生成可执行的机器代码,运行结果为:

Good morning,students!

从上述程序可以看出 C 语言程序的基本结构为:

① 注释语句。如"/* This is a simple C program */"。

在 C 语言中规定,由 /*…*/ 组成的是注释语句,它可以单独占一行,也可以放在 C 语言语句的后面,只是对程序进行必要的说明,并不产生可执行代码,而且也不检查其中字符的拼写错误。

② 预处理命令。在 C 语言中,以"#"开始的语句一般称作预处理语句,如,# include <stdio.h>的目的是把文件 stdio.h 的内容嵌入到语句位置处。预处理命令一般都放在文件的起始位置。

③ main()。main()是主函数,括号里可以包含参数,如果没有参数则可以不写。

④ 函数体。

```
{
    …
}
```

用大括号括起来的部分是函数体,函数体内有若干条语句,它们的组合能完成各种操作,C语言允许函数体内为空。在 C 语言中花括号"{ }"必须成对出现,且匹配。

⑤ 输入/输出,如"printf("Good morning,student!");",在计算机屏幕上输出"Good morning,student!",";"是语句结束标志。在 C 语言中,每个语句结束,都要在语句末尾加上";"。另外,由于 C 语言中没有输入输出语句,其输入输出都是用函数来完成的。

⑥ 返回值,如"return 0"是函数 main() 的返回值,返回 0,表示 main() 正常结束。

1.3.2 C语言程序的基本词法

下面介绍用 C 语言编写程序所使用的基本字符和基本词类。

1. C 使用的字符集

C语言程序允许出现的所有基本字符的组合称为 C 的字符集,C 的字符集就是 ASCII 码字符集,主要包括下面几类。

(1) 大小写英文字母:A,B,C,……,Z,a,b,c,……,z。

(2) 数字:0,1,2,3,4,5,6,7,8,9。

(3) 键盘符号(如表 1-2 所示):有些运算符是由两个字符共同构成的,如 &&,||, <=,>=,==,<<,>>,!=,++,−−等,在 C 程序中应将它们看成一个整体,而不要当成两个字符来对待。

表 1-2 键盘符号

符 号	含 义	符 号	含 义	符 号	含 义
~	波浪号	)	右圆括号	:	冒号
`	重音号	_	下画线	;	分号
!	叹号	−	减号	"	双引号
@	a圈号	+	加号	'	单引号
#	井号	=	等号	<	小于号
$	美元号	|	或符号	>	大于号
%	百分号	\	反斜杠	,	逗号
^	异或号	{	左花括号	.	小数点
&	与符号	}	右花括号	?	问号
*	星号	[	左方括号	/	(正)斜杠
(	左圆括号	]	右方括号		空格符号

(4) 转义字符(如表 1-3 所示):由反斜杠字符(\)开始后跟若干字符组成,通常用来表示键盘上的控制代码或特殊符号。

表 1-3 转义字符

转义字符	(字符)	ASCII 码值	意 义 说 明
\n	(LF)NL	10	换行符
\t	(tab)	9	水平制表符
\b	(BS)	8	退格符
\r	(CR)	13	回车符
\f	(FF)	12	换页符
\\	\	92	反斜杠符
\'	(')	39	单引号符
\"	(")	34	双引号符
\0	(NULL)	0	空字符
\a	(BELL)	7	响铃
\ddd			八进制位型(这里 ddd 是 1~3 位八进制数字)
\xhh			十六进制位型(这里 hh 是 1~2 位十六进制数字)

2. 保留字

在 C 程序中有特殊含义的英文单词称为保留字,主要用于构成语句,进行存储类型和数据类型定义。它们在程序中代表固定的含义,不能另做他用。保留字共有 32 个,具体分类如下。

(1)用于数据类型说明的保留字,如表 1-4 所示。

表 1-4　数据类型符

数 据 类 型 符	数 据 类 型	数 据 类 型 符	数 据 类 型
char	字符型	double	双精度型
int	整型	struct	结构型
short	短整型	union	共用型
long	长整型	typedef	类型定义型
signed int	带符号整型	enum	枚举型
unsigned int	无符号整型	void	空类型
float	浮点型	const	常量

(2)用于存储类型说明的保留字,如表 1-5 所示。

表 1-5　存储类型符

存 储 类 型 符	存 储 类 型	存 储 类 型 符	存 储 类 型
auto	自动	static	静态
register	寄存器	extern	外部

(3)其他保留字,如表 1-6 所示。

表 1-6　其他保留字

保 留 字	中 文 含 义	保 留 字	中 文 含 义
break	中止	goto	转向
case	情况	if	如果
continue	继续	return	返回
default	缺省	sizeof	计算字节数
do	做	switch	开关
for	对于	while	当
else	否则	volatile	可变的

3. 预定义标识符

在 C 语言程序中,有的操作是在程序预处理时完成的,定义这种语句使用的保留字称为预定义标识符,如表 1-7 所示。

表 1-7　预定义标识符

保 留 字	中 文 含 义	保 留 字	中 文 含 义
define	宏定义	include	包含
undef	撤销定义	ifdef	如果定义
ifndef	如果未定义	endif	编译结束
line	行		

4. 标识符

标识符是指用户定义的一种字符序列,通常用来表示程序中的变量、符号常量、函数、数组、类型等对象的名字。C 语言规定如下。

(1) 标识符是由字母、数字和下画线三种字符组成,且第一个字符必须为字母或下画线。

(2) 用户选取的标识符不能是 C 语言预留的保留字。

(3) C 语言是区分大小写字母的。因此,ave 和 AVE 及 Ave 是不同的标识符。

下列是合法的标识符:

Suv abc s_19 SS W

下列是不合法的标识符:

aq@ = (含有非法字符: @ =)
n?1(含有非法字符: ?)
z9&(含有非法字符: &)
switch(使用了系统保留字)

(4) C 语言中标识符的长度(字符个数)无统一规定,随系统不同而不同。

1.4　面向对象程序设计概述

面向对象程序设计(Object-Oriented Programming,OOP)是软件系统设计与实现的新方法,这种新方法是通过增加软件的扩充性和可重用性,来收善并提高程序员的生产能力,并控制和维护软件的复杂性和软件维护的开销。下面先介绍面向对象程序设计的相关概念。面向对象程序设计是由若干对象构造程序组成的,每个对象由一些数据以及对这些数据所能实施的操作构成;对数据的操作通过向包含数据的对象发送消息(调用对象的操作)来实现;对象的特征(数据与操作)由相应的类来描述;一个类所描述的对象特征可以从其他的类继承。面向对象程序设计的定义包含了下面几个基本概念。

(1) 对象:包含数据和处理这些数据的操作的程序单元,是构成面向对象程序的基本计算单位,由接口、数据及其操作构成。

(2) 通信:指对象间的消息传递,是引起面向对象程序进行计算的唯一方式。

(3) 类:描述了一组具有相同或相近特征的对象的结构和行为。

(4) 继承:指对象的一部分特征描述可以从其他的类获得,实现对数据和操作的共享。

1.5　C 语言程序的编译环境和运行方法介绍

1. 源程序的编辑

一个 C/C++源程序是一个编译单位,它是以文本格式保存的。源文件名由用户指定,文件的扩展名为.c/.cpp。例如,a1.c 是 C 源程序,而 a1.cpp 是 C++源程序。

2. 编译

源程序建立后,经过检查没有错误后就可以进行编译。经过编译后,系统会自动生成二

进制程序(.obj),称为"目标文件"。例如,a1.cpp 或 a1.c 源程序文件编译后生成 a1.obj
文件。

3. 连接

源程序经编译后所生成的目标文件(.obj)是相对独立的模块,不能直接执行,用户必须用
连接编辑器将它和其他目标文件以及系统所提供的库函数进行连接,生成可执行文件(.exe)
才能执行。例如,a1.c 源程序文件编译、连接后生成 a1.exe 文件。

4. 执行

可执行文件生成后,可直接执行它。若执行结果和自己的预想是一致的,则说明程序编
写正确;否则,需要反复修改程序直到得出正确结果为止。

C 语言程序调试全过程如图 1-4 所示。

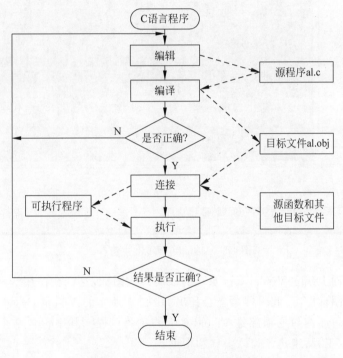

图 1-4 C 语言程序调试全过程

1.6 Visual C++ 6.0 的上机环境介绍

Visual C++ 是目前用得最多的 C++编译系统。本书以 Visual C++ 6.0 中文版为背景来
介绍 Visual C++的上机操作。

1.6.1 Visual C++ 的安装和启动

Visual C++ 是 Visual Studio 的一部分,执行 Visual Studio 光盘中的 setup.exe,并按屏
幕上的提示进行安装即可。安装结束后在 Windows 的"开始"菜单的"程序"子菜单中就会
出现 Visual C++ 6.0 子菜单。

使用 Visual C++编辑程序时,只需从桌面上顺序选择"开始"→"程序"→ Visual C++ 6.0→ Visual C++ 6.0命令,则可直接进入 Visual C++ 6.0 的主窗口,如图 1-5 所示。

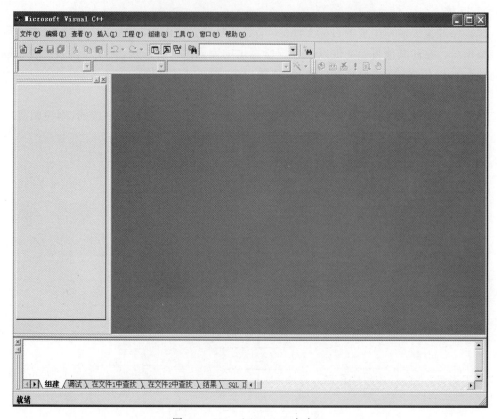

图 1-5　Visual C++ 6.0 主窗口

也可以在桌面上建立 Visual C++ 6.0 的快捷方式图标,这样在使用 Visual C++时只需双击桌面上的该图标即可,此时屏幕上会弹出如图 1-5 所示的 Visual C++ 6.0 主窗口。

在 Visual C++主窗口的顶部是 Visual C++的主菜单栏。其中包含 9 个菜单项:文件、编辑、查看、插入、工程、组建、工具、窗口和帮助。

主窗口的左侧是项目工作区窗口,右侧是程序编辑窗口。工作区窗口用来显示所设定的工作区的信息,程序编辑窗口用来输入和编辑源程序。

1.6.2　输入和编辑源程序

程序只由一个源程序文件组成称为单文档程序,由多个程序文件组成则称为多文档程序。下面先介绍单文档程序的编辑与调试。

1. 新建一个 C/C++源程序

(1) 启动 Visual C++ 6.0 集成环境,显示主窗口。

(2) 建立 C 源程序文件。

选择"文件"菜单中的"新建"命令,弹出"新建"对话框。在该对话框中选择"文件"选项卡,此时对话框中的内容如图 1-6 所示。

此时,在对话框中选择 C++Source File 选项,在对话框右侧"文件名"文本框中输入拟新

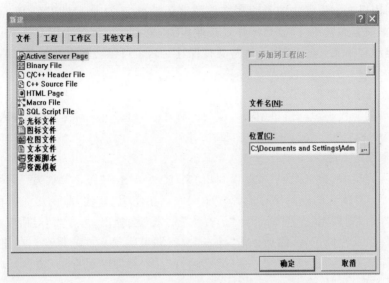

图 1-6　选择"文件"选项卡后的"新建"对话框

建的源程序文件名(如 exp_1),在"位置"文本框中输入或选择文件要保存的位置,然后单击
"确定"按钮,返回 Visual C++ 主窗口。也可以不输入源程序文件名及保存位置,直接双击
C++Source File 选项或选择 C++Source File 选项后单击"确定"按钮来建立一个新源程序文
件。此时其默认文件名为 exp_1.cpp,如图 1-7 所示。

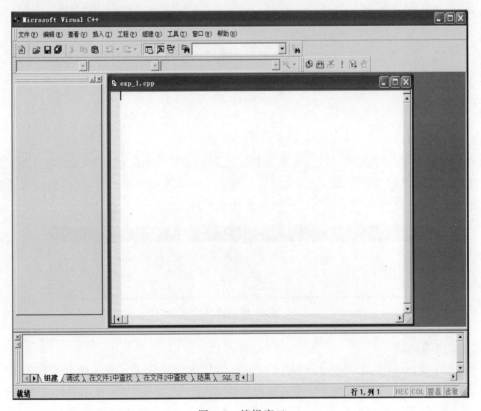

图 1-7　编辑窗口

第1章

C/C++ C程序设计概述

注意,利用以上方法建立的源程序文件的默认扩展名是.cpp,即 C++源文件。而 C 源程序文件的扩展名通常用.c,但 C++对 C 是兼容的,故在此可直接采用 C++默认的扩展名。当然,在新建源程序文件时(或以后进行文件保存时),也可以在输入文件名时指定其扩展名为.c(如文件名输入为 exp_1.c)。

(3) 输入及编辑源程序代码。

在主窗口的源代码编辑窗口中输入编写的程序,该窗口为全屏幕编辑,输入和修改都很方便。

(4) 保存程序文件。

程序输入完毕后,检查无误,就可以利用"文件"菜单中的"保存"或"另存为"命令或工具栏中的 🖫 按钮,将输入的程序保存成源程序文件。在使用"新建"命令建立源程序文件时,若未给定文件名,则利用"保存"命令或"另存为"命令都会弹出"另存为"对话框,并在该对话框中给出文件名及存储位置,然后单击"确定"按钮即可实现文件的保存。在使用"新建"命令建立源程序文件时,若已给出文件名(或已运行过"保存"或"另存为"命令),此时选择"保存"命令即可实现自动保存。

2. 打开一个已存在的程序

如果需要打开一个已存在的源程序文件,并对它进行编辑,步骤如下。

(1) 在"资源管理器"或"计算机"中按路径找到已有的 C/C++程序,双击此文件名,则进入 Visual C++环境,并打开了该文件,程序已显示在编辑窗口中。也可以从桌面上顺序选择"开始"→"程序"→Visual C++ 6.0 命令,直接进入 Visual C++ 6.0 的主窗口,选择"文件"菜单中的"打开"命令,或在工具栏中直接单击 ☞ 按钮,按路径找到所要打开的文件,然后双击该文件,也可以进入该文件的编辑窗口。

(2) 如果对文件已经修改完毕,需要保存该文件,可以选择"文件"菜单中的"保存"命令或单击工具栏中的 🖫 按钮来实现。

1.6.3 编译、连接源程序

1. 程序的编译

利用"组建"菜单中的"编译"命令或"组建"工具栏中的"编译"按钮即可实现对源程序文件的编译工作。选择"编译"命令后,会弹出如图 1-8 所示的一个提示对话框,询问是否创建一个项目工作区,此时必须单击"是"按钮才可进行编译工作。

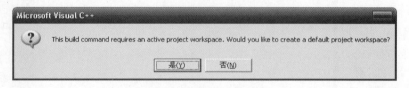

图 1-8　提示对话框

2. 程序的调试

程序调试的任务是发现和改正程序中的错误,使程序能正常运行。编译系统能检查出语法错误。语法错误分为两类:一类是致命错误,以 error 表示,如果程序中有这类错误,就不能通过编译,无法形成目标程序,程序也就无法运行;另一类是轻微错误,以 warning 表示,这类错误不影响生成目标程序和可执行程序,但有可能影响运行的结果,所以,也应该尽量改正。

以前面所编辑的 exp_1 程序为例,程序中有相应的语法错误,则编译时,在输出窗口中会将相关的错误信息显示出来。例如,图 1-9 所示的主窗口的输出区中,显示了程序编译时共出现了 1 个错误,此时再双击上面所给出的错误信息,则光标返回代码编辑区中出现此错误的程序行,该行前面还会有一蓝色指示标记。根据错误描述发现 printf 语句中没有输入";",警告 main() 之前应该加上关键字 void。将程序按照错误提示进行修改后,必须要进行保存和重新编译。

图 1-9　编译出错界面

3. 程序的连接

编译之后,如果程序没有错误,就会得到一个 .obj 的目标程序文件,它还不能执行,还需跟库函数进行连接才行。此时可以选择"组建"菜单中的"组建"命令或单击"组建"工具栏中的"组建"按钮,对已编译好的程序进行连接,生成对应的可执行文件(.exe)。若选择"组建"命令前,程序尚没有进行编译,则此时对源程序自动进行先编译、后连接。

4. 程序的执行

选择"组建"菜单中的"执行"命令或单击"组建"工具栏中的"执行"按钮,即可运行可执行文件。程序运行结果将显示在 DOS 窗口屏幕中,如图 1-10 所示。

查看结果完毕后,按任意键即可返回 Visual C++ 6.0 主窗口。

一个程序执行结束后,若想编辑和运行另一个程序,就必须先将内存的工作区中原来的

C/C++ C程序设计概述

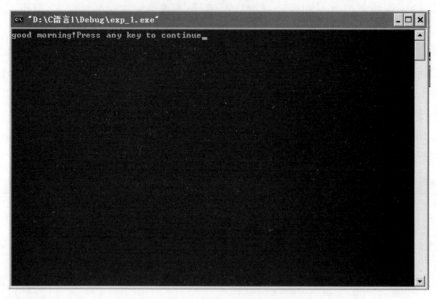

图 1-10　显示程序运行结果的 DOS 窗口

程序清除掉,否则再建立一个源程序文件并输入程序后,会出现有两个 main()函数的错误。选择"文件"菜单中的"关闭工作区"命令,在弹出的对话框中单击"是"按钮,即可清除工作区的内容。

1.6.4　建立和运行多文件程序

前面介绍了一个程序只包含一个源程序文件的操作方法,如果一个程序包含多个源程序文件,则需要建立一个项目文件,在这个项目文件中包含多个文件。项目文件是放在项目工作区中并在项目工作区的管理之下工作的,因此需要建立项目工作区,一个项目工作区可以包含一个以上的项目。在编译时,先分别对每个文件进行编译,然后将项目文件中的文件连接成一个整体,再与系统的有关资源连接,生成一个可执行文件,最后执行这个文件。

下面具体介绍操作步骤。

(1) 先用前面介绍过的方法分别编辑好同一程序中的各个源程序文件,并存放在指定的目录下。

(2) 建立一个项目工作区。在主窗口中选择"文件"菜单中的"新建"命令,弹出"新建"对话框。在"新建"对话框中选择"工作区"选项卡,表示要建立一个新的项目工作区。在对话框中右侧的"工作空间名称"文本框中输入指定的工作区的名称(如 gzq1),如图 1-11所示。

然后单击右下方的"确定"按钮,返回 Visual C++主窗口,如图 1-12 所示。可以看到在主窗口左侧的工作区窗口中显示了"工作区'gzq1':0 工程",表示当前的工作区名是 gzq1,其中有 0 个工程。

(3) 建立项目文件。选择"文件"菜单中的"新建"命令,弹出"新建"对话框。在"新建"对话框中选择"工程"选项卡,表示要建立一个项目文件,如图 1-13 所示。在左侧列表中选择 Win32 Console Application 选项,在右侧的"工程名称"文本框中输入要创建的项目文件

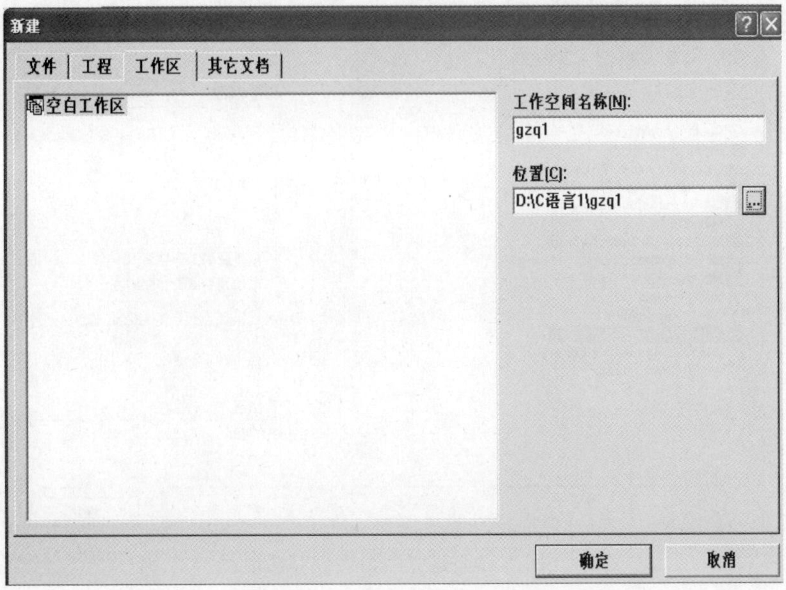

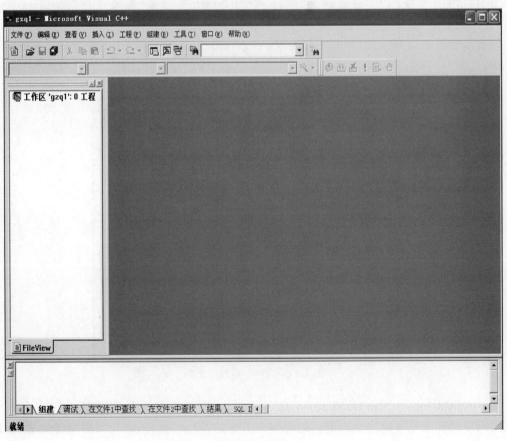

图 1-11　工作区命名对话框

图 1-12　主窗口

第
1
章

C/C++ C 程序设计概述

18

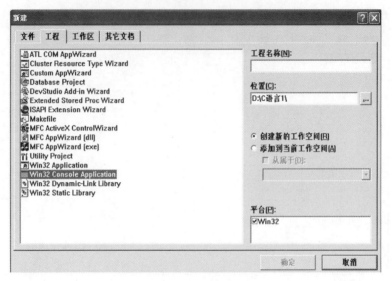

图 1-13　建立项目文件对话框

名(如 proj1),在"位置"文本框中选择一个项目文件的存放路径。在新建项目文件时,应选择"创建新的工作空间"单选按钮及"平台"中的 Win32 复选框(这两项为默认值,不变即可)。最后单击"确定"按钮,进入下一个对话框状态。

弹出如图 1-14 所示的"Win32 Console Application-步骤 1-共 1 步"对话框。在此对话框中,选择"一个空工程"单选按钮(此选项为默认值,即创建一空项目),然后单击"完成"按钮,进入下一个对话框。

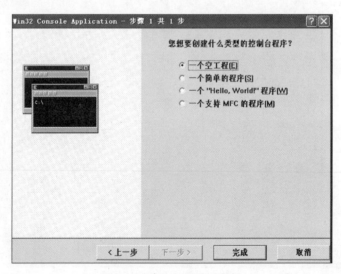

图 1-14　建立空项目对话框

弹出如图 1-15 所示的"新建工程信息"对话框,此对话框中表述了用户所创建的控制台应用程序的框架项目的特性。单击此对话框下方的"确定"按钮,项目文件创建完成,返回Visual C++ 6.0 主窗口,在其左侧窗口中显示了"工作区'gzq1':1 工程",其下一行为 proj1 files,表示已将项目文件 proj1 加到项目工作区 gzq1 中,如图 1-16 所示。

图 1-15　项目有关信息对话框

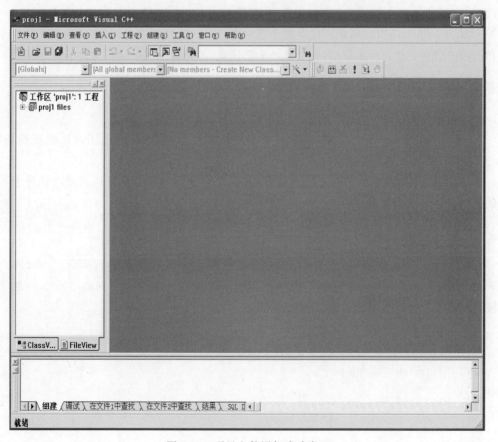

图 1-16　项目文件添加成功窗口

第1章

C/C++ C 程序设计概述

(4) 将源程序文件放到项目文件中。在 Visual C++ 主窗口中依次选择"工程"→"增加到工程"→"文件"命令,弹出"插入文件到工程"对话框。在其列表框中按文件所保存的位置找到源文件 exp1.cpp 和 exp2.cpp 文件所在的子目录,并选中 exp1.cpp 和 exp2.cpp 文件,如图 1-17 所示。单击"确定"按钮,就把这两个文件添加到项目文件 proj1 中了。

图 1-17　选择文件窗口

(5) 编译和连接项目文件。由于已经把 exp1.cpp 和 exp2.cpp 文件添加到项目文件 proj1 中,因此只需对项目文件 proj1 进行统一的编译和连接,即在 Visual C++ 主窗口中选择"组建"→"组建 proj1.exe"命令,则系统对整个项目文件进行编译和连接,在窗口的下部会显示编译和连接的信息。如果程序有错,则会显示出错信息,否则会生成可执行文件 proj1.exe。

【实训 1】　在 Visual C++ 6.0 环境下运行 C 程序

一、实训目的

1. 熟悉 Windows 环境下 Visual C++ 6.0 的运行环境,达到熟练使用该系统进行编辑、编译、连接和运行 C 程序操作。

2. 熟练掌握调试 C 程序的方法和步骤,并且学会分析出错信息以达到修改程序中的错误的目的。

3. 通过调试运行 C 程序,初步了解 C 源程序的特点。

二、实训任务

1. 了解 1.6 节中介绍的 Visual C++ 6.0 上机环境,并通过上机进行实践。

2. 通过本次实训的两个简单 C 程序的调试和运行,进一步熟悉 Visual C++ 6.0 的上机环境,掌握调试 C 源程序的具体方法和步骤。

三、实训步骤

1. 编程实现在屏幕上输出一串字符"I am a student!"。

参考源程序 lab1_1.cpp 如下:

```
#include<stdio.h>
void main()
{
    printf("I am a student!\n");
}
```

2. 编程实现求两个整数之和。

参考源程序 lab1_2.cpp 如下：

```
# include < stdio.h>
void main()
{
    int a,b,s;
    a = 13;b = 98;
    s = a + b;
    printf(" % d\n",s);
}
```

本 章 小 结

本章首先介绍了 C 语言的发展历史和特点,然后简要介绍了算法的特性和方法,并且以简单的实例介绍了 C 语言程序的组成以及集成环境的使用。对于初学者而言,本章应重点掌握 C 语言的结构特点和编程环境的使用,以便为程序设计的学习打下基础。

习 题 1

一、选择题

1. 以下叙述中正确的是( )。

    A. C 语言比其他语言高级

    B. C 语言程序可以不用编译就能被计算机识别执行

    C. C 语言是结构化程序设计语言,是面向过程的的语言

    D. C 语言是面向对象的语言

2. 能将高级语言程序转换成目标语言程序的是( )。

    A. 调试程序   B. 汇编程序   C. 编译程序   D. 编辑程序

3. 以下叙述中正确的是( )。

    A. 用 C 程序实现的算法必须要有输入和输出操作

    B. 用 C 程序实现的算法可以没有输出但必须有输入

    C. 用 C 程序实现的算法可以没有输入但必须有输出

    D. 用 C 程序实现的算法可以既没有输入也没有输出

4. C 源程序经编译、连接后生成一个扩展名为( )的可执行文件。

    A. .C   B. .exe   C. .obj   D. .h

5. 按 C 语言的规定,下面的标识符中,( )是正确的。

    A. X9—!   B. AC_09   C. LK+98   D. B?Q1

二、填空题

1. C 语言一共有( )个关键字,( )种控制语句,( )种运算符。

2. 在 C 程序中如果要用到系统提供的标准函数库中的输入输出函数时,应该在程序的

开头写上预编译命令(　　)。

3. 一个 C 程序总是从(　　)函数开始执行的。

4. 上机运行一个 C 程序必须经过(　　)、(　　)、(　　)和(　　)4 个步骤。

5. C 语言的标识符是由(　　)、(　　)、(　　)3 种字符组成的,且第一个字符必须为(　　)或(　　)。

6. 算法的特性是(　　)、(　　)、(　　)、(　　)、(　　)。

7. C 语言中用(　　)对 C 程序中的任意一行或多行做注释。

第 2 章 数据类型、运算符与表达式

本章介绍 C 语言基本数据类型以及基本运算符的运算规则和表达式的构成方法,为后续章节的学习奠定基础。至于复杂的数据类型(如数组、指针、结构体类型等)将在以后章节中介绍。

本章学习目标与要求

➢ 掌握 C 语言的基本数据类型,熟悉如何定义一个基本数据类型的变量及对其赋值的方法。

➢ 学会使用 C 语言相关的运算符,以及包含这些运算符的表达式。

➢ 掌握运算符的优先级及结合性。

➢ 了解不同类型的数据间的混合运算。

2.1 C 语言数据类型

使用高级语言编写程序,主要工作有两项:一是描述数据;二是描述数据加工的方法。前者通过数据类型定义语句实现,后者通过若干条执行语句(包括用各种运算构成的表达式)实现。

数据类型是指:

(1) 一定的数据在计算机内部的表示方式;

(2) 该数据所表示的值的集合;

(3) 在该数据上的一系列操作。

引入数据类型的作用:其一,限制取值的范围;其二,规定了特定值集上的数运算类型;其三,不同类型的变量对应了不同大小的内存空间。

程序中的每一个数据都属于一定的数据类型,不存在不属于某种数据类型的数据。每种类型的数据可以是变量或常量。C/C++语言提供了一组基本的数据类型及针对它们的有关操作。C/C++语言还具有构造类型的能力,即可以通过将基本数据类型加以组合,构造出更复杂的类型。尽管理论上 C/C++语言有多种数据类型,但它们都是由 3 种最基本的数据类型构造而成的,即整型、字符型、实型,如图 2-1 所示。

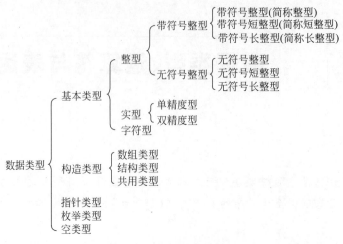

图 2-1　C 语言的数据类型

2.2　标识符、变量和常量

2.2.1　标识符

标识符是由字母、数字、下画线 3 种字符组成的字符序列,用于标识程序中的变量、符号常量、数组、函数和数据类型等操作对象的名字。标识符一般由字母、下画线开头。

C 语言中的标识符可以分为系统定义标识符和用户定义标识符。

1. 系统定义标识符

系统定义标识符一般具有固定的名字和特定的含义,它可以进一步分为关键字和预定义标识符。

1) 关键字

关键字是 C 语言系统使用的具有特定含义的标识符,不能作为预定义标识符和用户定义标识符使用。C 语言定义了 32 个关键字,具体如下所示。

auto	break	case	char	const
continue	default	do	double	else
enum	extern	float	for	goto
if	int	long	register	return
short	signed	sizeof	static	struct
switch	typedef	unsigned	union	void
volatile	while			

注:关键字必须用小写字母;关键字不能用作变量、数组和函数名。

2) 预定义标识符

预定义标识符也是具有特定含义的标识符,包括系统标准函数名和编译预处理命令等,如 scanf、printf、define 和 include 等都是预定义标识符。预定义标识符不属于 C 语言的关键字,允许用户对它们重新定义。当重新定义以后将会改变它们原来的含义。例如:

```
int define = 3;
```

此时,define 就不再表示用于定义字符常量的编译预处理命令,而是作为一个变量名使用。实际应用中,预定义标识符虽然不是关键字,但把它们看作保留字,一般不作为用户标识符使用,以免造成理解上的混乱。

2. 用户定义标识符

用户定义标识符用于对用户使用的变量、数组和函数等操作对象进行命名。例如,一个变量命名为 a,一个数组命名为 s,一个函数命名为 fun 等。

用户标识符命名时应注意以下问题。

(1) C 语言编译系统将英文大写字母和小写字母认为是两个不同的字符。例如,sum 和 SUM 是两个不同的变量名。一般来说,变量名用小写字母表示,与人们日常习惯一致,以增加可读性。

(2) 标识符必须由字母或下画线开头,并且除了字母、数字和下画线外,不能含有其他字符。

(3) 标识符的命名应注意做到"见名知义",即通过变量名就知道变量值的含义。通常应选择能表示数据含义的英文单词(或缩写)或以汉语拼音字头作为变量名。例如,name/xm(姓名)、sex/xb(性别)。除了数值计算程序外,一般不要用代数符号(如 a、b、c、x1、y1 等)作为变量名。

(4) 标识符的有效长度随系统而异,但至少前 8 个字符有效。如果字符超长,则超长部分将被舍弃。为了程序的可移植性以及可读性,建议变量名的长度最好不超过 8 个字符。

2.2.2 变量

1. 变量的概念

变量是指在程序运行过程中其值可以改变的量,通常用来保存程序运行过程中的原始数据、计算过程中获得的中间结果和程序运行的最终结果。变量有两个基本要素:一个是变量名,命名规则符合标识符的所有规定;另一个是变量类型,其类型决定了变量在内存中要占据的存储单元的长度。在 C/C++语言中,变量必须先定义后使用。

2. 变量的定义

变量定义的一般格式为:

数据类型标识符 变量名 1,变量名 2,…,变量名 n;

例如:

```
int a = 3;
```

定义了一个整型变量 a,在对程序编译、连接时由编译系统给整型变量 a 分配两个字节的存储空间,用于存放 a 的值。从变量中取值,实际上是通过变量名找到相应的内存地址,从该存储单元中读取数据,如图 2-2 所示。

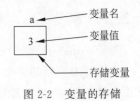

图 2-2 变量的存储

3. 变量的初始化

C 语言允许在定义变量的同时给变量赋值,这称为变量的初始化。变量初始化的一般格式为：

数据类型标识符 变量1 = 初值1,变量2 = 初值2, …, 变量n = 初值n;

例如：

```
int a = 1;                          //将变量a定义为整型变量,并赋初值1
char c1 = 'x',c2 = 'y';             //将变量c1,c2定义为字符型变量,并分别赋字符x,y
```

也可以对被定义的变量的一部分赋初值,例如：

```
int a = 1,b = - 3,c;
```

表示a、b、c为整型变量,只对a、b初始化,a的值为1,b的值为-3。

如果对几个变量赋予同一个初值,不能写成：

```
int a = b = c = 3;
```

而应写成：

```
int a = 3, b = 3, c = 3;
```

初始化不是在编译阶段完成的,而是在程序运行时执行函数时赋予初值的,相当于有一个赋值语句,例如：

```
int a = 4;
```

相当于：

```
int a;
a = 4;
```

注意：

(1) 定义一个变量但并没有给它赋初值时,分配给它的存储单元的数据是不确定的,必须在程序中赋予适当的值才能使用。

(2) 初始化的初值应该与变量定义的类型一致,其值可以是常量、常量表达式、已定义过的符号常量或者已经初始化的变量,不能含有未定义的变量或已经定义过但未初始化的变量。

4. 变量的数据类型

变量的类型与其赋给数据的类型是对应的,基本类型有字符型、整型、单精度实型和双精度实型。C语言的基本数据类型长度和数值范围随CPU的类型和编译器实现的不同而不同,但字符型数据用一个字节存储。

2.2.3 常量

常量(constant)是指在程序运行过程中其值不能被改变的量。

常量分为不同的类型,根据常量的书写形式识别其数据类型,这种常量称为字面常量或直接常量。例如,整型常量12、0、-3;实型常量4.6、-1.23;字符型常量'a'、'b';字符串常量"ddw"、"a"。

也可以用一个标识符代表一个常量,这种常量称为符号常量。

符号常量在使用之前必须先定义,其一般形式为:

#define 标识符 常量

习惯上符号常量的标识符用大写字母,变量标识符用小写字母。

其中#define 也是一条预处理命令(预处理命令都以"#"开头),称为宏定义命令(在后面预处理程序中将进一步介绍),其功能是把该标识符定义为其后的常量值。一经定义,以后在程序中所有出现该标识符的地方均代之以该常量值。一个#deifne 语句只能定义一个符号常量,末尾不加分号。

【例 2-1】 符号常量的使用。

```
#define PRICE 30
main()
{
    int a,b;
    a = 10;
    b = a * PRICE;
    printf("b = %d",b);
}
```

符号常量与变量不同,它的值在其作用域内不能改变,也不能再被赋值。

使用符号常量的好处是:①含义清楚(见名知义)。②在需要改变一个常量时能做到"一改全改"。

常量类型除上述几种之外,还有地址常量。前面所讲的变量是存储数据的空间,它们在内存中都有对应的地址。在 C 语言里可以用地址常量来引用这些地址,如 &sum,&a。"&"是取地址符号,作用是取出变量(或函数)的地址,相关内容在后面的输入语句和指针中还会说明。

2.3 整型数据

C 语言的整型数据分为整型常量和整型变量。

2.3.1 整型常量

1. 整型常量的形式

在 C 语言中,整型常量可用以下 3 种形式表示。

(1) 十进制整数。如 123,−456.4。

(2) 八进制整数。以 0 头的数是八进制数。数码取值为 0~7。八进制数通常是无符号数。例如,0123 表示八进制数 123,等于十进制数 83;011 表示八进制数 11,即十进制数 9。

(3) 十六进制整数。以 0x 或 0X 开头的数是十六进制。例如,0x123 代表十六进制数 123,等于十进制数 291;−0x12 等于十进制数−18。

2. 整型常量的类型

整型常量根据表示数值的大小可分为基本整型(int)、短整型(short int)、长整型(long int)3 种;根据有无符号分为有符号整型和无符号整型。整型常量属于哪种类型,只能根据其值所表示的范围来确定。在编写程序时,必须做到数据类型匹配,同时需要注意以下几点。

(1) 一般认为整型数据在内存中占两个字节,如果其值在−32 768～+32 767范围内,则认为它是int型。可以将它赋值给int型和long int型变量。

(2) 一个整型常量,如果其值超过了上述范围,而在−2 147 483 648～2 147 483 647范围内,则认为它是long int型。

(3) 如果某一计算机系统的C语言版本确定的short int与int型数据在内存中占据的长度相同,则它的表示范围与int型相同。

(4) 常量中无unsigned型,但一个非负值的整型常量可以赋值给unsigned型整型变量,只要它的范围不超过变量的表示范围即可。

(5) 在一个整型常量后面加一个字母l或L则认为它是long int型常量,例如123l、432L,这往往用于函数调用中。如果函数的形参为long int型,则要求实参也为long int型,此时,用123作为实参不允许,而要用123l作为实参。

2.3.2 整型变量

1. 整型变量的类型

(1) 基本型:类型说明符为int,随编译系统而定(可以是两个字节,也可以是4个字节)。

(2) 短整型:类型说明符为short int或short,在内存中占两个字节。

(3) 长整型:类型说明符为long int或long,在内存中占4个字节。

(4) 无符号型:类型说明符为unsigned。

无符号型又可与基本型、短整型和长整型3种类型匹配而构成。

(1) 无符号基本型:类型说明符为unsigned int或unsigned。

(2) 无符号短整型:类型说明符为unsigned short int或unsigned short。

(3) 无符号长整型:类型说明符为unsigned long int或unsigned long。

各种无符号类型量所占的内存空间字节数与相应的有符号类型量相同。对大多数计算机来说,整型数据长度和数值范围如表2-1所示。

表 2-1　整型数据所占内存长度和数据范围

数 据 类 型	数 的 范 围	字节数
int(基本整型)	−32 768～32 767,即−2^{15}～(2^{15}−1)	2
	−2 147 183 648～2 147 183 647,即−2^{31}～(2^{31}−1)	4
unsigned int(无符号整型)	0～65 535,即0～(2^{16}−1)	2
	0～4 294 967 295,即0～(2^{32}−1)	4
short int(短整型)	−32 768～32 767,即−2^{15}～(2^{15}−1)	2
unsigned short int(无符号短整型)	0～65 535,即0～(2^{16}−1)	2
long int(长整型)	−2 147 483 648～2 147 483 647,即−2^{31}～(2^{31}−1)	4
unsigned long(无符号长整型)	0～4 294 967 295,即0～(2^{32}−1)	4

2. 整型变量的定义

变量定义的一般形式为:

类型说明符　变量名标识符,变量名标识符,…;

例如：

```
int a,b,c;      a,b,c 为整型变量
long x,y;       x,y 为长整型变量
unsigned p,q;   p,q 为无符号整型变量
```

在书写变量定义时,应注意以下几点。

(1) 允许在一个类型说明符后,定义多个相同类型的变量。各变量名之间用逗号间隔。类型说明符与变量名之间至少用一个空格间隔。

(2) 最后一个变量名之后必须以";"号结尾。

(3) 变量定义必须放在变量使用之前,一般放在函数体的开头部分。

【例 2-2】 整型变量的定义与使用。

```
# include < stdio.h>
void main()
{
    int a,b,c,d;
    unsigned u;
    a = 12;b = - 24;u = 10;
    c = a + u;d = b + u;
    printf("a + u = % d,b + u = % d\n",c,d);
}
```

运行结果为：

a + u = 22,b + u = - 14

2.4　浮点型数据

浮点数就是平常所说的实数。

2.4.1　浮点型常量

(1) 十进制小数形式：由数字和小数点组成,小数点不可少。如 0.123、123.、123.0 等。

(2) 指数形式：由尾数、e(或 E)和指数三部分组成。如 123e3 或 123E3 都代表 123×10^3。但字母 e 之前必须有数字,且 e 后面的指数必须为整数。如 1e3、1.8e-3、-123e-6、-1e-3 是正确的；e3、2.1e3.5、.e3、e 是不正确的。

由于表示的方法很多,规定字母 e 之前的小数部分中,小数点左边应有一位且只能有一位非零的数字。例如,123.456 可以表示为：123.456e0、12.3456e1、1.23456e2、0.123456e3、0.0123456e4、0.00123456e。其中,1.23456e3 称为"规范化的指数形式"。

2.4.2　浮点型变量

1. 浮点型数据在内存中的存放形式

一个浮点型数据一般在内存中占 4 个字节(32 位)。与整型数据的存储方式不同,浮点

型数据是按照指数形式存储的。系统把一个浮点型数据分成小数部分和指数部分,分别存放。指数部分采用规范化的指数形式。

在 4 个字节(32 位)中,小数部分和指数部分的位数如何分配,标准并没有具体规定,由各个 C 语言编译系统自定。小数部分占的位数越多,数的有效数字越多,精度也就越高;指数部分占的位数越多,则能表示的数值范围越大。

2. 浮点型变量的分类

浮点型变量分为单精度(float)型、双精度(double)型和长双精度(long double)型 3 种形式。

注意:有效位是指在计算机中存储和输出时,浮点数据能精确表示的数字位数。小数点不算有效位。

【**例 2-3**】 浮点型数据的舍入误差。

```
#include<stdio.h>
void main()
{
    float a;
    double b;
    A = 33333.33333;
    B = 33333.33333333333333;
    printf("%f\n%f\",a,b);
}
```

运行结果:

```
33333.332031
33333.333333
```

注意:在这里 a 的有效位只有 7 位,因为它是 float 型;而 b 是 double 型,它的有效位可以有 16 位。但 C 语言规定,不论是单精度还是双精度数据,小数位后最多只能保留 6 位。

对大多数计算机来说,浮点型数据所占长度、数值范围及有效数字如表 2-2 所示。

表 2-2 浮点型数据所占内存长度、数据范围及有效数字

类　　型	数的范围	字节数	有效数字
float(单精度)	$-3.4\times10^{-37}\sim3.4\times10^{38}$	4	6~7
double(双精度)	$-1.7\times10^{308}\sim1.7\times10^{308}$	8	15~16
long double(长双精度)	$-1.2\times10^{4932}\sim1.2\times10^{4932}$	16	18~19

2.5　字符型数据

2.5.1　字符常量

C 语言中的字符常量是用单引号括起来的一个转义字符,在内存中占一个字节的存储空间,存放其 ASCII 码值。例如,'a'、'B'、'#'、'!'等都是字符常量。

在 C 语言中,字符常量有以下特点:

（1）字符常量只能用单引号括起来，不能用双引号或其他括号。

（2）字符常量只能是单个字符，而不能是字符串。

（3）字符可以是字符集中任意字符。但数字被定义为字符型之后就不能参与数值运算。例如，'5'和5是不同的，'5'是字符常量，不能参与运算。

除了以上形式的字符变量外，C语言还允许用一种特殊形式的字符变量，就是以一个"\"开头的字符序列。转义字符具有特定的含义，不同于字符原有的意义，故称转义字符。转义字符主要用来表示那些用一般字符不便于表示的控制代码，如表2-3所示。

表 2-3　常用的转义字符及其含义

转义字符	转义字符的含义	ASCII 码
\n	回车换行符	10
\t	水平制表符	9
\b	退格符	8
\r	回车符	13
\f	换页符	12
\\	反斜杠符	92
\'	单引号符	39
\"	双引号符	34
\a	响铃	7
\ddd	1～3 位八进制数所代表的字符	
\xhh	1～2 位十六进制数所代表的字符	

广义地讲，C语言字符集中的任何一个字符均可用转义字符来表示。表中的\ddd 和\xhh 正是为此而提出的。ddd 和 xhh 分别为八进制和十六进制的 ASCII 码。例如，\101表示字母"A"，\102 表示字母"B"，\134 表示反斜杠，\XOA 表示换行等。

【例 2-4】 转义字符举例。

```
#include<stdio.h>
void main()
{
    printf("\101 \x42 C\n");
    printf("I say:\"How are you?\"\n");
    printf("\\C Program\\\n");
    printf("Turbo \'C\'");
}
```

运行结果为：

```
A B C
I say:"How are you?"
\C Program\
Turbo 'C'
```

2.5.2　字符变量

字符变量用来存储字符常量，即单个字符。字符变量定义的一般形式如下：

char 标识符 1, 标识符 2, …, 标识符 n;

例如：

```
char a,b;
char c1,   c2,   c3,   ch ;
c1 = 'a', c2 = 'b',c3 = 'c',ch = 'd';
```

每个字符变量被分配一个字节的内存空间，因此只能存放一个字符。字符值是以 ASCII 码的形式存放在变量的内存单元之中的。

如 x 的十进制 ASCII 码是 120，y 的十进制 ASCII 码是 121。对字符变量 a,b 赋予'x'和'y'值：

```
a = 'x';
b = 'y';
```

实际上是在 a、b 两个单元内存放 120 和 121 的二进制代码：

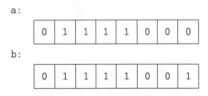

所以也可以把它们看成是整型量。C 语言允许对整型变量赋以字符值，也允许对字符变量赋以整型值。在输出时，允许把字符变量按整型量输出，也允许把整型量按字符量输出。

整型量为两字节量，字符量为单字节量，当整型量按字符型量处理时，只有低八位字节参与处理。

【例 2-5】 字符型数据与整型数据之间可以通用。

```
# include < stdio.h>
void main()
{ char c1,c2;
  c1 = 97;c2 = 98;
  printf(" % c % c\n",c1,c2);
  printf(" % d % d\n",c1,c2);
}
```

输出结果为：

```
a     b
97    98
```

```
# include < stdio.h>
void main()
{ int i; char c;
  i = 'a';
  c = 97;
 printf(" % c, % d\n",c,c);
```

```
printf("%c,%d\n",i,i);
}
```

输出结果为:

```
a,97
a,97
```

2.5.3 字符串常量

字符串常量是由一对双引号括起的字符序列。例如,"CHINA","C program","$12.5"等都是合法的字符串常量。

1. 字符串常量的长度

字符串中字符的个数称为字符串长度。例如:"How are you!"长度为 12,"\nGood morning!"的长度为 14(转义字符"\n"代表一个字符)。

字符串常量中包含转义字符时,一定要注意其长度的计算。例如,字符串"ab\123c\n4 \\14\tk\bw\xa"的长度为 14。其中有下画线的字符组均是转义字符,按一个字符计算。

字符串常量和字符常量是不同的量,它们之间主要有以下区别:

(1) 字符常量由单引号括起来,字符串常量由双引号括起来。

(2) 字符常量只能是单个字符,字符串常量则可以含零个或多个字符。

(3) 可以把一个字符常量赋予一个字符变量,但不能把一个字符串常量赋予一个字符变量。在 C 语言中没有相应的字符串变量,但是可以用一个字符数组来存放一个字符串常量。这将在数组一章内予以介绍。

(4) 字符常量占一个字节的内存空间;字符串常量占的内存字节数等于字符串中字节数加 1,增加的一个字节中存放字符"\0"(ASCII 码为 0),这是字符串结束的标志。

例如,字符串"C program"的长度为 9,在内存中所占的字节为:

字符常量'a'和字符串常量"a"虽然都只有一个字符,但在内存中的情况是不同的。
'a'在内存中占一个字节,可表示为:

a

"a"在内存中占两个字节,可表示为:

2.6 运算符与表达式

用来表示各种运算的符号称为运算符。例如,数值运算中经常用到的加、减、乘、除等符号。C 语言中的运算符大都直接采用键盘上的符号,如图 2-3 所示。

使用运算符就必须有运算对象,运算对象可以为常量、变量、函数等。C 语言中的运算

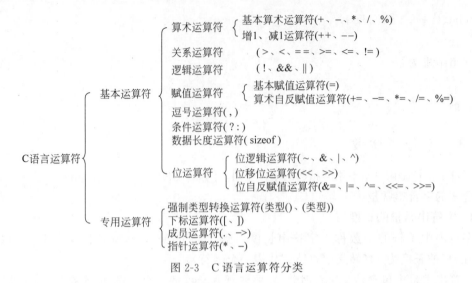

图 2-3　C 语言运算符分类

符的运算对象如果是一个,则称单目运算符;如果运算对象是两个,则称双目运算符;如果运算对象是三个,则称三目运算符(如条件运算符)。C 语言中对运算符级别进行了明确规定,称为运算符的"优先级"。同级运算符还规定了结合性,从左向右结合称为"左结合",从右向左称为"右结合"。

与数学中的运算一样,C 语言中的每个运算都有其特定的意义,都有自己特定的运算规则。参加运算的数据也要有数据类型限制,同时运算结果也有确定的数据类型。

用运算符连接起来的符合 C 语言规则的式子称为表达式,根据运算规则进行运算后得出来的结果称为表达式的值。

2.6.1　算术运算符和算术表达式

算术运算包括加、减、乘、除和求余运算。算术运算符如表 2-4 所示。

表 2-4　算术运算符

对象数	名称	运算符	运算规则	运算对象	运算结果	结合性
单目	正	+	取原值	整型或实型	整型或实型	自右向左
	负	−	取负值			
双目	加	+	加法			自左向右
	减	−	减法			
	乘	*	乘法			
	除	/	除法			
	求余(模)	%	整数求余	整型	整型	

注意:

(1) 除法运算符"/"的运算对象可以是各种数值类型的数据,但是当进行两个整型数据相除时,运算结果也是整型数据,即只取商的整数部分;而操作数中有一个为实型数据时,则结果为双精度实型数据,即 double 型。例如,5.0/10 的运算结果是 0.5,5/10 的运算结果是 0,而不是 0.5,10/4 的运算结果是 2。

(2) 求余运算符"%"要求运算对象必须是整型操作数,它的功能是求两个操作数相除的余数,余数的符号与被除数的符号相同。例如,11％3 的值为 2,−11％3 的值为−2,2％−5 的值为 2。

由算术运算符和括号构成的表达式称为算术表达式。进行混合运算时,各运算符之间必须要有一定的优先次序和结合方向。

C 语言中规定算术运算符之间的优先次序如下:−(负号)→(∗,/,％)→(+,−)。

在运算符的优先级相同的情况下,结合方向为从左至右(简称左结合)。

2.6.2 关系运算符和关系表达式

关系运算是用来进行两个操作对象比较的运算。关系运算的运算结果是一个逻辑值,即"真"或"假"。如果结果为"真"值,用数字"1"来表示;如果结果为"假"值,用数字"0"来表示。

关系运算符如表 2-5 所示。

表 2-5 关系运算符

对象数	名称	运算符	运算规则	运算对象	运算结果	结合性
双目	小于	<	满足条件为真,不满足条件为假	整型、实型或字符型	逻辑值(整型)	自左向右
	小于或等于	<=				
	大于	>				
	大于或等于	>=				
	等于	==				
	不等于	!=				

关系运算符的优先级低于算术运算符。前 4 种关系运算符(<、<=、>、>=)的优先级相同,后两种运算符(==、!=)的优先级也相同。且前 4 种运算符的优先级高于后两种。

使用关系运算符连接而构成的表达式称为关系表达式。

关系运算可以比较两个数值的大小,也可以比较两个字符的大小。字符间的比较实质是两个字符的 ASCII 码值做比较。例如,'a'<'b'是其 ASCII 码值 97 与 98 在做比较。因此,字符变量和字符常量也可以和数值一起运算。关系运算得出的逻辑值 0 或 1 也可以作为数值参加运算。

例如,求下列关系表达式的值:

```
5 == 3          //关系表达式的值为"假"值,结果为 0
x > 3           //当 x > 3 时,表达式的值为"真"值,结果为 1
3 < 5 == 6 < 8  //关系表达式的值为 1.计算步骤是,先分别进行 3 < 5 和 6 < 8 关系运算后,
                //然后将两个逻辑值再做" == "比较运算
```

2.6.3 逻辑运算符和逻辑表达式

逻辑运算符是对两个关系式的逻辑值进行运算的,运算结果仍是逻辑值。C 语言提供了 3 种逻辑运算符:!、&& 和||。

在 3 种逻辑运算符中,逻辑非"!"的优先级别最高,逻辑与"&&"次之,逻辑或"||"最

低；逻辑运算符中"&&"和"||"低于关系运算符，"!"高于算术运算符。

逻辑运算符如表 2-6 所示。

表 2-6　逻辑运算符

对象数	名称	运算符	运算规则	运算对象	运算结果	结合性
单目	逻辑非	!	数值型或字符型	逻辑值（整型）	逻辑值（整型）	自右向左
双目	逻辑与	&&				自左向右
	逻辑或	||				

用逻辑运算符构成的表达式称为逻辑表达式。逻辑运算符连接的表达式可以为关系表达式，也可以是字符型数据和算术表达式、条件表达式、赋值表达式、逗号表达式等。逻辑运算的对象称为逻辑型量，表 2-7 为逻辑运算的真值表。用它表示当 a 和 b 的值为不同组合时，各种逻辑运算所得到的值。

表 2-7　逻辑运算的真值表

a	b	!a	!b	a&&b	a||b
真	真	假	假	真	真
真	假	假	真	假	真
假	真	真	假	假	真
假	假	真	真	假	假

虽然 C 语言编译系统在给出逻辑运算值时，以数值 1 代表"真"，以 0 代表"假"。但反过来在判断一个逻辑量是为"真"还是为"假"时，以 0 代表"假"，以非 0 的数值作为"真"。例如，由于 5 和 3 均为非 0，因此 5&&3 的值为"真"，即为 1。又如，5||0 的值为"真"，即为 1。

在逻辑表达式的求解中，并不是所有的逻辑运算符都被执行，只是在必须执行下一个逻辑运算符才能求出表达式的解时，才执行该运算符。举例如下。

(1) a&&b&&c 只有 a 为真(非 0)时，才需要判别 b 的值，只有 a 和 b 都为真时才需要判别 c 的值。只要 a 为假，就不必判别 b 和 c 的值。如果 a 为真，b 为假，就不必判别 c。

(2) a||b||c 只要 a 为真(非 0)，就不必判别 b 和 c。只有 a 为假，才判别 b。a 和 b 都为假才判别 c。

2.6.4　赋值运算符和赋值表达式

1. 赋值运算符

赋值运算符分为两类，其中基本赋值运算符有"="，自反赋值运算符有＋＝，－＝，＊＝，/＝，%＝，>>＝，<<＝，&＝，^＝，|＝。

2. 赋值表达式

赋值表达式是由赋值运算符或自反赋值运算符构成的表达式。

(1) 使用"="给变量赋值，使变量得到一个值。赋值表达式的一般格式为：

<变量> = <表达式>

例如，a＝1，b＝5＊PI，c＝'a'都是合法的表达式。而"a＝1;"为赋值语句。赋值表达式和赋值语句的区别是表达式右边是否有语句结束符号";"。

赋值表达式的求值过程是：先对赋值运算符"="右侧的"表达式"进行求值,然后将该值赋给"="左侧的变量。也就是说变量得到的值是赋值表达式的值。例如,b＝5＊2＋1,则 b 的值为 11,也就是此赋值表达式的值。

赋值表达式本身也有值,所以它可以出现在其他表达式中。例如,(a＝1)＋(b＝3)＊4－(c＝5),该表达式的值为 1＋3＊4－5＝8,且对该表达式求值后变量 a、b、c 分别被重新赋值为 1、3、5。同时,赋值表达式右侧的"表达式"也可以是一个赋值表达式,如 a＝(b＝5)。

赋值运算符"="的结合顺序是"自右向左的"。所以"a＝(b＝5)"和"a＝b＝5"等价。

（2）复合赋值运算符。常用的算术自反赋值运算符如表 2-8 所示。

表 2-8　常用的算术自反赋值运算符

对象数	名称	运算符	运算规则	运算对象	运算结果	结合性
双目	加赋值	＋＝	a＋＝b 相当于 a＝a＋(b)	数值型	数值型	自右向左
	减赋值	－＝	a－＝b 相当于 a＝a－(b)			
	乘赋值	＊＝	a＊＝b 相当于 a＝a＊(b)			
	除赋值	/＝	a/＝b 相当于 a＝a/(b)			
	模赋值	%＝	a＋＝b 相当于 a＝a%(b)	整型	整型	

复合赋值表达式的格式是:

<变量> < 运算符> = <表达式>

例如,a－＝b－5 相当于表达式 a＝a－(b－5),a＊＝b＋c 相当于 a＝a＊(b＋c),而不是 a＝a＊b＋c。

2.6.5　逗号运算符和逗号表达式

","为逗号运算符,用","连接起来的式子称为逗号表达式。逗号表达式的格式为:

表达式 1,表达式 2,…,表达式 n

逗号表达式是一个求值运算符。计算时的顺序为分别求解每一个表达式,整个表达式的值是最右边表达式的值。","在整个表达式中起到了分隔作用。例如:

a＝8＋4,a/2

先计算 a＝8＋4 得 a＝12,然后求解 a/2 得 6,所以整个逗号表达式的值是 6。又如:

x＝(y＝5,y＝2)

先计算逗号表达式的值为 10,将 10 赋值给 x。

逗号运算符的优先级最低,所以,带有逗号运算符的表达式在给变量赋值或与别的操作对象组成新的表达式时,往往使用括号将表达式括起来。例如,表达式"x＝(a＝5,6＊8)"中 x 的值是 48,而表达式"x＝a＝5,6＊8"中 x 的值为 5。

2.6.6　变量的自增、自减运算符

C 语言中除了基本运算符外,还包括两个特殊的算术运算符:变量自增运算符(＋＋)

和自减运算符(——)。这两种运算符都是单目运算符,自右向左结合。而且运算对象必须是变量,不能是常量和表达式。

自增(自减)运算表达式格式如下:

变量 ++
++ 变量
变量 ——
—— 变量

说明:"++"和"——"运算符位于变量前或变量后,其运算规则是不同的。运算符号在变量前表示先进行自增(减)运算,后使用变量;运算符号在后表示先使用变量,后进行自增(减)运算。

例如:

```
j = 3;    k = ++j;         //则 k = 4,j = 4
j = 3;    k = j++;         //则 k = 3,j = 4
```

变量的自增和自减运算优先级高于算术运算,如—x++相当于—(x++)。

【例 2-6】 变量的自增、自减运算举例。

```c
# include < stdio. h >
void main( )
{
    int x = 10;
    printf(" % d\n", - x++);      //x 内存单元存放的是 10,输出 x 的相反数
    printf(" % d\n",x);           //x 使用过后在 10 的基础上自增 1
}
```

运行结果为:

```
- 10
11
```

2.6.7 长度运算符

长度运算符 sizeof 是单目运算符。运算对象可以是数据类型符或变量。运算对象要用圆括号括起来。长度运算符如表 2-9 所示。

表 2-9 长度运算符

对象数	名称	运算符	运算规则	运算对象	运算结果	结合性
单目	长度	sizeof	测试数据类型所占用的字节数	类型说明符或变量	整型	无

sizeof 运算符的一般格式为:

sizeof(类型说明符)

或

sizeof(表达式)

长度运算符的优先级和单目算术运算符、单目逻辑运算符、自增/自减运算符相同。

【例 2-7】 长度运算符的使用。

```
# include < stdio. h >
void main()
{
  int i; short s;   unsigned u;   long int l;
  float f;   char ch;   double d;
  printf(" % d, % d, % d, % d, % d, % d, % d",sizeof(i),sizeof(s),sizeof(u),sizeof(l),
  sizeof(f),sizeof(ch),sizeof(d));
}
```

运行结果为：

4,2,4,4,4,1,8

2.6.8 运算符的优先级、结合性及混合运算问题

C/C++语言规定了运算符的优先级和结合性,运算符的优先级别从高到低依次为：初等运算符,如( )、[ ]、->、,;单目运算符,如!、~、++、--、*(指针)、&(类型);算术运算符(先乘除,后加减);关系运算符;逻辑运算符(不包括!);条件运算符;赋值运算符;逗号运算符。

所谓结合性是指当一个操作数两侧的运算符具有相同的优先级时,该操作数是先与左边的运算符结合,还是先与右边的运算符结合。自左至右的结合方向,称为左结合性;反之,称为右结合性。结合性是 C 语言独有的概念。除单目运算符、赋值运算符和条件运算符是右结合性外,其他运算符都是左结合性。

C/C++语言数据类型很复杂,不同类型的数据可混合运算,在运算时,不同类型的数据首先要转换成同一类型,且转换成最长的数据类型,然后再进行运算。转换的规则如图 2-4 所示。

数据类型转换有两种方式,即自动类型转换和强制类型转换。

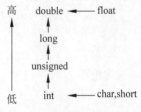

图 2-4 不同类型数据的转换

1. 自动类型转换

自动类型转换由系统自动由精度低的类型转换为精度高的类型。例如,表达式"10+'a'+1.5-5678.444 * 'b'"的运算结果为 double 型。

2. 强制类型转换

强制类型转换是将表达式的值强制转换为另一种特定类型。强制类型转换一般格式为：

(类型) 表达式

其中,括号内的类型是希望转换后的类型,表达式是要转换的对象。例如：

x = 3.6; y = (int)x;

则 y 的值为 3,其意义是强制将 x 转换成整数后赋给变量 y。变量 x 的值还是 3.6,而变量 y 取 x 的整数部分。

2.7　常用的输入与输出库函数

2.7.1　字符数据的输入与输出

1. putchar()函数

putchar()函数是字符输出函数,其功能是在显示器上输出单个字符。其一般形式为:

putchar(字符变量);

例如:

```
putchar('A');                    //输出大写字母 A
putchar(x);                      //输出字符变量 x 的值
putchar('\101');                 //也是输出字符 A
putchar('\n');                   //换行
```

对控制字符则执行控制功能,不在屏幕上显示。

使用本函数前必须要用文件包含命令:

```
# include < stdio. h >
```

或

```
# include "stdio. h"
```

2. getchar()函数

getchar()函数的功能是从键盘上输入一个字符。其一般形式为:

```
getchar();
```

通常把输入的字符赋予一个字符变量,构成赋值语句,例如:

```
char c;
c = getchar();
```

使用 getchar()函数需要注意的是,getchar()函数只能接收单个字符,输入的数字也按字符处理。输入多于一个字符时,只接收第一个字符。用 getchar()函数得到的字符可以赋给一个字符变量或整型变量,也可以不赋值给任何变量,仅仅作为表达式的一部分。例如:

```
putchar(getchar());
```

2.7.2　格式输出与输入函数

1. 格式输出函数 printf()

printf()函数称为格式输出函数,其关键字最末一个字母 f 即为"格式"(format)之意。其功能是按用户指定的格式,把指定的数据显示到显示器屏幕上。

printf()函数是一个标准库函数,它的函数原型在头文件 stdio. h 中。但作为一个特例,不要求在使用 printf()函数之前必须包含 stdio. h 文件。

1) printf()的一般格式

printf()的一般格式为：

printf("格式控制字符串",输出表列);

其中,格式控制字符串用于指定输出格式。它包含格式字符串、普通字符及转义字符 3 种信息。

(1) 格式字符串是以%开头的字符串,在%后面跟有各种格式字符,以说明输出数据的类型、形式、长度、小数位数等。例如,%d 表示按十进制整型输出;%ld 表示按十进制长整型输出;%c 表示按字符型输出等。

(2) 普通字符是需要原样输出的字符,在显示中起提示作用。例如:

printf("%d,%c\n",a,c);

其中,双引号内的",",就是普通字符,调用函数时会原样输出。

(3) 转义字符用于控制输出的样式,如常用到的"\n"表示回车换行。

输出表列中给出了各个输出项,要求格式字符串和各输出项在数量和类型上应该一一对应。

2) printf()的格式字符

格式字符串的一般形式为：

[标志][输出最小宽度][.精度][长度]类型

其中,方括号中的项为可选项。下面分别介绍各项的含义。

(1) 类型。类型字符用以表示输出数据的类型,其格式字符和含义如表 2-10 所示。

表 2-10 printf()格式字符和含义

格式字符	含 义	举 例	输出结果
d	以十进制形式输出带符号整数(正数不输出符号)	int a=567; printf("%d",a);	567
o	以八进制形式输出无符号整数(不输出前缀 0)	int a=65; printf("%o",a);	101
x,X	以十六进制形式输出无符号整数(不输出前缀 0x)	int a=255; printf("%x",a);	ff
u	以十进制形式输出无符号整数	int a=567; printf("%u",a);	567
f	以小数形式输出单、双精度实数,系统默认输出 6 位小数	float a=567.789; printf("%f",a);	567.789000
e,E	以指数形式输出单、双精度实数	float a=567.789; printf("%e",a);	5.677890 e+02
g,G	以%f 或%e 中较短的输出宽度输出单、双精度实数	float a=567.789; printf("%g",a);	567.789
c	输出单个字符	char a=65; printf("%c",a);	A
s	输出字符串	printf("%s","ABC")	ABC

（2）附加格式标志。常用标志字符为一、+、#、空格 4 种,其含义如表 2-11 所示。

表 2-11   printf()标志字符

修饰符	含　　义
m	输出数据域宽。若数据长度小于 m,则左边补空格,否则按实际输出
.n	对于实数,指定小数点后的位数(四舍五入);对于字符串,指定实际输出位数
—	输出数据左对齐,右边填空格(默认为右对齐)
+	指定在有符号数的正数前面显示正号(+)
0	输出数据时指定左边不使用的空位自动填 0
#	对 c,s,d,u 类无影响;对 o 类,在输出时加前缀 o;对 x 类,在输出时加前缀 0x;对 e、g,f 类当结果有小数时才给出小数点
空格	输出值为正时冠以空格,为负时冠以负号
l 或 h	在 d,o,x,u 格式字符前,指定输出精度为 long 型;在 e、f,g 格式字符前,指定输出精度为 double 型

【例 2-8】   输出函数举例。

```
# include< stdio.h>
void main()
{
    int a = 15;
    float b = 123.1234567;
    double c = 12345678.1234567;
    char d = 'p';
    printf("a =% d,% 5d,% o,% x\n",a,a,a,a);
    printf("b =% f,% lf,% 5.4lf,% e\n",b,b,b,b);
    printf("c =% lf,% f,% 8.4lf\n",c,c,c);
    printf("d =% c,% 8c\n",d,d);
}
```

本例第 8 行中以 4 种格式输出整型变量 a 的值,其中"%5d"要求输出宽度为 5,而 a 值为 15,只有两位故补 3 个空格。第 9 行中以 4 种格式输出实型量 b 的值,其中"%f"和"%lf"格式的输出相同,说明"l"符对"f"类型无影响。"%5.4lf"指定输出宽度为 5,精度为 4,由于实际长度超过 5,故应该按实际位数输出,小数位数超过 4 位部分被截去。第 10 行输出双精度实数,其中"%8.4lf"指定精度为 4 位,故截去了超过 4 位的部分。第 11 行输出字符量 d,其中"%8c"指定输出宽度为 8,故在输出字符 p 之前补加 7 个空格。

使用 printf()函数时还要注意一个问题,就是输出表列中的求值顺序。不同的编译系统求值顺序不一定相同,可以从左到右,也可以从右到左,但是输出顺序还是从左至右。

2. 格式输入函数 scanf()

scanf()称为格式输入函数,即按用户指定的格式从键盘上把数据输入到指定的变量之中。scanf()是一个标准库函数,它的函数原型在头文件 stdio.h 中,与 printf()函数相同,C 语言也允许在使用 scanf()函数之前不必包含 stdio.h 文件。

1) scanf()的一般格式

scanf()的一般格式为:

```
scanf("格式控制字符串",地址表列);
```

其中,格式控制字符串的作用与 printf()函数相同,但不能显示非格式字符串,也就是不能显示提示字符串。地址表列中给出各变量的地址。地址是由地址运算符"&"后跟变量名组成的。

例如,&a,&b 分别表示变量 a 和变量 b 的地址。这个地址就是编译系统在内存中给 a、b 变量分配的地址。在 C 语言中,使用了地址这个概念,这是与其他语言不同的。应该把变量的值和变量的地址这两个不同的概念区别开来。变量的地址是 C 编译系统分配的,用户不必关心具体的地址是多少。

【例 2-9】 输入函数举例。

```
# include < stdio. h >
void main()
{
    int a,b,c;
    printf(" input a,b,c\n");
    scanf(" % d % d % d",&a,&b,&c);
    printf("a = % d,b = % d,c = % d",a,b,c);
}
```

在本例中,由于 scanf()本身不能显示提示串,故先用 printf 语句在屏幕上输出提示,请用户输入 a、b、c 的值。执行 scanf 语句,则退出编译器屏幕进入用户屏幕等待用户输入。用户输入"7　8　9"后按下 Enter 键,此时,系统又将返回 TC 屏幕。在 scanf 语句的格式串中由于没有非格式字符在%d%d%d 之间作为输入时的间隔,因此在输入时要用一个以上的空格或 Enter 键作为每两个输入数之间的间隔。例如:

7 8 9

或

7
　8
　9

2) scanf()的格式字符

格式字符串的一般形式为:

% [*][输入数据宽度][长度]类型

其中,有[ ]的项为任选项。各项的含义如下。

(1) 类型:表示输入数据的类型,其格式字符和含义如表 2-12 所示。

表 2-12　scanf()的格式字符和含义

格 式 字 符	含　　义
d	输入十进制整数
o	输入八进制整数(前缀 0 不输入)
X,x	输入十六进制整数(前缀 0x 不输入,大小写作用相同)

43

第 2 章

数据类型、运算符与表达式

续表

格 式 字 符	字 符 含 义
u	输入无符号十进制整数
f	输入实型数(用小数形式或指数形式)
e、E、g、G	与格式字符 f 作用相同,e 与 f、g 可以相互替换(大小写作用相同)
c	输入单个字符
s	输入字符串

(2) "＊"符:用于表示该输入项,输入后不赋予相应的变量,即跳过该输入值。

例如:

```
scanf("%d%*d%d",&a,&b);
```

当输入为"1 2 3"时,把 1 赋予 a,2 被跳过,3 赋予 b。

(3) 输入数据宽度:用十进制整数指定输入的宽度(即字符数)。

例如:

```
scanf("%5d",&a);
```

输入"12345678",只把 12345 赋予变量 a,其余部分被截去。

又如:

```
scanf("%4d%4d",&a,&b);
```

输入"12345678",将把 1234 赋予 a,而把 5678 赋予 b。

(4) 长度:格式符为 l 和 h,l 表示输入长整型数据(如%ld)和双精度浮点数(如%lf),h 表示输入短整型数据。

使用 scanf()函数还必须注意以下几点:

① scanf()函数中没有精度控制,如"scanf("%5.2f",&a);"是非法的。不能试图用此语句输入小数为两位的实数。

② scanf()中要求给出变量地址,如给出变量名则会出错。例如,"scanf("%d",a);"是非法的,应改为"scanf("%d",&a);"才是合法的。

③ 在输入多个数值数据时,若格式控制串中没有非格式字符作为输入数据之间的间隔则可用空格、制表符(Tab)或回车符作为间隔。C 语言编译时碰到空格、制表符(Tab)、回车符或非法数据(如对"%d"输入"12A"时,A 即为非法数据)时即认为该数据结束。

④ 在输入字符数据时,若格式控制串中无非格式字符,则认为所有输入的字符均为有效字符。

例如:

```
scanf("%c%c%c",&a,&b,&c);
```

输入为:

```
d e f
```

则把'd'赋予 a,' '赋予 b,'e'赋予 c。

只有当输入为"def"时,才能把'd'赋于 a,'e'赋予 b,'f'赋予 c。

如果在格式控制中加入空格作为间隔,例如:

scanf ("%c %c %c",&a,&b,&c);

则输入时各数据之间可加空格。

【例 2-10】 输入函数示例程序 1。

```
#include<stdio.h>
void main()
{
  char a,b;
  printf("input character a,b\n");
  scanf("%c %c",&a,&b);
  printf("\n%c%c\n",a,b);
}
```

本例表示 scanf()格式控制串"%c %c"之间有空格时,输入的数据之间可以有空格作为间隔。

如果格式控制串中有非格式字符,则输入时也要输入该非格式字符。

例如:

scanf("%d,%d,%d",&a,&b,&c);

其中,用非格式符","作为间隔符,故输入时应为:

5,6,7

又如:

scanf("a=%d,b=%d,c=%d",&a,&b,&c);

则输入应为:

a=5,b=6,c=7

如果输入的数据与输出的类型不一致时,虽然编译能够通过,但结果将不正确。

【例 2-11】 输入函数示例程序 2。

```
#include<stdio.h>
void main()
{
  int a;
  printf("input a number\n");
  scanf("%d",&a);
  printf("%ld",a);
}
```

由于输入数据类型为整型,而输出语句的格式串中说明为长整型,因此输出结果和输入数据不符。

【例 2-12】 对例 2-11 示例程序改动之后的程序。

数据类型、运算符与表达式

```
# include < stdio. h>
void main( )
{
    long a;
    printf("input a long integer\n");
    scanf(" % ld",&a);
    printf(" % ld",a);
}
```

运行结果为:

```
input a long integer
1234567890
1234567890
```

当输入数据改为长整型后,输入数据与输出数据相等。

2.8　综合运算举例

【例 2-13】　多个数据、运算符的混合运算。
程序清单如下:

```
# include < stdio. h>
void main( )
{
  int i = 16, j, x = 6, y, z;
  j = i+++1;         printf("1: % d\n", j);
  x * = i = j;        printf("2: % d\n", x);
  x = 1, y = 2, z = 3;        x += y += z;
  printf("3: % d\n", z/ = x++);
  x = 027;                              //八进制数
  y = 0xff00;                           //十六进制数
  printf("4: % d\n", x&&y);
  x = y = z = - 1;
   ++ x|| ++ y&& ++ z;
  printf("5: % d, % d, % d\n", x, y, z);
}
```

运行结果为:

```
1:17
2:102
3:0
4:1
5:0,0, - 1
```

【实训 2】　字符数据的输入与输出 1

一、实训目的
1. 掌握字符不同的输出形式。

2. 掌握字符型数据与整型数据的关系。

3. 熟悉字符型与整型数据的定义形式。

二、实训任务

1. 定义一个字符型变量(c)、两个基本整型变量(c1,c2)。熟悉各自的定义形式。

2. 利用 getchar() 输入函数,从键盘上输入一个字符,并赋值给 c 变量。

三、实训步骤

输入一个字符,找出它的前驱字符和后继字符,并将对应的 ASCII 码值输出。

参考源程序 lab2_1.cpp 如下:

```
# include < stdio.h >
void main()
{
  char c;
  int c1,c2;
  c = getchar();
  c1 = c - 1;
  c2 = c + 1;
  printf(" % c, % c, % c\n",c1,c,c2);
  printf(" % d, % d, % d\n",c1,c,c2);
}
```

若从键盘输入:

e↙

显示结果:

d,e,f
100,101,102

思考:输入、输出的字符若只限定在字母范围内,则应加什么限制条件?

【实训3】 字符数据的输入与输出 2

一、实训目的

(1) 掌握 prtintf() 函数的用法。

(2) 掌握 scanf() 函数的用法。

二、实训任务

1. 给出程序中 printf() 函数的输出结果。

2. 用 scanf() 函数输入数据,使 a=3,b=7,x=8.5,y=71.82,c1='A',c2='a'。在键盘上应如何输入?

三、实训步骤

1. 源程序 lab2_2.cpp 如下:

```
include < stdio.h >
main()
{
  int a = 5,b = 7;
```

```
    float x = 6738564, y = - 789.124;
    char c = 'A';
    long n = 1234567;
    unsigned u = 65535;
    printf("%d%d\n",a,b);
    printf("%3d%3d\n",a,b);
    printf("%f,%f\n",x,y);
    printf("% - 10f,% - 10f\n",x,y);
    printf("%8.2f,%8.2f,%.4f,%.4f,%3f\n",x,y,x,y,x,y);
    printf("%e,%10.2e\n",x,y);
    printf("%c,%d,%o,%x\n",c,c,c,c);
    printf("%ld,%lo,%x\n",n,n,n);
    printf("%u,%o,%x,%d\n",u,u,u,u);
    printf("%s,%5.3s\n","COMPUTER","COMPUTER");
}
```

输出结果为:

```
57
  5  7
6738564.000000, - 789.124023
6738564.000000, - 789.124023
6738564.00,  - 789.12,6738564.0000, - 789.1240,6738564.000000
6.738564e + 006, - 7.89e + 002
A,65,101,41
1234567,4553207,12d687
65535,177777,ffff,65535
COMPUTER,   COM
```

2. 源程序 lab2_3.cpp 如下:

```
# include < stdio.h >
main()
{
  int a,b;
  float x,y;
  char c1,c2;
  scanf("a = %d b = %d",&a,&b);
  scanf(" %f %e",&x,&y);
  scanf(" %c %c",&c1,&c2);
  printf("a = %d,b = %d, x = %f,y = %e,c1 = %c,c2 = %c ",a,b,x,y,c1,c2);
}
```

可按如下方式从键盘上输入:

```
a = 3 b = 7 ✓
8.5 71.82 ✓
A a ✓
```

输出结果为:

```
a = 3,b = 7,x = 8.500000,y = 7.182000e + 001,c1 = A,c2 = a
```

思考：在 lab2_3.cpp 中第三个 scanf() 函数的双引号中第一个字符为空格。如果没有这个空格字符,输出结果会怎样? 为什么?

本 章 小 结

本章是学习 C 语言的基础,首先介绍了 C 语言中的基本数据类型、标识符、变量和常量,整型、浮点型和字符型等基本数据类型;然后介绍了 C 语言中的各种运算符及表达式,运算符的优先级和结合性,C 语言中不同类型数据间的混合运算。最后,介绍了常用的输入与输出库函数。本章的重点是基本数据类型的定义和使用,运算符和表达式的语法规则及使用方法以及常用输入与输出函数等,请读者认真掌握,为以后的学习打好基础。

习 题 2

一、选择题

1. 合法的字符常量是(　　)。

    A. '\t'   B. "A"   C. 'a'   D. '\x32'

2. 在 C 语言中,要求参加运算的数必须为整数的运算符是(　　)。

    A. /   B. *   C. %   D. =

3. 在 C 语言中,字符型数据在内存中以(　　)形式存放。

    A. 原码   B. BCD 码   C. 反码   D. ASCII 码

4. (　　)是非法的 C 语言转义字符。

    A. '\b'   B. '\0xf'   C. '\037'   D. '\''

5. 对于语句"f=(3.0,4.0,5.0),(2.0,1.0,0.0);"的判断中,(　　)是正确的。

    A. 语法错误   B. f 为 5.0   C. f 为 0.0   D. f 为 2.0

6. 与代数式 $(x*y)/(u*v)$ 不等价的 C 语言表达式是(　　)。

    A. x*y/u*v   B. x*y/u/v   C. x*y/(u*v)   D. x/(u*v)*y

7. 对于"char cx='\039';"语句,下列说法正确的是(　　)。

    A. 不合法   B. cx 的 ASCII 码值是 33

    C. cx 的值为 4 个字符   D. cx 的值为 3 个字符

8. 若"int k=7,x=12;",则能使值为 3 的表达式是(　　)。

    A. x%=(k%=5)   B. x%=(k-k%5)

    C. x%=k-k%5   D. (x%=k)-(k%=5)

9. 为了计算 s=10!(即 10 的阶乘),则 s 变量应定义为(　　)。

    A. int   B. unsigned

    C. long   D. 以上 3 种类型均可

10. 假定 x 和 y 为 double 型,则表达式 x=2,y=x+3/2 的值是(　　)。

    A. 3.500000   B. 3   C. 2.000000   D. 3.000000

11. 设以下变量均为 int 型,则值不等于 7 的表达式是(　　)。

    A. (x=y=6,x+y,x+1)   B. (x=y=6,x+y,y+1)

C. (x=6,x+1,y=6,x+y)　　　　　　　　D. (y=6,y+1,x=y,x+1)

12. 字符串"ABC"在内存中占用的字节数为(　　　)。

    A. 3　　　　　　　　B. 4　　　　　　　　C. 5　　　　　　　　D. 8

13. 设 a,b,c,d 均为0,执行(m=a==b)&&(n=c||d)后,m,n 的值是(　　　)。

    A. 0,0　　　　　　　B. 0,1　　　　　　　C. 1,0　　　　　　　D. 1,1

14. 设 a,b,c 均为 int 型变量,且 a=3,b=4,c=5,则下面的表达式中值为0的是(　　　)。

    A. 'a'&&'b'　　　　　　　　　　　　　B. a<=b

    C. a||b+c&&b-c　　　　　　　　　　　D. !((a<b)&&!c||1)

二、填空题

1. 能表述 $20<X<30$ 或 $X<-100$ 的 C 语言表达式是_____。

2. 若已知 a=10,b=20,则表达式! a<b 的值是_____。

3. 在内存中存储"A"要占用_____个字节,存储'A'要占用_____个字节。

4. 在 C 语言中,不同运算符之间运算次序存在_____的区别,同一运算符之间运算次序存在_____的规则。

5. 设 x=2.5,a=7,y=4.7,则 x+a%3*(int)(x+y)%2/4 为_____。

6. 设 a=2,b=3,x=3.5,y=2.5,则(float)(a+b)/2+(int)x%(int)y 为_____。

7. 设"int a; float f; double i;",则表达式 10+'a'+i*f 值的数据类型是_____。

8. 已知 a,b,c 是一个十进制数的百位,十位,个位,则该数的表达式是_____。

9. 若定义"double x=3.5,y=3.2;",则表达式(int)x*0.5 的值是_____,表达式 y+=x++ 的值是_____。

10. 表达式 5%(-3)的值是_____,表达式-5%(-3)的值是_____。

三、程序阅读题

1. 写出以下程序运行的结果。

```c
#include<stdio.h>
void main()
{
    char c1='a',c2='b',c3='c',c4='\101',c5='\116';
    printf("a%c b%c\tc%c\tabc\n",c1,c2,c3);
    printf("\t\b%c %c",c4,c5);
}
```

2. 写出以下程序运行的结果。

```c
#include<stdio.h>
void main()
{
    int i,j,m,n;
    i=8;
    j=10;
    m=++i;
    n=j++;
    printf("%d,%d,%d,%d",i,j,m,n);
}
```

3. 写出以下程序运行的结果。

```
#include<stdio.h>
void main()
{
  int a,b;
  a=2147483647;    /* VC++环境下 -2147483647~2147483647 */
  printf("%d,%d",a,b);
}
```

4. 写出以下程序运行的结果。

```
#include<stdio.h>
void main()
{
  float f1,f2,f3,f4;
  int m1,m2;
  f1=f2=f3=f4=2;
  m1=m2=1;
  printf("%d\n",(m1=f1>=f2)&&(m2=f3<f4));
}
```

四、写出下面各题的表达式

1. 假设 m 是一个三位数,写出将 m 的个位、十位、百位反序而成的三位数(例如,123 反序为 321)的 C 语言表达式。

2. 已知"int x=10,y=12;",写出将 x 和 y 的值互相交换的表达式。

第3章　程序控制结构

本章主要介绍实现结构化程序设计的 3 种基本结构以及实现这 3 种结构的相关语句，同时介绍 3 种结构的程序设计方法。

本章学习目标与要求

➤ 掌握顺序、选择和循环结构程序设计方法。

➤ 掌握 if 语句及 switch 语句的控制流程。

➤ 掌握利用 while 语句、do-while 语句及 for 语句进行循环程序设计。

➤ 理解 break 及 continue 语句对循环控制的影响。

➤ 熟悉多重循环的嵌套使用。

程序中语句的执行顺序称为"程序结构"。计算机程序是由若干条语句组成的语句序列。如果程序中的语句是按照书写顺序执行的，称为"顺序结构"；如果某些语句是按照当时的某个条件来决定是否执行，称为"选择结构"；如果某些语句要反复执行多次，则称为"循环结构"。

3.1　顺序结构程序设计

顺序结构的程序是自上而下顺序执行的各条语句。顺序结构的传统流程图和 N-S 流程图如图 3-1(a)和图 3-1(b)所示。

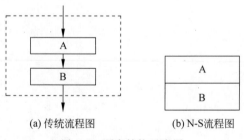

(a) 传统流程图　　　　(b) N-S流程图

图 3-1　顺序结构示意图

下面介绍几个顺序程序设计的例子。

【例 3-1】　输入三角形的三边长，求三角形面积。

已知三角形的三边长 a、b、c，则该三角形的面积公式为：$area = \sqrt{s(s-a)(s-b)(s-c)}$，其中，$s = (a+b+c)/2$。

源程序如下：

```
# include < stdio. h>
# include < math. h>
void main()
{
  float a,b,c,s,area;
  scanf("% f,% f,% f",&a,&b,&c);
  s = 1.0/2 * (a + b + c);
  area = sqrt(s * (s - a) * (s - b) * (s - c));
  printf("a = % 7.2f,b = % 7.2f,c = % 7.2f,s = % 7.2f\n",a,b,c,s);
  printf("area = % 7.2f\n",area);
}
```

【例 3-2】 求 $ax^2 + bx + c = 0(a \neq 0)$ 方程的根，a、b、c 由键盘输入，设 $b^2 - 4ac > 0$。
一元二次方程的求根公式为：

$$x_1 = \frac{-b + \sqrt{b^2 - 4ac}}{2a}, \quad x_2 = \frac{-b - \sqrt{b^2 - 4ac}}{2a}$$

可以将上面的分式分为两项：

$$p = \frac{-b}{2a}, \quad q = \frac{\sqrt{b^2 - 4ac}}{2a}$$

则 $x_1 = p + q, x_2 = p - q$。

源程序如下：

```
# include < stdio. h>
# include < math. h>
void main()
{
  float a,b,c,disc,x1,x2,p,q;
  scanf("a = % f,b = % f,c = % f",&a,&b,&c);
  disc = b * b - 4 * a * c;
  p = - b/(2 * a);
q = sqrt(disc)/(2 * a);
x1 = p + q;x2 = p - q;
  printf("\nx1 = % 5.2f\nx2 = % 5.2f\n",x1,x2);
}
```

3.2 选择结构程序设计

选择结构体现了程序的判断能力。在执行过程中,依据运行时某些变量的值确定某些操作是否执行,或者确定若干个操作中选择哪个操作执行,这种程序结构称为选择结构,又称为分支结构。选择结构有 3 种形式,即单分支结构、双分支结构和多分支结构。C 语言为 3 种选择结构提供了相应的语句,即 if-else 语句、switch 语句和条件运算符,下面介绍选择结构的实现方法。

3.2.1 if 语句的 3 种形式

1. 单分支结构
单分支结构的格式如下：

```
if(表达式)
   语句;
```

功能：计算表达式的值。如果条件为真(非 0)则执行语句，否则不执行语句。

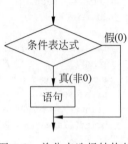

图 3-2　单分支选择结构的
执行过程

说明：

(1) 表达式可为任何类型，常用的是关系表达式或逻辑表达式。

(2) 语句可以是任何可执行语句，可以是空语句或复合语句，也可以出现内嵌简单的 if 语句。

单分支结构的执行过程如图 3-2 所示。

【例 3-3】　将两个整数 a,b 中的大数存入 a 中,小数存入 b 中。

分析：首先将 a,b 进行比较，如果 a 已经为大数则无须变动，否则，将两个数对调，即将 a 存入 b 中,将 b 存入 a 中。对调方法是设一个中间变量 temp 暂存数据，其操作步骤为：

(1) 将 a 赋给 temp,语句为"temp＝a;"。

(2) 将 b 赋给 a,语句为"a＝b;"。

(3) 将 temp 赋给 b(原来 a 的值),语句为"b＝temp;"。

源程序如下：

```
# include < stdio. h>
void main()
{
    int a,b,temp;
    scanf(" % d, % d",&a,&b);
    if(a < b)
    {
        temp = a;
        a = b;
        b = temp;
    }
        printf("a = % d,b = % d\n",a,b);
}
```

程序运行情况如下：

3,5 ↙

运行结果为：

a = 5,b = 3

说明：实现两个数对调,"temp＝a；a＝b；b＝temp;"这 3 条语句都要执行,构成复合语句,因此要用 { } 括起来。

2. 双分支结构

双分支结构的格式如下：

```
if(表达式)
```

```
   语句 1;
else
   语句 2;
```

功能：计算表达式的值，如果为真(非 0)，则执行语句 1，否则执行语句 2。其执行过程如图 3-3 所示。

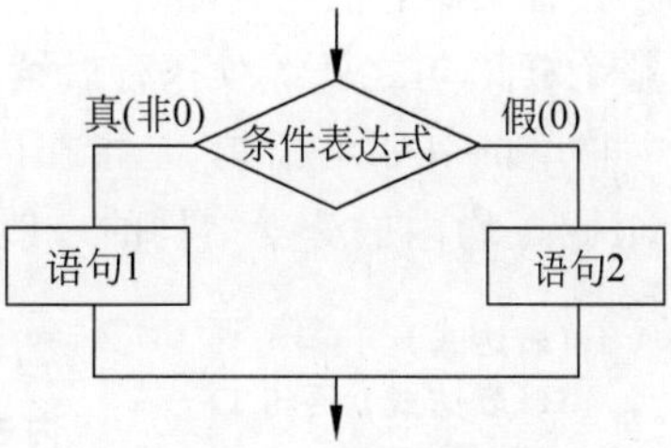

说明：

(1) 语句 1 和语句 2 可以是一条语句、复合语句或是内嵌 if 语句等，也可以是空语句。

(2) 表达式可以是任何类型，常用的是关系表达式或逻辑表达式。

(3) else 语句是 if 的子句，与 if 配对，不能单独出现。

图 3-3　双分支选择结构执行过程

(4) if-else 的配对原则是：else 语句总是与同一层最近的尚未配对的 if 语句配对。

【例 3-4】 输入一个英文字符，若是字母则输出"YES!"，否则输出"NO!"。

源程序如下：

```c
# include < stdio. h >
void main()
{
   char c;
   scanf(" % c",&c);
   if(c > = 'a'&&c < = 'z'||c > = 'A'&&c < = 'Z')
     printf("YES!\n");
   else printf("NO!\n");
}
```

程序运行情况如下：

X↙

输出结果为：

YES!

再运行一次，输入：

3↙

输出结果为：

NO!

请读者自行画出程序流程图。

3. 多分支结构

程序流程多于两个分支称为多分支，多分支程序结构使用嵌套的 if-else 语句实现。

格式如下：

if(表达式 1) 语句 1

```
    else if(表达式 2)语句 2
        else if(表达式 3) 语句 3
            ...
            else 语句 n
```

其含义是：依次判断表达式的值,当出现某个值为真时,则执行其对应的语句,然后跳到整个 if 语句之外继续执行后续程序。如果所有的表达式均为假,则执行语句 n。

嵌套的 if-else 语句,是指在语句体中内嵌 if 或 if-else 语句。两个分支都可以内嵌 if 语句,if-else 均内嵌分支结构的一般格式为：

```
if(表达式)
  if(表达式) 语句 1⎫
  else 语句 2    ⎬        内嵌 if - else
else           ⎫
  if(表达式) 语句 3⎬        内嵌 if - else
else 语句 4
```

【例 3-5】 求如下所示分段函数的 y 值。

$$y = \begin{cases} -1, & x < 0 \\ 0, & x = 0 \\ 1, & x > 0 \end{cases}$$

分析：y 的值存在 3 种可能,若 $x<0$,则 $y=-1$;否则,若 $x=0$,则 $y=0$;否则 $y=1$,内嵌一个双分支结构。

源程序如下：

```c
# include < stdio. h>
void main( )
{
  int x,y;
  scanf(" % d",&x);
  if(x<0)
    y = - 1;
  else              //这个 else 子句是与上面的 if(x < 0)配对
    if(x == 0) y = 0;
    else   y = 1;    //这个 else 子句是与最近的 if(x == 0)配对
  printf("\nx = % d, y = % d\n",x,y);
}
```

程序运行(3 次)情况如下；

```
5 ↙
x = 5, y = 1
0 ↙
x = 0, y = 0
 -7 ↙
x = -7, y = -1
```

此程序是在 else 分支内嵌 if-else 语句的,也可以在另一分支嵌套,分支结构改写为如下所示：

```
if(x > = 0)
    if(x > 0) y = 1;
    else y = 0;              //与上面的 if(x > 0)配对
else   y = - 1;              //与最近的未被匹配的 if(x > = 0)配对
```

说明：C 语言不限制嵌套层数。习惯在 else 分支语句上嵌套。如果在书写程序时不熟练，则将 if 和 else 的子句设计成复合语句，即用 { } 括起来，这可保证 if 与 else 正确配对。

例如：

```
if(a > b)
{
    if(b < c)
        c = a;
}
else
    c = b;
```

3.2.2　条件运算符和条件表达式

条件运算符"?:"是 C 语言中唯一的三目运算符。它的特点是有三个操作数。实际上条件运算符实现了简单的 if-else 语句的功能。表达式形式如下：

(表达式 1) ? (表达式 2) : (表达式 3)

功能：先计算表达式 1，如果表达式 1 的值是非 0(真)，则取表达式 2 的值，否则，取表达式 3 的值。

例如，当 a＝3，b＝4 时：

```
max = (a < b)?a:b;
```

变量 max 取变量 a 的值，为 3。

说明：

(1) 条件运算符的优先级高于赋值运算符，但低于关系运算符和算术运算符。其结合方向为自右向左。若有以下表达式：

```
a > b ? a : c > d ? c : d
```

则等价于

```
a > b ? a : (c > d ? c : d)
```

(2) 三个表达式类型没有限制，互相可以不相同，此时表达式的值取较高的类型。例如：

```
a > b?2:5.5
```

如果 a＜b，则条件表达式的值为 5.5；若 a＞b，则条件表达式的值为 2.0 而不是 2。原因是 5.5 为浮点型，条件表达式的值应取较高的类型。

(3) 条件表达式可以作为函数参数，简化程序结构。例如：

```
printf("max of %d, %d is %d\n",a,b,(a>b)?a:b);
```

【例 3-6】 从键盘上输入一个字符,如果它是大写字母,则把它转换成小写字母输出;
否则直接输出。

源程序如下:

```
# include< stdio. h>
void main()
{
    char ch;
    printf("Input a character: ");
    scanf("%c",&ch);
    ch = (ch>= 'A'&& ch<= 'Z') ? (ch+32): ch;
    printf("%c\n",ch);
}
```

程序运行情况如下:

```
Input a character: D↙
d
```

3.2.3 switch 语句实现多分支选择结构

C 语言提供了 switch 语句直接处理多分支选择。虽然嵌套的 if 语句完全可以实现多
分支选择的功能,但是嵌套的层数过多,程序的可读性降低。使用 switch 语句可使程序的
结构清晰明了,减少一些嵌套错误。

switch 语句的一般格式如下:

```
switch(表达式)
{
    case   常量表达式 1: 语句序列 1 [break; ]
    case   常量表达式 2: 语句序列 2 [break; ]
        ⋮
    case   常量表达式 n: 语句序列 n [break; ]
    [default : 语句序列 n+1 ]
}
```

语句执行过程是:当表达式的值与某个 case 后面的常量表达式的值相等时,执行此
case 分支中的语句序列,如果此语句后有 break 语句,则跳出 switch 语句;如果没有 break
语句,则继续执行下一个 case 分支。若所有的 case 中的常量表达式的值都不能与表达式中
的值相匹配,则执行 default 分支中的语句。

说明:

(1) ANSI 标准允许 switch 后的表达式和 case 后的常量表达式可以为整型、字符型和
枚举型。但新的 ANSI 标准允许 switch 后面的表达式和 case 后面的常量表达式可以是任
何类型的表达式而不再限于整型表达式。

(2) 各 case 后的常量表达式值必须互不相同。

(3) "语句组"可以是一条或多条合法的 C 语句。

【例 3-7】 从键盘上输入一个百分制成绩 score,按下列原则输出其等级:score≥90,等级为 A;80≤score＜90,等级为 B;70≤score＜80,等级为 C;60≤score＜70,等级为 D;score＜60,等级为 E。

源程序如下:

```
# include < stdio. h >
void main( )
{
  int score,grade;
  printf("Input a score(0～100):");
  scanf(" % d",&score);
  grade = score/10;        //将成绩整除 10,转化成 switch 语句中的 case 标号
  switch(grade)
      {
          case 10:
          case 9: printf("grade = A\n");break;        //2 个分支同一操作
          case 8: printf("grade = B\n"); break;
          case 7: printf("grade = C\n"); break;
          case 6: printf("grade = D\n"); break;
          case 5:
          case 4:
          case 3:
          case 2:
          case 1:
          case 0:printf("grade = E\n"); break;        //6 个分支同一操作
          default:printf("Input error\n");
      }
}
```

3.3　循环结构程序设计

在给定条件成立时,反复执行某程序段,直到条件不成立为止。给定的条件称为循环条件,反复执行的程序段称为循环体。在 C 语言中可用以下语句实现循环:while 语句、do-while 语句、for 语句、goto 语句和语句标号。

循环三要素:循环变量和其初值;循环条件;循环变量的增值。

3.3.1　当型循环结构

执行特点是:先判断控制条件,如果条件满足则执行语句循环体,直到条件不成立退出循环。如果条件不满足则执行循环后面语句,如图 3-4 所示。

```
while(表达式)
    语句;
```

或

```
while(表达式)
  {
```

```
语句;
}
```

功能：计算表达式值，其值若为真(非 0)则反复执行语句，直到表达式的值为假时为止。

说明：

(1) 表达式可以是任何类型，常用的是关系表达式或逻辑表达式。

(2) 重复执行的操作称为循环体。

(3) 在循环体中还可以包含循环语句，构成多重循环。

【例 3-8】 用 while 语句求 sum＝1＋2＋3＋…＋100。

N-S 结构流程图如图 3-5 所示。

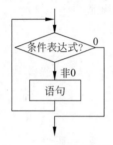
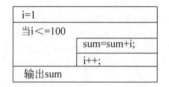

图 3-4　当型循环结构　　　　图 3-5　例 3-8 的 N-S 结构流程图

算法分析：设变量 i 为加数，i 在有规律地变化，自增 1，变化的 i 累加到 sum 中(称累加器，不断累加加数)。这是一个重复运算问题，构成了循环结构。

其算法如下：

(1) 用 while 语句设计循环结构，用加数 i 作为循环控制变量，i 的初值为 1，终值为 100，变化规律为 i＝i＋1(或 i++)。变量 i 满足了 3 个基本条件，即有一个明确的初值、明确的终值、明确的步长值。

(2) 累加器 sum 初值为 0，sum 随加数 i 而变化，sum＝sum＋i 操作和 i＝i＋1 构成了循环体。

源程序如下：

```c
# include < stdio. h >
void main()
{
  int i, sum = 0;
  i = 1;
  while(i < = 100)
  {
    sum = sum + i;
    i ++ ;
  }
printf(" % d\n", sum);
}
```

运行结果为：

5050

3.3.2 直到型循环结构

执行特点是：先执行语句循环体，然后判断控制循环的条件。若条件成立，则继续执行循环体，直到条件不成立时，退出循环。

do-while 语句的一般形式为：

```
do{
    语句;
} while(表达式);
```

这个循环语句与 while 循环语句的不同在于：它先执行循环中的语句，然后再判断表达式是否为真，如果为真则继续循环；如果为假则终止循环。因此，do-while 循环语句至少要执行一次循环语句。其执行过程可用图 3-6 表示。

【例 3-9】 用 do-while 语句求 sum=1+2+3+⋯+100。

其 N-S 结构流程图如图 3-7 所示。

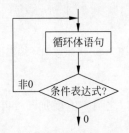

图 3-6 直到型循环结构执行过程

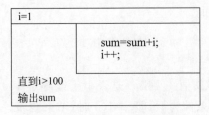

图 3-7 例 3-9 的 N-S 结构流程图

```c
#include< stdio. h>
void main()
{
  int i,sum = 0;
   i = 1;
   do{
sum = sum + i;
    i ++ ;
}while(i <= 100);
   printf(" % d\n",sum);
}
```

3.3.3 次数型循环结构

执行特点是：设计循环时，确定了循环体执行的次数，在执行循环过程中，根据控制变量的变化使程序完成反复操作。

在 C 语言中，for 语句使用最为灵活，它完全可以取代 while 语句。一般形式为：

for(表达式 1; 表达式 2; 表达式 3)
    语句;

它的执行过程如下：

（1）求解表达式 1。

（2）求解表达式 2,若其值为真(非 0),则执行 for 语句中指定的内嵌语句,然后执行下面第(3)步; 若其值为假(0),则结束循环,转到第(5)步。

（3）求解表达式 3。

（4）转回第(2)步继续执行。

（5）循环结束,执行 for 语句下面的一个语句。

其执行过程可用图 3-8 表示。

for 语句最简单的应用形式也是最容易理解的形式如下:

for(循环变量赋初值; 循环条件; 循环变量增量)
语句;

循环变量赋初值总是一个赋值语句,它用来给循环控制变量赋初值; 循环条件是一个关系表达式,它决定什么时候退出循环; 循环变量增量定义循环控制变量每循环一次后按什么方式变化。这三个部分之间用";"分开。

例如:

```
for(i = 1; i < = 100; i ++ )
  sum = sum + i;
```

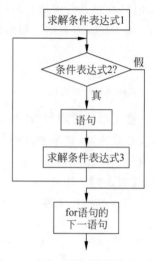

图 3-8　次数型循环结构执行过程

先给 i 赋初值 1,判断 i 是否小于或等于 100,若是则执行语句,之后 i 值增加 1。再重新判断,直到条件为假,即 i>100 时,结束循环。

对 for 语句说明如下:

（1）for 循环中的"表达式 1(循环变量赋初值)""表达式 2(循环条件)"和"表达式 3(循环变量增量)"都是可选项,可以省略; 但";"不能省略。

（2）省略了"表达式 1(循环变量赋初值)",表示不对循环控制变量赋初值。

（3）省略了"表达式 2(循环条件)",则不做其他处理时便成为死循环。

例如:

```
for(i = 1;;i ++ )
sum = sum + i;
```

相当于:

```
i = 1;
while(1)
    {sum = sum + i;
     i ++ ;}
```

（4）省略"表达式 3(循环变量增量)",可在语句体中加入修改循环控制变量的语句。

例如:

```
for(i = 1;i < = 100;)
{sum = sum + i;
    i ++ ;
}
```

（5）可省略"表达式 1（循环变量赋初值）"和"表达式 3（循环变量增量）"。

例如：

```
for(;i<=100;)
{sum = sum + i;
    i++;
}
```

相当于：

```
while(i<=100)
    { sum = sum + i;
       i++;
    }
```

（6）3 个表达式都可以省略。

例如：

```
for(;;)
语句;
```

相当于：

```
while(1)
语句;
```

（7）表达式 1 可以是设置循环变量的初值的赋值表达式，也可以是其他表达式。

例如：

```
for(sum = 0;i<=100;i++)
sum = sum + i;
```

（8）表达式 1 和表达式 3 可以是一个简单表达式，也可以是逗号表达式。

```
for(sum = 0,i = 1;i<=100;i++) sum = sum + i;
```

或

```
for(i = 0,j = 100;i<=100;i++,j--)k = i + j;
```

（9）表达式 2 一般是关系表达式或逻辑表达式，但也可以是数值表达式或字符表达式，只要其值非零，就执行循环体。

例如：

```
for(i = 0;(c = getchar())!= '\n';i+= c);
```

又如：

```
for(;(c = getchar())!= '\n';)
printf(" % c",c);
```

3.3.4 循环嵌套与多重循环结构

在一个循环的循环体内又包含另一个循环语句，称为循环嵌套结构。两层循环嵌套结构称为双层循环结构。两层以上的嵌套结构则称为多重循环结构。在使用循环嵌套时,被嵌套的一定是一个完整的循环结构,即两个循环结构不能相互交叉。

【例 3-10】 在屏幕上打印一个 3 行 7 列的星号矩阵。

源程序如下:

```c
#include<stdio.h>
void main()
{
  int i, k;
  for( i=0; i<3; i++)
  {
    for( k=0; k<7; k++)
        printf("*");
        printf("\n");
  }
}
```

运行结果为:

```
*******
*******
*******
```

3.3.5　几种循环语句的比较

(1) 4 种循环语句都可以用来处理同一个问题,一般可以互相代替。但具体情况下有所侧重。for 语句简洁、清晰,它可将初始条件、判断条件和循环变量放在一行中书写,显得直观、明了,多用于处理初值、终值和步长值都明确的问题。while 语句多用于处理精确计算、利用终止标志控制循环的问题。一般不提倡用 goto 型循环。

(2) 用 while 和 do-while 循环时,循环变量初始化的操作应在 while 和 do-while 语句之前完成,而 for 语句可以在表达式 1 中实现循环变量的初始化。

(3) for 语句与 while 语句执行过程相同,先判断条件后执行循环体;do-while 语句执行循环体后判断循环条件,无论条件是否满足都要执行一次循环体。

3.3.6　循环体内 break 语句和 continue 语句

C 程序的循环体内可以设定循环中断语句提前结束循环,也可以设定结束本次循环体的操作提前进入下一次循环操作,break 语句和 continue 语句就是专门用于循环体中的两条语句,可以实现这个功能。

1. break 语句

break 语句用于强制中断循环的执行,结束循环。break 语句的一般格式为:

```
break;
```

通常 break 语句总是与 if 语句连在一起使用,即满足条件时便跳出循环。

【例 3-11】 计算圆的半径 r 从 1 到 10 时的面积并输出,直到面积大于 100 为止。

源程序如下:

```
# include < stdio. h >
# define   PI   3.1415926
void main() {
   int r;   float area;
   for(r = 1;r < 10;r ++ )
 {    area = PI * r * r;
     if(area > 100)
        break;
     else
           printf("area = 5.2 % f",area);
   }
}
```

运行结果为：

area = 3.14
area = 12.57
area = 28.27
area = 50.27
area = 78.54

注意：

（1）在双层循环和多层循环中，break 语句只向外跳一层。

（2）break 语句和 if-else 语句配合使用从而构成第二个结束条件。

2. continue 语句

continue 语句用于中断本次循环，提前进入下次循环。continue 语句的一般格式为：

continue;

说明：

（1）continue 语句只用在 for、while、do-while 等循环体中，通常与 if 条件语句一起使用，用来加速循环执行。

（2）循环体中单独使用 continue 语句无意义。

【例 3-12】 输出 100～200 能被 3 整除的自然数。

算法分析：在判断整除操作中，如果不能被 3 整除，就转入执行控制变量的变化语句（n++），本次循环体中余下的语句不再执行；100～200 的整数要逐个检测，其判断表达式为 n%3!＝0。

源程序如下：

```
# include < stdio. h >
void main()
{ int n,i = 0;
  for(n = 100;n <= 200;n ++ )
{   if(n % 3!= 0)
       continue;
       printf(" % d   ",n);
       i ++ ;
       if(i % 10 == 0)                //每行显示 10 个数
```

```
        printf("\n"); }
}
```

运行结果为：

```
102  105  108  111  114  117  120  123  126  129
132  135  138  141  144  147  150  153  156  159
162  165  168  171  174  177  180  183  186  189
192  195  198
```

3.4 程序控制综合举例

【例 3-13】 用 $\frac{\pi}{4} = 1 - \frac{1}{3} + \frac{1}{5} - \frac{1}{7} + \cdots$ 公式求 π 值,要求精度达到其最后一项的近似值的绝对值小于 10^{-6} 为止。

N-S 流程图如图 3-9 所示。

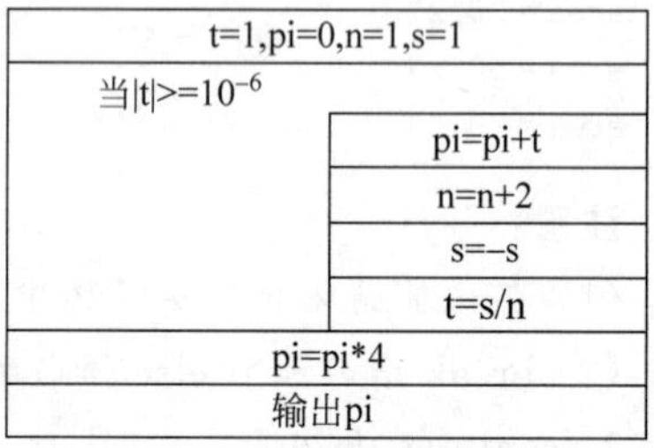

算法分析：最后一项用变量 t 表示,作为循环结束条件,调用系统函数求绝对值,条件表达式为：fabs(t)＞1e－6;分母 n 作为循环控制变量,步值为 n＋=2,符号用 s 表示,则 t＝s/n; pi 为累加器,pi＝pi+t。

源程序如下：

```
# include < stdio. h>
# include < math. h>
void main()
{
  int s;
  float n, t, pi;
  t = 1, pi = 0; n = 1.0; s = 1;
  while(fabs(t)> 1e - 6)
     {pi = pi + t;
      n = n + 2;
      s = - s;
      t = s/n;
     }
  pi = pi * 4;
  printf("pi = % 10.6f\n", pi);
}
```

t=1,pi=0,n=1,s=1		
当 |t|>=10⁻⁶		
	pi=pi+t	
	n=n+2	
	s=−s	
	t=s/n	
pi=pi*4		
输出 pi		

图 3-9 例 3-13 的 N-S 流程图

运行结果为：

```
pi = 3.141594
```

【例 3-14】 求 Fibonacci 数列前 20 个数。这个数列的特点是：第 1、2 项均为 1,从第 3 项开始,该数是前两个数之和,即

$$f_1 = 1 \qquad\qquad (n=1)$$

$$f_2 = 1 \qquad\qquad (n=2)$$

$$f_n = f_{n-1} + f_{n-2} \qquad (n \geqslant 3)$$

算法分析：

(1) 根据题意已知第 1 个数为 $f_1=1$，第 2 个数为 $f_2=1$。通过 f_1 和 f_2 求出下一对数，即新的 f_1 和 f_2；计算公式是：$f_1=f_1+f_2$，$f_2=f_2+f_1$。已给出第 1 对数，只需再求 19 对即可。

(2) 只需定义 f_1，f_2 两个变量，以后求出的新数覆盖旧数。

源程序如下：

```c
#include<stdio.h>
void main()
{ long int f1,f2;
  int i;
  f1 = 1,f2 = 1;
  for(i = 1;i <= 10;i ++)
  { printf("%12ld %12ld\n",f1,f2);     //先输出,后求新的 f1,f2,否则会丢掉第 1 对数
    f1 = f1 + f2;
    f2 = f2 + f1;
  }
}
```

运行结果为：

```
   1           1
   2           3
   5           8
  13          21
  34          55
  89         144
 233         377
 610         987
1597        2584
4181        6765
```

【例 3-15】 设计循环嵌套结构，计算 100 元钱买 100 只鸡问题。公鸡 5 元 1 只，母鸡 3 元 1 只，小鸡 1 元 3 只，100 元钱买 100 只鸡，公鸡、母鸡、小鸡各能买多少只？

算法分析：设公鸡买 x 只，母鸡买 y 只，小鸡买 z 只，100 元钱最多买 20 只公鸡、33 只母鸡，小鸡：$z=100-x(公鸡)-y(母鸡)$。嵌套循环：公鸡 x 从 $1\sim20$；母鸡 y 从 $1\sim33$。条件：x * 5+y * 3+(100-x-y)/3==100&&(z%3==0)。

源程序如下：

```c
#include<stdio.h>
void main()
{
  int x,y,z;
  for(x = 1;x <= 20;x ++)            //公鸡最大数
    for(y = 1;y <= 33;y ++)          //母鸡最大数
      {
        z = 100 - x - y;            //求小鸡数
        if((x * 5 + y * 3 + (100 - x - y)/3) == 100)&&(z % 3 == 0)
          printf("x = %d,y = %d,z = %d\n",x,y,z);
```

程序控制结构

运行结果为:

```
x = 4,y = 18,z = 78
x = 8,y = 11,z = 81
x = 12,y = 4,z = 84
```

【例 3-16】 求 100~200 的全部素数。

算法分析:如果 m 为素数,m 不能被 $2\sim\sqrt{m}$ 的任何整数整除。被测数 m 作为循环控制变量;将除数 i 作为内循环的循环控制变量试除 $2\sim k$(为 sqrt(m))的每一个数;判断一个数是否被另一个数整除,可以使用求余运算符"%",如果出现整除情况,则使用 break 语句提前结束内循环,说明 m 不是素数,此时 i 值小于 k;若未出现整除情况,循环正常结束,说明 m 为素数,则循环控制变量为 $i>k$。

源程序如下:

```
#include<math.h>
main()
{
  int m,i,k,n = 0;
  for(m = 101;m < = 200;m = m + 2)
  {
    k = sqrt(m);
    for(i = 2;i < = k;i + + )
    if(m % i == 0) break;              //若整除则结束内循环,说明 m 不是素数
    if(i > = k + 1)                     //i 如果超出 k,则为素数
    {printf(" % d",m);
     n = n + 1;}                       //统计素数
    if(n % 10 == 0) printf("\n");      //每行输出 10 个素数
  }
  printf("\n");
}
```

运行结果为:

```
101103107109113127131137139149
151157163167173179181191193197
199
```

【实训 4】 多分支选择结构程序设计

一、实训目的

(1) 掌握多分支选择结构。

(2) 熟悉长整型数据的定义形式。

二、实训任务

企业发放奖金的根据是利润提成。利润(p)低于或等于 10 万元时,奖金可提成 10%;利润高于 10 万元,低于 20 万元时,高于 10 万元的部分,可提成 7.5%;利润在 20 万元到 40

万元之间时,高于 20 万元的部分,可提成 5%;利润在 40 万元到 60 万元之间时高于 40 万元的部分,可提成 3%;利润在 60 万元到 100 万元之间时,高于 60 万元的部分,可提成 1.5%;利润高于 100 万元时,超过 100 万元的部分按 1% 提成。从键盘输入当月利润 p,求应发放奖金总数。

三、实训步骤

(1) 从键盘接收利润值 p,将奖金分段列出计算式。

(2) 利用多分支选择结构计算奖金数。

参考源程序 lab3_1.cpp 如下:

```c
#include<stdio.h>
void main()
{
  long p;
  long bonus,bonus1,bonus2,bonus4,bonus6,bonus10;
  scanf("%ld",&p);
  bonus1 = 100000 * 0.1;
  bonus2 = bonus1 + 100000 * 0.075;
  bonus4 = bonus2 + 200000 * 0.05;
  bonus6 = bonus4 + 200000 * 0.03;
  bonus10 = bonus6 + 400000 * 0.015;
      if(p <= 100000)
          bonus = p * 0.1;
      else if(p <= 200000)
              bonus = bonus1 + (p - 100000) * 0.075;
          else if(p <= 400000)
                  bonus = bonus2 + (p - 200000) * 0.05;
              else if(p <= 600000)
                      bonus = bonus4 + (p - 400000) * 0.03;
                  else if(p <= 1000000)
                          bonus = bonus6 + (p - 600000) * 0.015;
                      else
                          bonus = bonus10 + (p - 1000000) * 0.01;
  printf("bonus = %ld",bonus);
}
```

运行结果为:

```
100000↙
bonus = 10000
```

思考:利用 switch 语句实现多分支选择结构。

【实训 5】 双重循环结构程序设计

一、实训目的

(1) 掌握利用双重循环结构编程的方法。

(2) 熟悉屏幕上输出格式的控制。

二、实训任务

实现在屏幕上输出下三角九九乘法表。

三、实训步骤

1. 定义控制行、列的变量。

2. 设计双层循环结构。

参考源程序 lab3_2.cpp 如下：

```
#include<stdio.h>
void main()
{ int i,j;
  for(i=1;i<=9;i++)
  {for(j=1;j<=i;j++)
   printf("%d*%d=%d",i,j,i*j);
   printf("\n");
  }
}
```

运行结果为：

```
1*1=1
2*1=22*2=4
3*1=33*2=63*3=9
4*1=44*2=84*3=124*4=16
5*1=55*2=105*3=155*4=205*5=25
6*1=66*2=126*3=186*4=246*5=306*6=36
7*1=77*2=147*3=217*4=287*5=357*6=427*7=49
8*1=88*2=168*3=248*4=328*5=408*6=488*7=568*8=64
9*1=99*2=189*3=279*4=369*5=459*6=549*7=639*8=729*9=81
```

【实训6】 多重循环结构程序设计

一、实训目的

掌握利用多重循环结构编程的方法。

二、实训任务

两个乒乓球队进行比赛，各出三人。甲队为 a,b,c 三人，乙队为 x,y,z 三人。已抽签决定比赛名单。有人向队员打听比赛的名单，a 说他不和 x 比，c 说他不和 x,z 比。请编程序找出两队参赛选手的对阵名单。

三、实训步骤

1. 定义 a,b,c 的各自对手变量 i,j,k。

2. 设计三重循环结构。

参考源程序 lab3_3.cpp 如下：

```
#include<stdio.h>
void main()
{
    char i,j,k;/*i是a的对手,j是b的对手,k是c的对手*/
    for(i='x';i<='z';i++)
```

```
      for(j = 'x';j < = 'z';j ++ )
    { if(i! = j)
      for(k = 'x';k < = 'z';k ++ )
      { if(i! = k&&j! = k)
        if(i! = 'x'&&k! = 'x'&&k! = 'z')
        printf("order is a -- % c\tb -- % c\tc -- % c\n",i,j,k);
      }
    }
}
```

运行结果为：

order is a -- z   b -- x   c -- y

本 章 小 结

本章对实现分支结构化程序设计的 if 语句、switch 语句和实现循环结构的三种语句进行了详细讲解，并通过实际的例子介绍了这些语句的使用方法，从而掌握一些程序设计的方法和常用的算法解决实际问题。

习　题　3

一、选择题

1. C 语言对嵌套 if 语句的规定是：else 总是与(　　　)。

    A. 其之前最近的 if 配对 　　　　　　　　B. 第一个 if 配对

    C. 缩进位置相同的 if 配对 　　　　　　　D. 其之前最近的且尚未配对的 if 配对

2. 对以下程序片段，下列说法正确的是(　　　)。

```
# include < stdio. h >
void main( )
{   int x = 0,y = 0,z = 0;
    if(x = y + z)
     printf(" *** ");
    else
     printf("# # #");
}
```

    A. 有语法错误，不能通过编译

    B. 输出：***

    C. 可以编译，但不能通过连接，所以不能运行

    D. 输出：# # #

3. 以下程序的输出结果是(　　　)。

```
# include < stdio. h >
void main()
{ int x = 1,y = 0,a = 0,b = 0;
```

```
switch(x) {
    case 1:switch (y) {
            case 0: a ++ ; break;
            case 1: b ++ ; break;
            }
    case 2:a ++ ; b ++ ; break;
    case 3:a ++ ; b ++ ;
    }
    printf("a = % d,b = % d",a,b);
}
```

  A. a＝1,b＝0   B. a＝2,b＝1   C. a＝1,b＝1   D. a＝2,b＝2

 4. 在下面的条件语句中(其中 S1 和 S2 表示 C 语言语句),( )在功能上与其他 3 个语句不等价。

  A. if (a) S1；else S2；   B. if (a＝＝0) S2；else S1；

  C. if (a!＝0) S1；else S2；   D. if (a＝＝0) S1；else S2；

 5. 以下 for 循环语句的执行次数是( )。

```
for(x = 0,y = 0; (y = 123) && (x < 4) ; x ++);
```

  A. 无限循环   B. 循环次数不定 C. 4 次   D. 3 次

 6. 下面程序段的运行结果是( )。

```
x = y = 0;
while (x < 15) y ++ ,x += ++ y ;
printf(" % d, % d",y,x);
```

  A. 20,7   B. 6,12   C. 20,8   D. 8,20

 7. 以下是死循环的程序段是( )。

  A.

```
for(i = 1; ; ) {
if(i ++ % 2 == 0) continue;
if(i ++ % 3 == 0) break;
}
```

  B.

```
i = 32767;
do { if(i < 0) break ; } while ( ++ i);
```

  C.

```
for(i = 1 ; ;)   if( ++ i < 10) continue;
```

  D.

```
i = 1; while(i -- );
```

 8. 关于以下 for 循环语句说法正确的是( )。

```
int i,k;
```

```
for (i = 0, k = -1; k = 1; i ++, k ++)
    printf(" *** ");
```

    A. 判断循环结束的条件非法   B. 是无限循环

    C. 只循环一次   D. 一次也不循环

9. 若有

```
int k = 2;
while (k = 0) {printf(" % d",k);k -- ;}
```

则下面描述中正确的是( )。

    A. while 循环执行 10 次   B. 循环是无限循环

    C. 循环题语句一次也不执行   D. 循环体语句执行一次

10. 下面程序的功能是在输入的一批正数中求最大者,输入 0 结束循环,在横线上填入的正确语句是( )。

```
# include < stdio. h >
void main ( )
{ int a, max = 0;
    scanf(" % d",&a);
    while(_____) {
        if(max < a) max = a;
        scanf(" % d",&a);
    }
    printf(" % d",max);
}
```

    A. a==0   B. a   C. !a==1   D. !a

二、程序阅读题

1. 写出以下程序分别输入 1,2,3,4 后的运行结果。

```
# include < stdio. h >
void main()
{
    int c;
    while((c = getchar())!= '\n')
        switch(c - '2')
    {
        case 0:
        case 1:putchar(c + 4);
        case 2:putchar(c + 4);break;
        case 3:putchar(c + 3);
        default:putchar(c + 2);break;
    }
printf("\n");
}
```

2. 写出下面程序运行的结果。

```
# include < stdio. h >
```

```
void main()
{ int x,i;
    for(i = 1; i <= 100; i ++ ) {
        x = i;
        if( ++ x % 2 == 0)
            if( ++ x % 3 == 0)
                if( ++ x % 7 == 0)
                    printf(" % d ",x);
    }
}
```

3. 写出下面程序运行的结果。

```
# include < stdio. h >
void main()
{ int i,b,k = 0;
    for(i = 1; i <= 5; i ++ ) {
        b = i % 2;
        while(b -- == 0) k ++;
    }
    printf(" % d, % d",k,b);
}
```

4. 写出下面程序运行的结果。

```
# include < stdio. h >
void main()
{ int a,b;
    for (a = 1,b = 1; a <= 100; a ++ ) {
        if(b >= 20) break;
        if(b % 3 == 1) { b += 3; continue; }
        b -= 5;
    }
    printf(" % d\n",a);
}
```

5. 写出下面程序运行的结果。

```
# include < stdio. h >
void main()
{ int k = 1,n = 263;
    do { k * = n % 10; n/ = 10; } while(n);
    printf(" % d\n",k);
}
```

6. 写出下面程序运行的结果。

```
# include < stdio. h >
void main()
{ int i = 5;
    do {
        switch (i % 2) {
            case 4 : i -- ; break;
```

```
        case 6 : i -- ; continue;
        }
        i -- ; i -- ;
        printf(" % d",i);
    }while(i > 0);
}
```

7. 写出下面程序运行的结果。

```
# include < stdio. h >
void main()
{ int i,j;
    for(i = 0;i < 3;i ++ ,i ++ ) {
        for(j = 4; j > = 0; j -- ) {
            if((j + i) % 2) {
                j -- ;
                printf(" % d,",j);
                continue;
            }
            -- i;
            j -- ;
            printf(" % d,",j);
        }
    }
}
```

8. 写出下面程序运行的结果。

```
# include < stdio. h >
void main()
{ int a = 10, y = 0;
    do{
        a += 2; y += a;
        if(y > 50) break;
    } while(a = 14);
    printf("a = % d y = % d\n",a,y);
}
```

9. 写出下面程序运行的结果。

```
# include < stdio. h >
void main()
{ int i,j,k = 19;
    while(i = k - 1) {
        k -= 3;
        if (k % 5 == 0) { i ++ ; continue; }
        else if(k < 5) break;
        i ++ ;
    }
    printf("i = % d,k = % d\n",i,k);
}
```

10. 写出下面程序运行的结果。

```c
# include < stdio. h>
void main()
{ int y = 2, a = 1;
    while(y -- ! = - 1)
        do {
            a * = y;
            a ++ ;
        } while(y -- );
    printf(" % d, % d\n",a,y);
}
```

三、程序填空题

1. 以下程序输出 x,y,z 三个数中的最小值,请填空使程序完整。

```c
# include < stdio. h>
main()
{ int x = 4, y = 5, z = 8;
  int u,v;
  u = x < y ? _____ ;
  v = u < z ? _____ ;
  printf(" % d",v);
}
```

2. 下面程序的功能是输出 1~100 每位数的乘积大于每位数的和的数,请填空使程序完整。

```c
# include < stdio. h>
void main()
{ int n,k = 1,s = 0,m;
  for (n = 1; n < = 100; n ++ ) {
      k = 1; s = 0;
                  _____ ;
      while(_____) {
          k * = m % 10;
          s += m % 10;
          _____ ;
      }
      if(k > s) printf(" % 3d",n);
  }
}
```

3. 下面程序段的功能是计算 1000! 的末尾有多少个零,请填空使程序完整。

```c
# include < stdio. h>
void main()
{
    int i,k,m;
    for(k = 0,i = 5; i < = 1000; i += 5)
    { m = i;
        while(_____) { k ++ ; m = m/5; }
```

```
        }
    }
```

4. 下面程序接收键盘上的输入,直到按 Enter 键为止,这些字符被原样输出,但若有连续一个以上的空格时只输出一个空格,请填空使程序完整。

```
# include < stdio. h >
void main()
{
 char cx, front = '\0';
 while((cx = getchar())!= '\n')
 {
  if(cx!= ' ') putchar(cx);
  if(cx == ' ')
  if(_____)
      putchar(_____);
  front = cx;
}
```

5. 要求在运行程序时输入数据 1,输出结果为 55(即 1～10 的和),请填空使程序完整。

```
# include < stdio. h >
void main()
{
int sum = 0, i;
scanf(" % d",&i);
do
{ sum += i;
          ;
}while(_____);
printf(" % d",sum);
}
```

6. 程序的功能是输出 100 以内能被 3 整除的所有整数,请填空使程序完整。

```
# include < stdio. h >
void main()
{ int i;
for(i = 0;          ;i ++ )
{ if(          ) continue;
printf(" % 3d",i);
}
}
```

四、编程题

1. 给出一百分制成绩,要求输出成绩等级 'A','B','C','D','E'。90 分以上为 'A',80～89 分为 'B',70～79 分为 'C',60～69 分为 'D',60 分以下为 'E'。

2. 输入两个正整数 m 和 n,求其最大公约数和最小公倍数。

3. 写程序,判断某一年是否是闰年。

4. 求 1!＋2!＋3!＋…＋19!＋20!。

5. 输入一行字符,分别统计出其中英文字母、空格、数字和其他字符的个数。

6. 打印出所有"水仙花数",所谓"水仙花数"是指一个三位数,其各位数字立方和等于该本身。例如:153 是一个水仙花数,因为 $153 = 1^3 + 5^3 + 3^3$。

7. 一个数如果恰好等于它的因子之和,这个数就称为"完数"。例如,6 的因子为 1、2、3,而 $6 = 1 + 2 + 3$,因此 6 是"完数"。编程序找出 1000 之内的所有完数,并按下面格式输出其因子:

```
6  its  factors  are  1、2、3
```

8. 一球从 100 米高度自由下落,每次落地后返回原高度的一半,再落下。求它在第 10 次落地时共经过多少米? 第 10 次反弹多高?

9. 猴子吃桃问题。猴子第一天摘下若干个桃子,当即吃了一半,还不过瘾,又多吃了一个。第二天早上又将剩下的桃子吃掉一半,又多吃一个。以后每天早上都吃了前一天剩下的一半零一个。到第 10 天早上想再吃时,见只剩下一个桃子了。求第一天共摘了多少个桃子。

10. 打印以下图案:

```
      *
    * * *
  * * * * *
* * * * * * *
  * * * * *
    * * *
      *
```

11. 用牛顿迭代法求下面方程在 1.5 附近的根。

$$2x^3 - 4x^2 + 3x - 6 = 0$$

12. 给出一个不多于 5 位的正整数,要求:①求出它是几位数;②分别打印出每一位数字;③按逆序打印出各位数字,例如原数是 321,应输出 123。

第4章   数   组

前面各章介绍的是 C 语言的基本数据类型,所用到的变量也都是简单变量。除此之外,在 C 语言中还存在构造数据类型,而本章要介绍的数组就属于构造数据类型。数组就是把具有相同类型的若干变量按有序的形式组织起来的集合。一个数组可以包含多个数组元素,这些数组元素可以是基本数据类型或构造数据类型。本章介绍的是数值数组和字符数组。

本章学习目标与要求
> 掌握一维数组的应用方法。
> 掌握二维数组的应用方法。
> 掌握字符数组及字符串的应用方法。
> 掌握字符串处理函数的应用方法。
> 了解多维数组的应用方法。
> 了解各种数组的存储形式。

4.1   一 维 数 组

4.1.1   一维数组的定义

在 C 语言中使用数组必须先进行定义。定义一维数组的一般方式为:

类型说明符 数组名[常量表达式];

说明:

(1) 类型说明符可以是任意一种基本数据类型或构造数据类型。

(2) 数组名是用户定义的数组标识符,命名规则与变量名完全相同。

(3) 括号中的常量表达式表示数组元素的个数,也称为数组的长度。它只能是一个整型常量、整型常量表达式或符号常量,不能为变量,这是因为定义数组长度的表达式的值和计算是在编译时完成的,而变量的取值是在程序运行时得到的。

例如,以下是合法的数组定义语句:

```
int a[10];
```

其中,a 是数组的名字,常量 10 指明这个数组有 10 个元素,每个元素都是整型。

```
char w[20 * 2];
```

其中,w数组的长度是由常量表达式表示的,其长度为40,数据类型为字符型。

```
# define T 20;
float y[T];
```

其中,T被定义为一个符号常量,那么y[T]就相当于y[20],所以y数组长度为20,数据类型为浮点型。

(4) C语言数组元素的编号是从0开始的。

例如定义一个数组:

```
double s[3];
```

其中,s数组的3个元素的下标依次是0,1,2。

4.1.2 一维数组的存储形式

C语言存储一维数组时,根据数组定义的类型和长度,在内存中划分出一块连续的存储单元依次存储数组中的元素,其首元素的地址称为数组的首地址。同时,还规定数组名代表该数组的首地址,数组名也是一个地址常量。例如,有以下数组定义语句:

```
int f[5];
```

则,f和&f[0]都代表数组f的首地址。数组f在内存中的存储方式如图4-1所示。

注意:内存地址值是用十六进制方式表示的,为了使读者容易理解,用十进制方式表示。

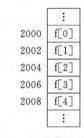

图4-1　一维数组在内存中的存储方式

4.1.3 一维数组元素的引用

数组经过定义后,就可以在程序中引用了。在C语言程序中,不能对数组整体进行引用,只能对组成数组的基本单元——数组元素进行操作。

一维数组的引用格式为:

数组名[下标表达式];

说明:

(1) 下标表达式只能为整型常量表达式或整型表达式(包含变量)。如为小数时,C语言编译系统将自动取整。例如,s[19]、s[m+n]、s[5.9]都是合法的数组元素。

(2) C编译系统对数组不做下标"越界"的检查。如果定义了float s[15],程序中出现引用s[15],编译程序时并没有错误信息,而把内存中s[14]下一个单元中的内容(并非数组中的元素)作为s[15]引用,这有可能破坏数组以外的其他变量的值。因此,设计程序时必须注意这一点,确保数组的下标值在允许的范围之内。

下面举例说明一维数组元素的引用。

【例4-1】 产生一个一维数组s[6],要求从s[0]到s[5]的数据为1,3,5,7,9,11。

//4_1.cpp

```
# include < stdio. h>
void main()
{
  int i,s[6];
  for(i = 0;i < 6;)
      s[i ++ ] = 2 * i + 1;
  for(i = 5;i > = 0;i -- )
    printf(" % d ",s[i]);
}
```

运行结果为：

```
11 9 7 5 3 1
```

4.1.4 一维数组的初始化

数组初始化就是在定义数组的同时得到数组元素的值。其一般格式为：

[存储类型] 数据类型 数组名[常量表达式] = {数据 1,数据 2,…,数据 n};

说明：

（1）花括号中的值是元素的初始值,用逗号分隔。例如：

int s[6] = {0,1,2,3,4,5};

（2）数组若在定义时没有赋初值,对于存储在固定存储区(静态存储区)的数值型数组各元素自动赋默认值(本数组为 0,实型数组为 0.0),字符串数组的各元素自动赋值空字符。例如：

```
static int y[10];              /*数组 y 各元素的值是 0 */
static char s[10];             /*数组 s 各元素为空字符 */
```

存储在动态存储区的数组各元素的值不确定。例如：

```
auto int y[10];                /*各元素的值不定 */
auto char s[10];
```

各元素没有初始化,使用前一定要赋值。

（3）可以只给一部分元素赋初值,其余元素自动赋默认值。例如：

int m[6] = {2,3,4,5,6};   /* m[0]~m[4]的值分别是 2~6,而 m[5]赋初值为 0 */

（4）对全部数组元素赋初值时,可不指定数组的长度,系统会根据数组初值确定数组的长度。若定义的数组长度与提供的初值个数不相等,则不能省略数组的长度。例如：

int m[5] = {0,1,2,3,4};

相当于：

int m[ ] = {0,1,2,3,4};

4.1.5 一维数组程序设计举例

【例 4-2】 一个数组已经按升序排列好,现输入一个数,要求按原来的规律将它插入数组中。

算法分析：

（1）首先判断输入的数是否大于最后一个数，如果大于，则直接将此数放在数组的最后位置；

（2）如果不是第一种情况，则需要再考虑中间的情况，即用此数与数组中的元素依次从前往后进行比较，也可以依次从后往前进行比较（本题是从前往后比较），如果找到了要插入的位置，则将其所要插入位置后面的数组元素依次向后移动，最后将此数插入到要插入的位置。

源程序如下：

```c
//4_2.cpp
#include<stdio.h>
void main()
{int a[11]={1,3,6,8,11,15,46,48,51,57};
int number,i,j;
printf("original array is:\n");
for(i=0;i<10;i++)
    printf("%3d",a[i]);              /*将原始数据输出*/
printf("\n");
printf("insert a new number:");
scanf("%d",&number);
if(number>a[9])
/*如果预插入的新数据比数组中最后一个数还大,则直接放到数组的最后*/
  a[10]=number;
else
{for(i=0;i<10;i++)
{if(a[i]>number)                    /*寻找新数据的插入位置*/
{for(j=10;j>i;j--)                  /*将预插入位置之后的所有元素后移一个位置*/
  a[j]=a[j-1];
a[j]=number;                        /*新数据插入进来*/
break;}
}
}
for(i=0;i<11;i++)                   /*将新数据输出*/
  printf("%3d",a[i]);
}
```

运行结果为：

```
original array is:
1   3   6   8 11 15 46 48 51 57
insert a new number:54
1   3   6   8 11 15 46 48 51 54 57
```

【例4-3】 求 Fibonacci 数列的前 20 项。

其公式为：

$$f(n)=\begin{cases}1 & (n=1)\\1 & (n=2)\\f(n-1)+f(n-2) & (n\geqslant3)\end{cases}$$

算法分析：

（1）Fibonacci 数列的特点是：1,1,2,3,5,8,……，从第3个项开始其值为前两项之和；

（2）第一、二项都为1，从第3项开始利用公式 $f(n)=f(n-1)+f(n-2)$ 求得后18项的值，并将其全部保存到数组中，一次性输出。

源程序如下：

```
//4_3.cpp
# include< stdio.h>
void main()
{
    int i,f[20]={1,1};              /* 给数列第一项和第二项元素赋值 */
    for(i=2;i<20;i++)
        f[i]=f[i-2]+f[i-1];        /* 数组当前元素的值是其前两项的和 */
    for(i=0;i<20;i++)              /* 每行输出5个元素 */
    {
        if (i%5==0) printf("\n");
        printf("%8d",f[i]);
    }
}
```

运行结果为：

```
    1        1        2        3        5
    8       13       21       34       55
   89      144      233      377      610
  987     1597     2584     4181     6765
```

【例 4-4】 使用冒泡法将8个数据从小到大排序。

算法分析：排序是将一组随机排放的数按从小到大（升序）或从大到小（降序）重新排列。排序有冒泡法、选择法和插入法等。本题要求用冒泡法实现升序。

冒泡法的思路是：将相邻两个数 a[i] 和 a[i+1] 比较，将大数调到后面，小数调到前面；第一轮比较下来，将最大值放入 a[8]；第二轮比较下来，次大数放入 a[7]；如此循环 n-1 轮，则将8个数按从小到大分别存入 a[1]，a[2]，…，a[8] 中。本题将 a[0] 空置，为的是便于理解。但在定义数组时就一定要注意数组长度，即要定义成 int a[9]。

源程序如下：

```
//4_4.cpp
# include< stdio.h>
void main()
{ int a[9],i,j,t;
    printf("input 8 numbers:\n");
    for(i=1;i<=8;i++) scanf("%d",&a[i]);
    for(i=1;i<8;i++)              /* 外循环结构确定比较 n-1 轮(7轮) */
        for(j=1;j<=8-i;j++)     /* 内循环结构找出本轮最大数 */
            if(a[j]>a[j+1])
            {
                t=a[j];
                a[j]=a[j+1];
```

```
                    a[j + 1] = t;
                }
        for( i = 1;i < = 8;i + + )
            printf(" % - 3d",a[i]);
}
```

运行结果为:

```
input 8 numbers:
12 34 23 53 64 33 76 11
11 12 23 33 34 53 64 76
```

4.2 二维数组及多维数组

用两个下标能够区分具体元素的数组称为二维数组。用 3 个以上的下标表示的数组称为多维数组。

4.2.1 二维数组及多维数组的定义

二维数组定义的一般格式为:

[存储类型] 数据类型 数组名[常量表达式 1][常量表达式 2];

例如:

```
float x[3][4],y[6][8];
```

说明:

(1) 常量表达式 1 表示数组第一维的长度(行数),常量表达式 2 表示数组第二维的长度(列数),即 x 为 3 行 4 列的浮点型数组,共有 $3 \times 4 = 12$ 个元素；y 为 6 行 8 列的浮点型数组,共有 $6 \times 8 = 48$ 个元素。

(2) 这种定义把二维数组看成一种特殊的一维数组。

例如,将 x 看作一个一维数组,共有 3 个元素 x[0]、x[1]、x[2],而这 3 个元素每个又是包含了 4 个浮点型数据的一维数组。因此,可以把 x[0]、x[1]、x[2]看作 3 个一维数组的数组名,其中 x[0]数组包含 4 个元素 x[0][0]、x[0][1]、x[0][2]和 x[0][3],x[1]数组也包含了 4 个元素 x[1][0]、x[1][1]、x[1][2]和 x[1][3],x[3]数组也包含 4 个元素 x[2][0]、x[2][1]、x[2][2]和 x[2][3]。

例如,定义一个三维数组:

```
int z[2][3][4];
```

该数组包括 $2 \times 3 \times 4 = 24$ 个元素。

4.2.2 二维数组及多维数组的存储形式

二维数组中元素的排列顺序是按行连续存放的,即在内存中先顺序存放完第一行元素,再继续存放第二行元素,直到最后一行。

例如：

```
int x[2][3];
```

则数组 x 中元素的排列顺序如图 4-2 所示。该数组的元素在内存中的存储格式如图 4-3
所示。

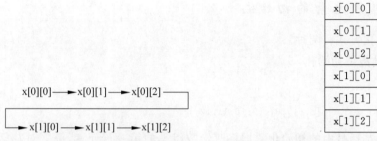

图 4-2　二维数组 x 中元素的排列顺序　　　　图 4-3　二维数组 x 的元素在内存中的存储格式

多维数组元素在内存中的存放顺序的规律与二维数组相同，元素最左边的下标变化最
慢，最右边的下标变化最快。例如：

```
int y[2][3][4];
```

则数组 y 中元素的排列顺序如图 4-4 所示。

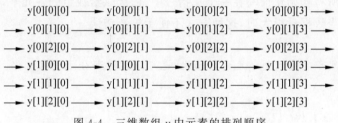

图 4-4　三维数组 y 中元素的排列顺序

其在内存中的存储格式如图 4-5 所示。

4.2.3　二维数组元素的引用

与一维数组相同，二维数组和多维数组都不能对其整体引
用，只能对具体元素进行引用。

二维数组元素的引用形式为：

数组名[下标表达式 1][下标表达式 2]

说明：

（1）下标表达式可以是整型常量表达式，也可以是含变量的
整型表达式。

例如：

```
int s[4][5];
```

| y[0][0][0] |
| y[0][0][1] |
| ⋮ |
| y[0][0][3] |
| y[0][1][0] |
| ⋮ |
| y[0][1][3] |
| y[0][2][0] |
| ⋮ |
| y[0][2][3] |
| y[1][0][0] |
| ⋮ |
| y[1][2][3] |

图 4-5　三维数组 y 在内存
　　　　中的存储格式

以下是对数组的元素合法引用：

s[0][4],s[3][3],s[4*2-5][8%3]

（2）下标表达式1代表的是行下标，下标表达式2代表的是列下标。

（3）在数组引用中同样要特别注意下标越界问题。

4.2.4 二维数组元素的初始化

二维数组初始化方式有两种。

1. 按行对二维数组初始化

例如：

int x[3][4] = {{1,2,3,4},{5,6,7,8},{9,10,11,12}};

常量表中的第一对花括号中的初始化数据将赋给数组 x 的第一行元素，第二对花括号中的初始化数据将赋给 x 的第二行元素，第三对花括号中的初始化数据将赋给 x 的第三行元素，即按行赋值。这种赋值方式清楚直观。

2. 按数组元素存放顺序初始化

例如：

int x[3][4] = {1,2,3,4,5,6,7,8,9,10,11,12};

这种方式将所有初始化值写在一个花括号中，依次赋给数组的各元素，初始化结果与前一种方式相同。当数据量很大时，这种方式不便于检查错误。

说明：

（1）初始化时可对数组全部元素初始化，也可以只对部分元素初始化。

例如：

int x[3][4] = {{1},{2},{3}};

只对各行第一列的元素赋初值，其余元素值自动为 0。赋初值后数组各元素为：

$$\begin{bmatrix} 1 & 0 & 0 & 0 \\ 2 & 0 & 0 & 0 \\ 3 & 0 & 0 & 0 \end{bmatrix}$$

也可以只对某几行赋初值，例如：

int x[3][4] = {{2},{2,5}};

赋初值后数组各元素为：

$$\begin{bmatrix} 2 & 0 & 0 & 0 \\ 2 & 5 & 0 & 0 \\ 0 & 0 & 0 & 0 \end{bmatrix}$$

（2）对全部元素初始化时，可以省略数组第一维的长度，但第二维的长度不能省略。

例如：

inty[ ][4] = {1,2,3,4,5,6,7,8};

赋初值后数组各元素为：

$$\begin{bmatrix} 1 & 2 & 3 & 4 \\ 5 & 6 & 7 & 8 \end{bmatrix}$$

由于未指定数组第一维的长度,C编译程序将根据数组第二维的长度以及初始化数据的个数,确定数组第一维的长度为 2,保证数组大小足够存放全部初始化数据。

(3) 按行初始化时,对全部或部分元素初始化均可省略数组第一维的长度。例如：

int s[4][2] = {{},{ 4,6},{},{9}};

还可写成：

int s[ ][2] = { {},{4,6},{},{9}};

系统能根据初始值分行情况自动确定该数组第一维的长度为 4。赋初值后数组各元素为：

$$\begin{bmatrix} 0 & 0 \\ 4 & 6 \\ 0 & 0 \\ 9 & 0 \end{bmatrix}$$

4.2.5 二维数组程序设计举例

【例 4-5】 求一个 3×3 矩阵对角线元素之和。

算法分析：利用双重 for 循环控制语句输入二维数组,再将 s[i][i] 累加后输出。

源程序如下：

```
//4_5.cpp
# include< stdio.h>
void main()
{float s[3][3],sum = 0;
  int i,j;
  printf("请输入数组元素: \n");
  for(i = 0;i < 3;i ++ )
    for(j = 0;j < 3;j ++ )
        scanf(" % f",&s[i][j]);
  for(i = 0;i < 3;i ++ )
    sum = sum + s[i][i];
  printf("对角线之和为: % 7.2f",sum);
}
```

运行结果为：

请输入数组元素:
1 2 3 4 5 6 7 8 9
对角线之和为: 15.00

【例 4-6】 在二维数组 x 中选出各行最大的元素组成一个一维数组 y。

算法分析：

(1) 假设每行第一个元素为最大值,将其赋给一个变量 rowmax,由这个变量与本行的元素依次比较,发现有比这个变量值大的,就将这个大值赋给 rowmax,即 rowmax 始终保存着本行中的最大值,一行比较结束,rowmax 的值就是本行的最大值,将 rowmax 赋给数组 y 的相应位置,即求得二维数组 x 第 i 行的最大值就放到一维数组 y 中的 i 位置。

(2) 按照以上方法逐行求得最大值,并放到一维数组 y 中。

源程序如下:

```cpp
//4_6.cpp
#include<stdio.h>
void main()
{ int x[][4]={4,8,6,56,34,22,13,24,53,44,87,66},y[3],i,j,rowmax;
  for(i=0;i<=2;i++)
  {rowmax=x[i][0];
  for(j=1;j<=3;j++)
      if(x[i][j]>rowmax) rowmax=x[i][j];
  y[i]=rowmax;
  }
  printf("数组 x 是: \n");
  for(i=0;i<=2;i++)
  {for(j=0;j<=3;j++)
    printf("%5d",x[i][j]);
  printf("\n");
  }
  printf("数组 y 是: \n");
  for(i=0;i<=2;i++)
      printf("%5d",y[i]);
  printf("\n");
}
```

运行结果为:

```
数组 x 是:
    4    8    6   56
   34   22   13   24
   53   44   87   66
数组 y 是:
   56   34   87
```

【实训 7】 数组程序设计

一、实训目的

1. 熟练掌握一维数组和二维数组的定义、赋值、初始化的语法规则。

2. 运用数组编写应用程序。

二、实训任务

1. 运用选择法对 10 个数进行由小到大排序。

2. 编写程序,输出杨辉三角形(要求输出 10 行)。

三、实训步骤

1. 运用一个单层循环将 10 个数保存到数组中,选择方法即是从后 9 个元素比较过程中,选择一个最小元素与第一个元素交换,依次类推,即用第二个元素与后 8 个元素进行比较,并进行交换。

参考源程序 lab4_1.cpp 如下:

```c
# include < stdio.h >
void main()
{ int i,j,min,tem,a[10];
  /* input data */
  printf("please input ten num:\n");
for(i = 0;i < 10;i ++ )
  {
   printf("a[ % d] = ",i);
   scanf(" % d",&a[i]);
  }
printf("\n");
for(i = 0;i < 10;i ++ )
  printf(" % 5d",a[i]);
printf("\n");
/* sort ten num */
for(i = 0;i < 10 - 1;i ++ )
{min = i;
  for(j = i + 1;j < 10;j ++ )
    if(a[min]> a[j])
      min = j;
tem = a[i];
a[i] = a[min];
a[min] = tem;
}
printf("After sorted \n");
for(i = 0;i < 10;i ++ )
printf(" % 5d",a[i]);
}
```

运行结果为:

```
please input ten num:
a[0] = 23
a[1] = 42
a[2] = 11
a[3] = 3
a[4] = 19
a[5] = 67
a[6] = 92
a[7] = 51
a[8] = 37
a[9] = 10

  23    42    11     3    19    67    92    51    37    10
```

After sorted
```
 3  10  11  19  23  37  42  51  67  92
```

2. 杨辉三角如下所示。杨辉三角形的规律是第一列元素和对角线上的元素都是 1,其他各元素都是其上一行同一列元素与上一行前一列元素之和。输出 10 行杨辉三角。

参考源程序 lab4_2.cpp 如下:

```
        1
        1   1
        1   2   1
        1   3   3   1
        1   4   6   4   1
        1   5  10  10   5   1
       …  …  …  …  …  …
#include<stdio.h>
void main()
{int i,j,s[10][10];
for(i=0;i<=9;i++)
{
  s[i][0]=1;
  s[i][i]=1;
}
for(i=2;i<=9;i++)
  for(j=1;j<i;j++)
   s[i][j]=s[i-1][j-1]+s[i-1][j];
for(i=0;i<=9;i++)
{
  for(j=0;j<=i;j++)
    printf("%4d",s[i][j]);
  printf("\n");
}
}
```

运行结果为:

```
1
1   1
1   2   1
1   3   3   1
1   4   6   4   1
1   5  10  10   5   1
1   6  15  20  15   6   1
1   7  21  35  35  21   7   1
1   8  28  56  70  56  28   8   1
1   9  36  84 126 126  84  36   9   1
```

4.3 字符数组与字符串

字符串是指若干有效字符的序列。不同系统允许使用的字符串内容是不同的。C 语言中的字符串可以包括字母、数字、专用字符、转义字符等。例如,下列字符串都是合法的:

"good" "st dig" "78-98" "USA\nchangchun"

C语言中没有字符串变量,字符串不是存放在一个变量中,而是存放在一个字符型的数组中。在C语言中,字符串被作为字符数组来处理。

4.3.1 字符数组的定义与初始化

1. 字符数组的定义

用来存放字符数据的数组是字符数组。字符数组中一个元素存放一个字符。定义一维字符数组的一般格式为:

char 数组名[常量表达式];

例如:

char ss[5];

由于字符型与整型是相互通用的,因此也可以定义一个整型数组,用它存放字符数据,所以上面定义还可以改为:

int ss[5];

2. 字符数组的初始化

字符数组的初始化有两种方式。

(1) 逐个给数组中的各元素赋初值,即将字符常量用单引号括起来,依次放在花括号中。此种方式最易理解。例如:

char ss[15] = {'I',' ','a','m',' ','a',' ','b','o','y'};

于是字符数组 ss 中就存放了一个字符串"I am a boy",即把这 10 个字符依次赋给 ss[0]～ss[9],其存储格式如图 4-6 所示。字符串长度不能大于数组长度,否则按语法错误处理。如果字符串长度小于数组长度,则只将这些字符按次序赋给数组中前面的元素,其后的元素自动定义为空字符'\0'。

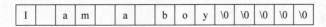

| I | | a | m | | a | | b | o | y | \0 | \0 | \0 | \0 | \0 |

图 4-6　字符数组在内存中的存储格式

注意:'\0'在C语言中是字符串结束标志,它表示字符数组中存放的字符串到此结束。符号'\0'是指 ASCII 码为 0 的字符。ASCII 码为 0 的字符不是一个普通的可显示字符,而是一个"空操作"字符,它不进行任何操作。字符'\0'可以用赋值方法赋给一个字符型数组中的一个元素。例如:

char ss[15] = {'I',' ','a','m',' ','a',' ','b','o','y','\0'};

它与上面的初始化方式在内存中的存储结果是一样的。

注意:即使初始化时'\0'后面还有其他字符,系统也会认为'\0'之前的字符才是字符串中的字符。例如:

char ss[15] = { 'I',' ','a','m',' ','a',' ','b','o','y','\0','!','h','@','+'};

(2) 直接使用字符串常量初始化,字符串常量加不加花括号都可以。例如:

```
char ss[15] = {"I am a boy"};
```

或者

```
char ss[15] = "I am a boy";
```

C 语言编译程序会自动在字符串的末尾增加一个'\0'字符。

注意:初始化时,一定要使定义的数组的大小至少比所赋的字符串长度大 1。

(3) 初始化时也可以不指定数组的大小。上面初始化的语句也可写成:

```
char str[ ] = "I am a boy";
```

这时,系统会根据实际字符串加 1 的长度决定数组的大小。

4.3.2 字符数组的输入与输出

字符数组的输入与输出有如下两种方式。

1. 用格式符"%c"实现逐个字符输入与输出

【例 4-7】 阅读程序,写出程序结果。

```
//4_7.cpp
# include < stdio. h >
void main()
{    char ss[8];
     int i;
     printf("请输入五个字符:\n");
     for(i = 0;i < 5;i ++)
        scanf("%c,",&ss[i]);
     for(i = 0;i < 5;i ++)
        printf("%c",ss[i]);
}
```

运行结果为:

```
请输入五个字符:
H,E,L,L,O
HELLO
```

2. 用格式符"%s"实现整个字符串输入与输出

【例 4-8】 阅读程序,写出程序结果。

```
//4_8.cpp
# include < stdio. h >
void main()
{
    char ss[8];
    printf("请输入五个字符:\n");
    scanf("%s",ss);
    printf("%s",ss);
}
```

运行结果为：

请输入五个字符：
hello
hello

注意：

（1）用 scanf()函数输入字符串时，字符串中不能包含空格，否则空格将作为字符串的结束标志。例如：

```
char ss[15];
scanf("%s",ss);
```

如果输入 10 个字符"I am a boy"，实际上并不是把这 10 个字符加上'0'存到数组 ss 中，而只将第一个空格前的"I"字符送到 ss 中，ss 实际值为"I\0"，系统把第一个空格当作了结束标志。

（2）在 C 语言中，数组名代表的是该数组的首地址。

因此，当 scanf()函数的输入项是字符数组名时，则不要加取地址符 &。例如：

```
scanf("%s",ss);
```

但如果 ss 不是数组名，这种写法将是错误的。

（3）二维数组可当作一维数组来处理，因此，一个二维数组可存储多个字符串。对二维数组输入输出多个字符串时，可用循环完成。例如下面的程序段：

```
char ss[3][20];
for(i=0;i<3;i++)
    scanf("%s",ss[i]);
for(i=0;i<3;i++)
printf("%s",ss[i]);
```

4.3.3 字符串处理函数

C 语言本身不提供字符串处理的功能，但 C 语言编译系统提供了大量的字符串处理库函数。头文件 stdio.h 包含用于输入与输出的字符串函数，头文件 string.h 包含用于比较、复制、合并等用途的字符串函数。使用时只要包含这些头文件，就可以调用其中的所有字符串处理函数。

1. 字符串输出函数

调用格式：

puts(字符数组名);

功能：把字符数组中的字符输出到标准输出设备（显示器），字符串结束标志转换成回车换行符。

puts()函数完全可以用 printf()函数取代，当需要按一定格式输出时，通常用 printf()函数。

2. 字符串输入函数

调用格式：

gets(字符数组名);

功能：从标准输入设备(键盘)上输入一个字符串。本函数得到一个函数值，即为该字符数组的首地址。

注意：gets()函数和使用"％s"格式的 scanf()函数的区别。对于 scanf()函数，回车换行符或空格都作为字符串结束标志；而对于 gets()函数，只有回车换行符才是字符串结束标志，而空格则是字符串的一个组成部分。

【例 4-9】 字符串输入/输出函数举例。

```
//4_9.cpp
#include<stdio.h>
void main()
{
  char ss [15];
  printf("请输入一个字符串:\n");
  gets(ss);               /* 读入字符串 */
  puts(ss);               /* 输出字符串 */
}
```

运行结果为：

请输入一个字符串:
good morning!
good morning!

由此例可以看出，当输入的字符串中含有空格时，输出仍为全部字符串，说明 gets()函数并不以空格为字符串输入结束标志，而只以回车换行符作为输入结束标志，这是与 scanf()函数不同的。

3. 字符串连接函数

调用格式：

strcat (字符数组名 1, 字符数组名 2);

功能：把字符数组 2 中的字符串连接到字符数组 1 中字符串的后面，并删除原来字符串 1 后的串结束标志'\0'。函数返回值是字符数组 1 的首地址。

例如，有程序段：

```
char ss1[25] = "What's your name?";
char ss2[10] = "Tricy";
strcat(ss1,ss2);
```

该程序段的功能是将 ss2 连接到 ss1 之后，执行后字符串 ss1 的值为：

What's your name?Tricy

连接前：

SS1:	W	h	a	t	'	s		y	o	u	r		n	a	m	e	?	\0	\0	\0	\0	\0	\0	\0	\0

SS2:	T	r	i	c	y	\0	\0	\0	\0	\0

连接后：

SS1: | W | h | a | t | ' | s | | y | o | u | r | | n | a | m | e | ? | T | r | i | c | y | \0 | \0 | \0 |

注意：

（1）字符数组 1 应定义足够的长度，以便容纳连接后的新字符串。

（2）连接前两个字符串的后面都有'\0'，连接时将原来字符串 1 后面的'\0'删除。

4. 字符串复制函数

调用格式：

strcpy(字符数组名 1,字符串 2)

功能：把字符串 2 复制到字符数组 1 中。连同字符串结束标志'\0'也一同复制。

例如，有程序段：

```
char ss1[15] = "a",str2[ ] = "good!";
strcpy(ss1,ss2);
```

执行后字符串 ss1 的值为：good!。

注意：

（1）字符串或字符数组不能整体赋值。例如下面语句是不合法的：

```
ss1 = ss2;
ss2 = "good!";
```

（2）字符数组 1 必须定义足够的长度，以便容纳被复制的字符串 2，即字符数组 1 的长度不能小于字符串 2 的长度。

（3）字符数组 1 必须写成数组名形式；字符串 2 可以是字符数组名，也可以是一个字符串常量。例如：

```
strcpy(ss1,"hello");
```

（4）如果在复制前未对字符数组 1 赋值，则字符数组 1 各字节中的内容是无法预知的，复制时将字符串 2 中的内容和其后的'\0'一起复制到字符数组 1 中，取代字符数组 1 中的前面字符串 2 长度的内容，而其后的内容并不一定是'\0'，而是字符数组 1 中原有的内容。例如：

```
char ss1[15] = "morning!",str2[ ] = "good!";
strcpy(ss1,ss2);
```

复制前：

ss1: | m | o | r | n | i | n | g | ! | \0 | \0 | \0 | \0 | \0 | \0 | \0 |

ss2: | g | o | o | d | ! | \0 |

复制后：

ss1: | g | o | o | d | ! | \0 | g | ! | \0 | \0 | \0 | \0 | \0 | \0 | \0 |

5. 字符串比较函数

调用格式:

strcmp(字符串 1,字符串 2);

功能:按照 ASCII 码顺序比较两个数组中的字符串,函数返回值为比较结果。

字符串比较的过程是对两个字符串从左到右对应的字符相比较,每对字符比较时按照 ASCII 码值大小决定大小关系,如果 ASCII 码值相等,就继续比较下一对,直到出现 ASCII 码值不同或遇到'\0'为止,此时的比较结果即为两个字符串的比较结果。例如:

"a">"A" "Scd">"Sbdasz" "food"<"good"

字符串比较函数与前面介绍的函数返回值类型不同,此函数的返回值是整型值。

(1) 字符串 1>字符串 2,返回值为一个正整数。

(2) 字符串 1==字符串 2,返回值为 0。

(3) 字符串 1<字符串 2,返回值为一个负整数。

注意:两个字符串不能直接用关系运算符比较大小。例如,下面的写法就是错误的:

if(ss1 > ss2) printf("ok\n");

只能引用 strcmp()函数进行字符串比较,例如,前面的语句可改写为:

if(strcmp(ss1,ss2)> 0) printf("ok\n");

6. 测试字符串长度函数

调用格式:

strlen(字符串);

功能:测试字符串的实际长度(不含字符串结束标志'\0'),并作为函数的返回值。返回值是正整数,即字符串的长度。

例如:

```
char ss[15] = "good\0morning";
printf("%d,%d\n",strlen("good morning"),strlen(ss));
```

运行结果为:

12,4

7. 大小写转换函数

1) 小写字母转换成大写字母

调用格式:

strupr(字符串);

功能:将字符串中的小写字母转换成大写字母,其他字符不转换。

2) 大写字母转换成小写字母

调用格式:

```
strlwr(字符串);
```

功能：将字符串中的大写字母转换成小写字母，其他字符不转换。

4.3.4 字符数组程序设计举例

【例 4-10】 输出以下图案。

```
*****
 *****
  *****
   *****
    *****
```

算法分析：

(1) 本图案的特点是共输出 5 行，每行 5 个星号，但从第二行开始星号的起始位置都比上一行的星号的起始位置推后一个字符位。

(2) 本题的关键就是每行星号推后一个字符位输出的问题。其实思路很明确，从第二行开始输出一个空格，再输出 5 个星号，第 3 行输出两个空格，再输出 5 个星号……直到第 5 行。每行应该输出几个空格已经看出规律来了，用一个双层 for 循环语句解决即可。

源程序如下：

```cpp
//4_10.cpp
#include<stdio.h>
void main()
{char str[10] = " ***** ";
int i,j;
for(i = 0;i < 5;i++)
{for(j = 0;j < i;j++)
      printf(" ");
   printf(" %s\n",str);
}
}
```

【例 4-11】 在 3 个字符串中，找出其中最大者。

算法分析：设一个一维数组 max 存放最大的字符串，再设一个二维数组 ss 存放 3 个预进行比较的字符串，将其中的两个字符串进行比较，得到最大者存放到 max 中，再将 max 中的字符串与第 3 个字符串比较，求得最大的字符串存放到 max 中，并输出。

源程序如下：

```cpp
//4_11.cpp
#include<stdio.h>
#include<string.h>
void main()
{ char max[15],ss[3][15];
    int i;
    printf("请输入 3 个字符串:\n");
    for(i = 0;i < 3;i++)
      gets(ss[i]);
```

```
        for(i = 0;i < 3;i ++ )              /* 读入 3 个字符串 */
          if(strcmp(ss[0],ss[1])> 0)
              strcpy(max,ss[0]);            /* 求出最大值存入 max 中 */
          else strcpy(max,ss[1]);
          if(strcmp(ss[2],max)> 0)
              strcpy(max,ss[2]);
        printf("最大的字符串是:% s\n",max);
      }
```

运行结果如下:

请输入 3 个字符串:
changchun
changjiang
bei jing
最大的字符串是:changjiang

【实训8】 字符数组程序设计

一、实训目的

1. 熟练掌握字符数组的定义、赋值、初始化的语法规则。

2. 掌握常用的字符函数的功能。

3. 运用字符数组和字符函数编写应用程序。

二、实训任务

1. 编写程序,找出字符数组中 ASCII 码值最大和最小的字符(仅限 26 个英文字符),并输出。

2. 输入两个字符串 x 和 y,要求不用 strcat()函数,把字符串 y 的前 8 个字符连接到字符串 x 末尾,如果字符串 y 的长度小于 8,则把字符串 y 的所有字符都连接到字符串 x 末尾。

三、实训步骤

1. 编写程序,运用一个单层循环向字符数组输入 10 个字符,定义两个变量 max 和 min 分别用于存放数组中的最大值和最小值,再运用一个单层循环经过比较,找出字符数组中 ASCII 码值最大和最小的字符(仅限 26 个英文字符),最后输出。

参考源程序 lab4_3. cpp 如下:

```
# include < stdio. h>
void main()
{
    char a[10],i,max,min;
    for(i = 0;i < 10;i ++ )
        scanf("% c",&a[i]);
    max = a[0];min = a[0];
    for(i = 0;i < 10;i ++ )
    {if(max < a[i]) max = a[i];
     if(min > a[i]) min = a[i];
    }
    printf("max = % c,min = % c\n",max,min);
```

```
        }
```

程序运行时,随意输入 10 个英文字符,运行结果如下:

```
dewrgyjusz
max = z, min = d
```

2. 编写程序,定义两个字符串 x 和 y,然后利用 strlen()函数测出字符串 x 和字符串 y 的长度。测试字符串 x 的长度的目的是:了解字符串 y 连接到字符串 x 的起始位置。测试字符串 y 的长度的目的是:如果字符串 y 长度大于或等于 8,则将字符串 y 的前 8 个字符连接到字符串 x 的末尾;如果字符串 y 的长度小于 8,则把字符串 y 的所有字符都连接到字符串 x 末尾。

参考源程序 lab4_4.cpp 如下:

```
# include < stdio. h >
# include < string. h >
void main()
  {int i,j,k;
  char x[30] = "fghjbnjwert";
  char y[15] = "lokkgyhju";
  i = strlen(x);
  j = strlen(y);
  if(j > = 8)
    for(k = 0;k < 8;k ++ ,i ++ )
      x[i] = y[k];
  else
  { for(k = 0;k < j;k ++ ,i ++ )
      x[i] = y[k];
  }
  x[i] = '\0';
  i = strlen(x);
  for(k = 0;k < i;k ++ )
    printf(" % 3c",x[k]);
  printf("\n");
  }
```

运行结果为:

```
f g h j b n j w e r t l o k k g y h j
```

本 章 小 结

本章主要介绍了数组与字符串的基本知识。数组是同类型变量组成的集合,访问数组中特定的元素通过下标运算符。数组由连续存储单元组成,其起始地址对应于数组的第一个元素。一维数组和二维数组都很常用,一定要熟练掌握。C 语言中没有字符串类型,字符串是用字符数组来存储的。它与其他数组的不同之处在于:除存放字符串中的各个字符外,存放字符串最后一个字符数组元素的下一个数组元素是字符'\0',它是字符串结尾的标记。另外,还介绍了 C 语言提供的几个常用的字符串处理函数,供学习者参考使用。

习 题 4

一、选择题

1. 下列程序执行后的输出结果是(   )。

```
#include<stdio.h>
main()
  {int a,b[5];
   a=0; b[0]=3;
   printf("%d,%d\n",b[0],b[1]);
  }
```

A. 3,0   B. 3 0   C. 0,3   D. 3,不定值

2. 请读程序：

```
#include<stdio.h>
#include<string.h>
main()
{ char s1[20]="AbCdEf", s2[20]="aB";
  printf("%d\n",strcmp(s1,s2));
}
```

上面程序的输出结果是(   )。

A. 正数   B. 负数   C. 零   D. 不确定的值

3. 以下定义语句中,错误的是(   )。

A. int a[]={1,2};   B. char a={"test"};

C. char s[10]={"test"};   D. int a[]={'a','b','c'};

4. 若有以下说明：

```
char s1[ ]={"tree"},s2[]={"flower"};
```

则以下对数组元素或数组的输出语句中,正确的是(   )。

A. printf("%s%s",s1[5],s2[7]);

B. printf("%c%c",s1,s2);

C. puts(s1);puts(s2);

D. puts(s1,s2);

5. 设已包含头文件<stdio.h>,下面程序段的运行结果是(   )。

```
char s1[20]="ancient";
char s2[ ]="new";
strcpy(s1,s2);
printf("%d\n",strlen(s1));
```

A. 3   B. 5   C. 6   D. 20

6. 以下程序执行后的输出结果是(   )。

```
#include<stdio.h>
```

```
#include <string.h>
void main()
    { static char s1[50] = {"some string * "};
      static char s2[ ] = {"test"};
      printf("%d,",strlen(s2));
      strcat(s1,s2);
      printf("%s\n",s1);
    }
```

A. 13,some string * test   B. 13some string * test
C. 4,test   D. 4,some string * test

7. 下面程序的输出结果是(   )。

```
#include <stdio.h>
void main()
  { int a[] = {1,8,2,8,3,8,4,8,5,8};
    printf("%d, %d\n",a[4] + 3,a[4 + 3]);
  }
```

A. 6,6   B. 8,8   C. 6,8   D. 8,6

8. 定义数组时,表示数组长度的不能是(   )。
   A. 整型变量   B. 整型常量
   C. 整型常量表达式   D. 符号常量

9. C语言中,数组元素的下标下限为(   )。
   A. 0   B. 1   C. 2   D. 自定义

10. 下面程序的输出是(   )。

```
#include <stdio.h>
main( )
{
  char s[ ] = "12134211";
      int v1 = 0,v2 = 0,v3 = 0,v4 = 0,k;
      for(k = 0;s[k];k ++ )
      switch(s[k])
      {
         case '1':v1 ++ ;
         case '2':v2 ++ ;
         case '3':v3 ++ ;
         default:v4 ++ ;
      }
      printf("v1 = %d,v2 = %d,v3 = %d,v4 = %d\n",v1,v2,v3,v4);
}
```

A. v1=4,v2=2,v3=1,v4=1   B. v1=4,v2=6,v3=7,v4=8
C. v1=5,v2=8,v3=6,v4=1   D. v1=8,v2=8,v3=8,v4=8

二、填空题

1. 数组在内存中占一_____的存储区,由_____代表它的首地址。
2. C程序在执行过程中,不检查数组下标是否_____。

3. 设有定义"short s[7]={2,3,4,5};",则数组占用的内存字节数是_____。

4. 若有定义"char s[5]={ 'a', 'b', '\0', 'd', '\0'};",则"printf("%s",s);"的输出结果是_____。

5. 若定义"int a[ ][3]={1,2,3,4,5,6,7,8,9};",则数组 a 的第一维的大小是_____。

6. 设有定义"int a[]={4,3,5,6,1,9,2};",则该数组中数值最小的元素的下标值是_____,数值最大的元素的下标值是_____。

7. 下面程序的功能是:输入 10 个数,将最小数输出。请填空。

```c
#include<stdio.h>
void main( )
{
    int b[10],k,min;
    for(k=0;k<10;k++)
        scanf("%d",_____);
    min=_____;
    for(k=1;k<10;k++)
        if(b[k]<min)   _____
    printf("%d",min);
}
```

8. 输入 5 个字符串,将其中最小的字符串打印出来。

```c
#include<stdio.h>
#include<string.h>
void main( )
{ int i;
  char str[10],temp[10];

  _____
  for(i=0;i<4;i++)
  {   gets(str);
      if(strcmp(temp,str)>0)
          _____
  }
  printf("\nThe first string is:%s\n",temp);
}
```

9. 下面程序的功能是:从字符数组 str 中删除字符为 y 的字符,请填空。

```c
#include<stdio.h>
void main( )
{ int i,j;
  char str[20],y;
  gets(str);
  y=_____;
  for(i=j=0;_____;i++)
    if(str[i]!=y)
    {_____;
     j++;
    }
```

```
_____ = '\0';
   puts(str);
}
```

10. 以下程序统计一条语句中的单词数。

```
#include<stdio.h>
void main( )
{ int i,num = 0,word = 0;
   char c,str[80];
   gets(_____);
   for(i = 0;(_____)! = '\0';i ++ )
       if(c == ' ')
       _____;
       else if(word == 0)
       {word = 1;
       _____; }
   printf("there are % d words in the line\n",num);
}
```

三、编程题

1. 将一个数组中的值按逆序重新存放。要求：不能另设数组存放。

2. 找出一个二维数组中的元素，该元素是所在行最大数，是所在列最小数，也有可能不存在。

3. 求矩阵 A 与矩阵 B 的乘积 C。要求矩阵 A 的列数(n)与矩阵 B 的行数(n)相同,乘积矩阵 C 的行列数分别对应矩阵 A 的行数(i)和矩阵 B 的列数(j),即:

$$C_{ij} = \sum_{k=1}^{n} a_{ik} \times b_{kj}$$

4. 统计一个字符串中各种字符的个数(键盘上各类字符)。

5. 编写一个程序,将字符数组 w2 中的全部字符复制到字符数组 w1 中。不用 strcpy()函数。复制时,'\0'也要复制过去。'\0'后面的字符不复制。

第 5 章　　　　　　　函　　数

模块化程序设计是面向过程程序设计的重要方法,C 语言中的函数体现了这种思想。本章主要介绍模块化程序设计的实现方法,函数的定义及函数的调用方式,指针函数及其调用,内部函数和外部函数的定义与调用方法等。

本章学习目标与要求

➤ 掌握函数的定义和返回值。

➤ 掌握函数的调用方法。

➤ 掌握函数间的数据传递方式。

➤ 掌握全局变量和局部变量,以及变量的存储类型和作用域。

➤ 掌握函数的嵌套调用和递归调用方法。

5.1　函数概述

5.1.1　函数的概念

C 语言是一种结构化程序设计语言,它采用"自顶向下"的模块化设计方法,也就是将一个大的复杂的系统按功能划分为若干个相对独立的、功能较为单一的模块(子系统)。在程序设计中,把常用的功能模块编写成一个个相对独立的函数,可以被主函数或其他的函数随时调用。可以说,C 程序的全部工作都是由各种不同功能的函数来完成的。因此,C 语言又称为函数式语言。

在前 4 章中介绍的都是仅由一个 main()函数构成的程序,但在程序中不断地调用了输入与输出函数 scanf()、printf()、getchar()、putchar()以及数学函数 sin()、sqrt()、fabs()等,这些常用函数称为 C 语言的标准库函数,是由系统事先定义好的,可以直接使用。但在解决实际问题时,这些函数不能满足用户的所有需求,因此大量的函数必须由用户自己根据实际问题来编写所需的函数。

C 语言的函数作为一个模块一般应遵从下面两个原则:

(1) 功能独立。函数的处理子任务要明确,函数之间的关系简单。

(2) 大小适中。若函数太大,处理任务复杂,导致结构复杂,程序可读性较差;反之,若函数太小,则程序调用关系复杂,这样会降低程序的运行效率。

图 5-1 给出了模块化程序设计示意图。图中的矩形框表示功能模块,它们均具有相对独立的单一功能;连接矩形的箭头表示模块间的调用关系;箭头指向的是被调用模块。从

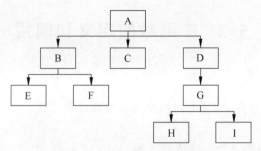

图 5-1　模块化程序设计示意图

图 5-1 可以看出,软件中模块 A 的实现需要调用模块 B、C 和 D;而模块 B 的实现要调用模块 E 和 F;模块 D 的实现要调用模块 G;而模块 G 又要调用模块 H 和 I。

　　一个 C 语言程序由主函数 main() 和若干个或 0 个用户函数组成。C 语言中的函数没有隶属关系,所有的函数都是独立定义的,不能嵌套定义。函数是通过调用来执行的,允许函数间互相调用,也允许直接或间接地递归调用其自身。main() 函数可以调用任何一个函数,而其他函数不能调用 main() 函数。

　　调用另一个函数的函数称主调函数,被调用的函数称为被调函数。一个函数调用另一个函数时是将流程控制转到被调函数,被调函数执行完后返回主函数的断点处,继续执行主调函数的后续语句。

5.1.2　函数的分类

　　C 语言中的函数,根据角度不同可以划分为以下几种类型。

　　1. 从用户使用的角度划分

　　(1) 用户函数:程序设计人员根据实际需要自己编写(定义)的函数。

　　(2) 系统函数:又称为标准库函数,是编译系统事先定义好的函数,用户可以直接调用。

　　2. 从数据传递的角度划分

　　(1) 无参函数:函数定义、函数说明及函数调用中均不带参数,即主调函数与被调函数之间没有参数的传递,一般用来执行指定的操作。

　　(2) 有参函数:函数定义及函数说明时带有形式参数的函数,即在调用函数时,主调函数和被调函数之间进行数据的传递。

　　3. 从函数的功能角度划分

　　(1) 无返回值函数:定义为空(void)类型的函数。这类函数仅完成特定的处理任务,无函数返回值。

　　(2) 有返回值函数:此类函数向调用函数返回一个执行结果(称为函数返回值)。

　　4. 从函数的使用范围划分

　　(1) 内部函数:只能被本编译文件中的各函数调用的函数。

　　(2) 外部函数:不仅能被本编译文件中的各函数调用,也能被其他编译文件中的函数调用的函数。

5.2 C 函数的定义和调用

5.2.1 函数的定义

函数必须先定义后调用,定义的目的是用来明确以下几点。

(1) 函数名。

(2) 函数的类型,也即函数返回值的类型。

(3) 形式参数的个数和类型。

(4) 函数要实现的功能,即函数体。

1. 函数的定义方式

函数定义的一般格式为:

[存储类型] [数据类型]函数名([形式参数表])
{
    声明部分;
    语句部分;
    返回部分;
}

说明:通常把函数名和形参的说明部分称为函数头,用花括号括起来的部分称为函数体。

下面举例说明函数的定义方法。

【例 5-1】 用户定义一个无参函数用来输出信息。

```
# include < stdio. h >
void main()
{    void printstar();
     void print_message();
     printstar();
     print_message();
     printstar();
}
void printstar()                          //定义无参函数,称为函数头
{                                          //函数体开始
printf(" ************* \n ");
}
void print_message()
{
     printf(" How are you!\n");
}                                          //函数体结束
```

运行结果为:

```
*************
  How are you!
*************
```

printstar()和 print_message()都是无参函数,功能分别是输出一行星号和一行信息,执行完毕返回主调函数。

C 语言中函数的默认类型是 int 型,C++必须指明函数类型,不允许使用默认类型。

【例 5-2】 编写一个有参函数程序,求矩形的面积。

```
float area(float a ,float b)              //定义函数 area(),a,b 为形参
{                                         //函数体开始
  float  s;                               //函数功能
  s = a * b;
  return s;
}                                         //函数体结束
```

函数 area()的功能是求矩形的面积,括号中的 a 和 b 为形参,变量 s 将函数运行结果带回主调函数。

2. 函数格式说明

从格式上看,函数定义由两大部分组成,即函数头和函数体。

1) 函数头

函数头由定义格式中的第一行构成。

(1) 存储类型:有 4 种类型说明符,详见 5.3.5 节。

(2) 数据类型:用来指明该函数返回值的类型,可以是整型、字符型、实型、指针型和其他构造类型。例 5-2 中函数的数据类型定义为 float 型,说明该函数返回一个单精度实数值。如果省略函数类型的定义,则系统默认为 int 型。如果不希望函数带回返回值,则用 void 进行定义(如例 5-1)。

(3) 函数名:一个标识符,它的命名规则与变量相同。C 语言规定在一个编译单位中函数不能重名。为了增加程序的可读性,一般取有助于记忆和理解函数功能的名字作为函数名。例 5-2 中定义的函数功能是求矩形的面积,因此将此函数名定义为 area。

(4) 圆括号:函数名后的一对圆括号,称为"函数运算符",其优先级别较高。

(5) 形式参数表。

形式参数(简称形参)用于在调用函数和被调用函数之间进行数据传递,因此,它也需要进行类型说明。形参表可以为空,表示为无参函数,如例 5-1 是一个无参函数。形参表也可以由多个形参组成,各形参之间用逗号隔开。形参可以为变量、数组、指针变量,也可以是结构体类型和共用体类型变量等。

形参的说明形式如下:

数据类型 形式参数 1,数据类型 形式参数 2,…

例 5-2 中的函数是有参函数,形参分别是 a 和 b。

2) 函数体

由{}括起来的部分称为函数体。函数体由类型说明部分和语句部分构成。其中,说明部分主要用于对函数内所使用的变量的类型进行说明,以及对所调用的函数的类型进行说明;语句部分是实现函数功能的核心部分,由 C 语言的基本语句组成。

函数体可以为空,例如:

```
float area(float a, float b)
{}
```

若调用此函数,不做任何工作,只是说明有一个函数存在,函数的具体内容可在以后补充。使用空函数可以使程序的结构清楚,可读性好,以便之后扩充新功能。

(1) 声明部分:说明本函数所使用的变量的类型。

(2) 语句部分:是实现本函数功能所需的可执行语句。

(3) 返回部分:使流程返回到调用处。例 5-3 中的 return 语句表示把 3 个数的最大值返回到主调函数中,若无 return 语句,则由函数末尾的花括号(})返回一个不确定的值。

C 语言规定,函数不能嵌套定义,即不允许在函数体中再定义其他函数。这个规定保证了每个函数都是一个相对独立的程序块。在一个程序内可以定义多个函数,各函数定义的顺序是任意的,程序的执行顺序是由主函数调用子函数的顺序来确定的。

5.2.2 函数的调用

函数调用就是调用某函数以执行相应的程序段并得到处理结果或返回值。一个函数可以被其他函数多次调用,每次调用可以对不同的数据进行处理。函数不能单独运行,但可以被主函数和其他函数调用,也可以调用其他函数,但不能调用主函数。

1. 调用格式

函数调用的一般格式为:

函数名(实参表);

说明:

(1) 实参表是用逗号分隔的常量、变量、表达式、数组、数组元素、指针及函数名等,无论实参是哪种类型的量,在进行函数调用时,都必须有确定值。

(2) 函数的实参和形参是函数间传递数据的通道,两者在数量、次序和类型上必须一一对应。

(3) 对于无参函数,调用时实参表为空,但括号()不能省略。

(4) 根据函数在程序中出现的位置,常用以下 3 种调用形式:

① 语句形式,例如:

```
area(a,b);
```

② 表达式形式,例如:

```
s = area(a,b) * 2 + 3;
```

③ 函数参数形式,例如:

```
printf("%f",area(a,b));
```

2. 调用过程

函数的调用过程如下:

(1) 如果被调用的是有参函数,则 C 语言系统首先为函数的形参分配存储单元,将实参的值计算后依次赋给对应的形参,这个过程称为值传递(传值),在 C 语言中这种数据传递是单向的。

（2）执行函数体,根据函数中的定义,系统为其中的变量分配存储单元并执行函数体中的可执行语句。当执行到"返回语句"时计算返回值返回主调函数继续运行程序,这时,系统将释放被调用函数的型参和函数体中定义的变量(静态型变量不释放,直到程序结束)。如果是无返回值函数,则省略此操作,直接返回调用点。

【例 5-3】 输入 3 个整数,求 3 个数中的最大值。源程序如下:

```
# include < stdio.h >
int imax(int,int,int);                /* 函数的原型声明 */
void main()
{
    int x,y,z,max;
    scanf("%d%d%d",&x,&y,&z);
    max = imax(x,y,z);                /* 函数调用 */
    printf("max=%d\n\n",max);
}
int imax(int a,int b,int c)           /* 函数定义 */
{
    int m;
    if(a>b) m = a;
    else m = b;
    if(c>m) m = c;
    return(m);
}
```

运行时输入:

5 2 19

运行结果为:

max = 19

说明:main()函数中通过语句"max = imax(x,y,z);"调用了函数 imax(),系统首先给形参 a、b、c 分配内存单元,并将实参 x、y、z 的值自右向左传递给 a、b、c,程序控制转移到 imax()函数,如图 5-2 所示。

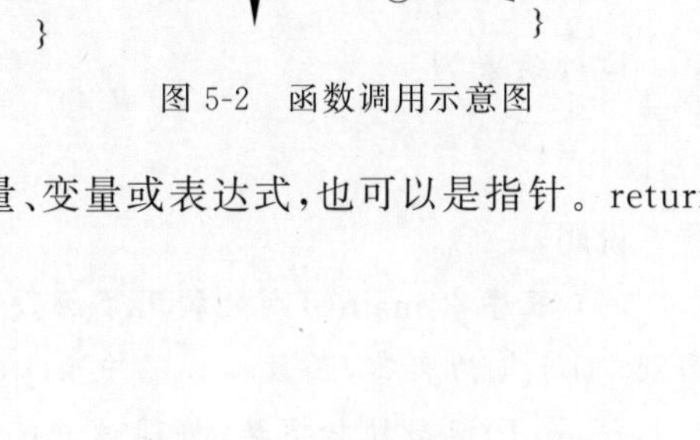

图 5-2 函数调用示意图

3. 函数的返回值

要求有返回值的函数,使用关键字 return 将函数的返回值带回到主调函数。返回值可以是常量、变量或表达式,也可以是指针。return 语句的格式有两种,分别如下:

return 表达式;

或

return(表达式);

例 5-3 中的"return(m);"语句也可写成 return m。

关于 return 语句说明如下:

(1) return 语句是函数的逻辑结尾,不一定是函数的最后一条语句。一个函数中允许出现多个 return 语句,但每次只能有一个 return 语句被执行。

(2) 如果不需要从被调函数带回返回值,可以省略 return 语句,将函数类型定义为 void 型,也叫空类型。例如,例 5-1 中的函数没有返回值。此种类型的函数一般用来完成某种操作过程,多用于程序的数据输入和输出等。

(3) 还可以用不带表达式的 return 作为函数的逻辑结尾,这时,return 的作用是把控制权交给主调函数,而不是返回一个值,也可以省略 return 语句。C 语言规定,当被调用函数执行完毕,其程序流程转向主调函数。

【例 5-4】 调用函数,计算 3 个大于零的整数之和。程序清单如下:

```c
# include < stdio.h >
int sum(int x,int y,int z)              //定义函数 sum(),形参为 x,y,z
{
    int m;
    m = x + y + z;
    return m;                           //变量 m 带回 sum()函数值,返回主调函数
}
void main()
{
    int i,j,k,s;
    printf("input three integers: ");
    scanf("%d%d%d",&i,&j,&k);
    if(i > 0&&j > 0&&k > 0)
    {
        s = sum(i,j,k);                 //调用函数 sum(),实参为 i,j,k
        printf("sum = %d\n",s);
    }
    else
    printf("The integers must be greater than 0! Please try again!");
}
```

运行时输入:

    20   35   12

运行结果为:

sum = 67

说明:

(1) 程序中 main()函数调用了函数 sum(),函数 sum()的功能是求 3 个整数的和。主函数中 i,j,k 为实参,函数 sum()中 x,y,z 为形参;函数调用时将实参 i,j,k 对应传给形参 x,y,z,sum()函数执行完毕,将通过 return 语句返回主函数调用语句"s=sum (i,j,k);"处。主函数继续执行其后的语句,直到结束。

(2) 函数的调用也可以出现在表达式中。这时要求函数带回一个确定的值以参加表达

式的运算。假如改写例 5-4 中函数调用语句为：

    s = 5 * sum (i,j,k);

则表示,函数 sum()的返回值成为表达式的一部分并参加运算。

(3) 对实参表求值的顺序并不是确定的,有的系统按从左到右顺序求实参的值,有的系统则按从右到左的顺序进行(特别注意变量的自增/自减运算)。

【例 5-5】 观察下面程序的运行结果。

```
#include<stdio.h>
int f(int a, int b)
{
    if(a>b) return 1;
    else if(a==b)return 0;
    else return-1;
}
void main()
{
    int i=2,p;
    p=f(i, ++i);                    //实参自右至左进行计算,传递的是 3,3
    printf("%d",p);
}
```

运行结果为：

0

如果按照从左到右的求值顺序,函数调用相当于 f(2,3),则返回值为−1;若按从右到左的顺序,函数相当于调用 f(3,3),此时返回值为 0。这种情况下程序的通用性受到影响,因此应当避免类似情况。若使程序执行时从左到右求值,则可以使用中间变量完成操作。

例如,将程序改写为：

j=i++;p=f(i,j);

(4) 应注意主调函数与被调函数的相对位置。一个程序文件中可能包含若干个函数,函数在其中所处的位置代表函数定义的顺序,同时也决定了它的作用域。C 语言规定一个函数的作用域是从定义的位置起,直到源文件的末尾。调用点位于被调函数之后则不需要对被调函数进行说明,而调用点位于被调函数之前时,则必须在调用点前对被调函数进行说明后才能调用。声明时要说明被调函数的返回值的类型、函数名及函数的形参表,其中形参都要在形参表中一一列举。

函数声明的一般格式为：

数据类型名 被调函数(【形参表】);

【例 5-6】 编写求一个整数阶乘的函数,并观察程序中声明函数与调用点的位置。

算法分析：求整数的阶乘可编写成一个通用程序。设函数 fac(x)用来求整数 x 的阶乘;原始数据的输入、函数调用、输出计算结果均在主函数 main()中完成;执行程序过程中用户输入负数时,提示用户终止程序的运行。

源程序如下：

```
# include < stdio. h>
long fac(int x);                        //声明函数 fac(),形参为 int 型,此时函数作用域开始
void main()
{
    int n;
    printf("input an integer: ");
    scanf(" % d",&n);
    if(n < 0)
        printf("data error\n");
    else
        printf(" % d! = % 1d",n,fac(n));
}
long fac( int x)
{
    int i;
    long y = 1;
    for(i = 1;i < = x;i ++ )
        y = y * i;
    return y;
}
```

运行时输入：

input an integer: 5

运行结果为：

5!= 120

若被调函数的函数值是 int 型,则可省略上述函数声明。需要说明的是,在使用这种方法时,系统无法对参数的类型做检查。若调用参数使用不当,在编译时也不报错。因此,为了程序清晰和安全,建议都进行声明。

说明：

① 函数声明一般出现在文件顶部,并且按顺序集中完成。这样在各个主调函数中就不必对所调用的函数一一声明了。

② C 语言允许声明语句中函数形参可以只说明类型,省略变量名；而在 C++ 语言中必须说明形参类型和变量名,不可省略。

例如,下面是常用的程序格式：

```
# include < stdio. h>
float f1(float,float);          //C 语言的格式,C++语言不可以
char f2(char);                  //C 语言的格式,C++语言不可以
int f3(float);                  //C 语言的格式,C++语言不可以
void main()
(...)
float f1(float a,float b)
(...)
char f2(char c)
```

```
(...)
int f3(float d)
(...)
```

（5）函数可以嵌套调用，即在调用一个函数的过程中可以再调用另一个函数。C 和 C++语言不允许嵌套定义，但可以嵌套调用。

【例 5-7】 通过函数嵌套调用输出信息。

```
#include<stdio.h>
void star();                    //函数声明
void message();                 //函数声明
void main()
{
    star();                     //调用用户函数 star()
    message();                  //调用用户函数 message()
}
void star()                     //用户函数,函数头
{
    printf(" ******************* \n");
}
void message()                  //用户函数,函数头
{
    printf("welcome to C++!\n");
    star();                     //在函数执行数过程中调用 star()函数
}
```

运行结果为：

```
*******************
welcome to C++!
*******************
```

说明：在程序中定义了两个输出函数 message()和 star()，main()函数调用了 message() 函数，而 message()函数又调用了 star()函数，构成了函数间的嵌套调用程序结构。调用过程如图 5-3 所示。

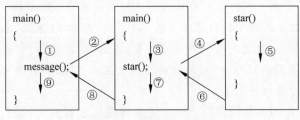

图 5-3　函数的嵌套调用

5.3　函数间的数据传递

函数间的数据传递是指主调函数向被调函数传送数据及被调函数向主调函数返回数据。在 C 语言中，函数间的数据传递可以通过参数、返回值和全局变量来实现。其中通过

参数传递数据的方式主要有值传递方式和地址传递方式,也称为传值方式和传址方式。

5.3.1 值传递方式

值传递方式所传递的是参数值。调用函数时,将实参的值计算出来传递给对应的形参,如例 5-2 中将长方形的长和宽传递给形参。函数调用结束则返回函数值到调用点。

在 C 语言中,实参对形参的值传递是单向传递,即只能将实参的值传给形参,而不能将形参的值传给实参。这是由于在内存中实参和形参使用的是不同的存储单元,因此,在执行一个被调函数时,形参的值如果发生变化,并不会改变主调函数的实参值。

【例 5-8】 分析下列程序,写出运行结果。

```
#include<stdio.h>
void sub(int);
void main()
{
    int n=0;
    scanf("%d",&n);
    sub(n);                    /* 函数调用,变量 n 为实参 */
    printf("\nMain:n=%d\n\n",n);
}
void sub(int n)                /* 函数定义,变量 n 为形参 */
{
    n=n+100;
    printf("Sub:n=%d",n);
}
```

运行时输入:

15↙

运行结果为:

```
Sub: n=115
Main: n=15
```

说明:本程序定义了一个函数 sub(),功能是将参数 n 加 100 后输出。在主函数中输入 n 的值为 15,并作为实参在调用时传送给函数 sub()的形参 n(注意,本例的形参变量和实参变量同名,都定义为 n,但这是两个不同的变量,各自占据不同的内存单元),形参 n 的初始值也为 15,在执行函数的过程中,形参 n 的值被修改为 115,然后将 n 值输出。返回主函数之后,输出实参 n 的值仍为 15。

数组元素也可以作为函数的参数。数组元素与普通变量并无区别,因此它作为函数实参使用时与普通变量完全相同,在发生函数调用时,把作为实参的数组元素的值传送给形参,实现单向的值传递。

【例 5-9】 设一维数组存放了 10 个学生的成绩,求不及格的学生人数。

算法分析:主函数调用 flag()函数将 10 个学生的成绩分别传给形参 score,函数执行过程判断是否及格,若不及格则返回值为 1,否则返回值为 0,返回主程序进行计数,从而统计出不及格的学生人数。

```
# include < stdio. h>
int flag(float score);
void main()
{
    float score[10];
    int i,num = 0;
    printf("input 10 scores: \n");
    for(i = 0;i < 10;i ++ )
    {
        scanf(" % f",&score[i]);
        num += flag(score[i]);
    }
    printf("the number of not passed is % d",num);
}
int flag(float score)
{
    if(score < 60)return 1;
    else return 0;
}
```

运行时输入：

90 85 86 72 54 70 76 50 32 83 ↙

运行结果为：

the number of not passed is 3

5.3.2 地址传递方式

地址传递方式也是在形参和实参之间传递数据的一种方式,同样为单向传递。

地址传递方式不是传递数据本身,而是将实参数组的内存地址传递给形参(简称传址),使得形参和实参共用一个地址,直接引用实参的存储单元中的数据,因此,在函数中若改变了形参的值,将会使实参的值随之改变,间接地实现了数据的双向传递。

采用地址传递方式,实参只能是变量的地址、数组元素的地址、数组名(数组的首地址)或指针。下面介绍数组名作为函数参数传递数据。

数组的名称代表了数组的起始地址,因此可以把数组存储区域的首地址作为实参传递给被调函数,要求被调函数的形参必须与实参数据类型一致的数组来接收实参数组的首地址,这时形参数组和实参数组共用同一个地址空间,可以通过函数中形参数组对实参数组中的元素进行数据处理操作。

函数调用的一般格式为：

函数名(数组名[,数组的长度]);

被调函数的定义格式为：

[存储类型] 数据类型 函数名(数据类型,数组名[ ][,int 型数组的长度变量])

【例 5-10】 数组 a 中存放了一个学生 5 门课程的成绩,调用函数求平均成绩。

```
#include<stdio.h>
int flag(float score);
float average(float arrry[5]);
void main()
{
    float score[5],av;
    int i;
    printf("input 5 scores: \n");
    for (i=0;i<5;i++)
        scanf("%f",&score[i]);
    av=average(score);
    printf("average score is %5.2f",av);
}
float average(float array[5])      //函数形参数组类型说明,数组长度说明
{
    int i;
    float av,sum=0;
    for(i=0;i<5;i++)
        sum=sum+array[i];
    av=sum/5;
    return av;
}
```

运行时输入：

65 84 72 90 87↙

运行结果为：

average score is 79.60

说明：

（1）用数组名作为函数参数，应该在主调函数和被调函数中分别定义数组，本例中，主函数定义的数组为 score[5]，函数形参数组名为 array[5]。

（2）实参数组和形参数组的类型应该一致，本例中均为 float 型。

（3）实参数组和形参数组大小可以相同，也可以不同，C 语言编译系统对形参数组大小不做检查，只是将实参数组的首地址传递给形参数组。

（4）用数组名和长度作为函数的参数，在例 5-11 中实参数组 score 在调用时将地址传递给形参数组 array，如图 5-4 所示。在函数中如果改变了 array 数组中元素的值，实参数组 score 也要同时发生变化。

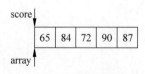

图 5-4　地址传递数据方式

（5）形参数组也可以不指定大小，在定义数组时在数组名后跟一个空的方括号，然后另设一个参数传递给实参数组的大小，这时形参数组可以随实参数组动态变化，例 5-10 也可

改为下面的形式。

【例 5-11】 将数组的长度作为实参传递。

```
#include<stdio.h>
float average(float array[ ],int n);
void main()
{
    float score1[5] = {84,72,90,87,65};
    float score2[10] = {72,68,93,55,89,75,62,88,95,70};
    printf("average score1 is %5.2f\n",average(score1,5));
    //实参 5 是数组的长度
    printf("average score2 is %5.2f\n",average(score2,10));
}
float average(float array[ ],int n)    //n接收实参主调函数中的长度值
{
    int i;
    float av = 0,sum = 0;
    for(i = 0;i < n;i++)
        sum = sum + array[i];
    av = sum/n;
    return av;
}
```

运行结果为:

```
average score1 is 79.60
average score2 is 76.70
```

由于在调用函数 average()的过程中,实参指定了数组的大小,使得函数更具有通用性。

5.3.3 返回值方式

返回值方式与参数无关,它是通过定义有返回值的函数,在调用函数后直接返回一个数据到主调函数中。利用返回值的方式传递数据,需要注意下列几点:

(1) 使用返回方式传递数据,所传递的数据可以是整型、实型、字符型及结构体类型等,但不能传回整个数组。

(2) 当被调函数的数据类型与函数中的 return 后面表达式的类型不一致时,表达式的值将被自动转换成函数的类型后传递给主调函数。

【例 5-12】 调用函数,求两数之和。

```
#include<stdio.h>
int sum(int x,float y);
void main()
{
    int a,n;
    float b;
    scanf("%d,%f",&a,&b);
    n = sum(a,b);
    printf("n=%d",n);
}
```

```
int sum(int x,float y)
{
    float z;
    z = x + y;
    return z;
}
```

运行时输入:

90,87.3↙

运行结果为:

n = 177

sum()函数的类型是 int 型,而返回值 z 是 float 型,z 经过计算后为 177.3,由于返回时与函数类型的定义类型不符,z 的值会强行将转换成 int 型返回。

【实训9】 函数应用程序设计

一、实训目的

1. 掌握函数定义、调用、函数间的数据传递、返回值等语法规则。

2. 熟练设计出实现参数传递的各种方式的函数。

二、实验步骤

1. 求两个整数的最大公约数和最小公倍数。

```
#include < stdio.h>
int fcd(int, int);
int fcm(int, int, int);
void main()
{
    int m,n,cd,cm;
    printf("Enter two integers:");
    scanf("%d, %d",&m,&n);
    cd = fcd(m,n);
    cm = fcm(m,n,cd);
    printf("The greatest common divisor: %d\n",cd);
    printf("The greatest common multiple: %d\n",cm);
}
int fcd(int a, int b)  /* 定义最大公约数函数 */
{
    int t;
    if(a < b){t = a;a = b;b = t;}
    while(b! = 0)
    {
        t = a%b;a = b;b = t;
    }
    return a;
}
int fcm(int a, int b, int c)/* 定义最小公倍数函数 */
{
```

```
    c = a * b/c;
    return c;
}
```

运行时输入：

Enter two integers:45 30

运行结果为：

The greatest common divisor:15
The greatest common multiple:90

解析：这是一个值传递调用函数的应用实例。程序中定义了两个函数 fcd() 和 fcm()，分别用以求最大公约数和最小公倍数。

2. 删除字符串中的某个字符。

```
# include < stdio. h >
void szf(char str[],char);
char str[ ] = "this,is,a,program";
void main()
{
    char c = ',';
    printf(" % s\n",str);
    szf(str,c);
    printf(" % s\n",str);
}
void szf(char str1[],char c)
{
    int i,j;
    for(i = 0,j = 0;str1[i]!= '\0';i ++ )
    if(str1[i]!= c)
        str1[j ++ ] = str1[i];
    str1[j] = '\0';
}
```

运行结果为：

this,is,a,program
thisisaprogram

解析：此为利用数组名作为函数参数应用实例。主函数 main() 中用字符数组名 str 作为实参进行数据传递，被调函数 szf() 根据数组名 str1 得到字符串的首地址。这时，数组名 str 和 str1 实质上都指向同一字符串（同一段内存空间），在函数 szf() 中对字符数字 str1 进行操作，删除 c 中的字符','，主函数 main() 中的 str 数组自然会得到同样的操作结果。

5.3.4　全局变量传递方式

在程序执行的全程中有效的变量称为全局变量。全局变量分为外部全局变量和静态全局变量。外部全局变量作用域是从定义处开始到整个程序结束。静态全局变量的作用域是从定义处开始到本文件结束。它们都可被任何一个函数使用，并在整个程序的运行中一直占用存储单元。由于它具有这一特点,可以利用全局变量在函数间传递数据,使得通过函数得到多个数据。

【例 5-13】 输入长方体的长、宽、高,求体积及 3 个面的面积。

算法分析:在程序开始处,定义 3 个外部全局变量 s1、s2、s3,用来存放 3 个矩形的面积,其作用域为整个程序。函数 vs() 的功能是求长方体的体积和 3 个面的面积,函数的返回值为体积 v。由主函数完成长、宽、高的输入及结果输出。

```c
#include<stdio.h>
int s1,s2,s3;                          //全局变量,main()和vs()共享
int vs(int a,int b,int c)
{
    int v;
    v=a*b*c;
    s1=a*b;
    s2=b*c;
    s3=a*c;
    return v;
}
void main()
{
    int v,l,w,h;
    printf("input length,width and height: \n");
    scanf("%d%d%d",&l,&w,&h);
    v=vs(l,w,h);
    printf("v=%d s1=%d s2=%d s3=%d\n",v,s1,s2,s3);
}
```

运行时输入:

2 3 4↙

运行结果为:

v=24 s1=6 s2=12 s3=8

说明:

(1) 设置全局变量增加了函数间数据联系的渠道,C 和 C++语言规定函数返回值只有一个,程序中使用全局变量从函数中得到了多个数据。在本例中,从函数中得到 v、s1、s2、s3 共 4 个数据。

(2) 需要指出,利用全局变量实现函数间的数据传递,削弱了函数的内聚性,从而降低了程序的可靠性和通用性。因此,在程序设计中不提倡利用全局变量实现函数间的数据传递。

(3) 全局变量在程序的全过程中都占用存储单元,建议不必要时不要使用全局变量。

(4) 在使用全局变量传递数据时,应注意全局变量与局部变量同名时的情况。C 语言规定:如果在一个程序中全局变量和局部变量同名时,在局部范围内局部变量优先,也就是说作用域小的优先。

120

【例 5-14】 观察全局变量与局部变量同名时的情况。

```
# include < stdio. h >
int a = 3, b = 5;                    //a、b 为全局变量，a、b 的作用范围定义处到程序结束
int max( int a, int b)               //形参 a、b 为局部变量
{
    int c;              ⎫  形参 a、b 的作用范围
    c = a > b?a: b;     ⎭
    return c;
}
void main()
{
    int a = 8;                      //a 为全局变量,局部变量优先
    printf(" % d",max(a,b));        //实参使用了全局变量 b
}
```

运行结果为：

8

(5) 静态局部变量利用了静态存储区的特性,使得局部变量在函数多次调用过程中保留其变化的中间数据,直到程序结束。

【例 5-15】 静态局部变量的使用。

```
# include < stdio. h >
void f();
void main()
{
    f();
    f();
    f();
}
void f()
{
    static int a = 1;           //变量 a 是静态局部变量,在此函数中有效
    auto int b = 0;             //变量 b 是自动变量,在此函数中有效
    a = a + 1;
    b = b + 1;
    printf("a = % d, b = % d\n",a,b);
}
```

运行结果为：

a = 2, b = 1
a = 3, b = 1
a = 4, b = 1

变量 a、b 的变化情况如表 5-1 所示。

表 5-1　变量 a、b 的变化情况

调用次数	调用时初值		调用结束时的值	
	a	b	a	b
第一次	1	0	2	1
第二次	2	0	3	1
第三次	3	0	4	1

说明：

(1) a 是静态局部变量,存储在静态存储区,在整个程序运行中一直占有内存单元,初始化语句只执行一次,调用结束后,a 的内存单元不释放;

(2) b 是自动变量,存储在动态存储区,每当函数调用时才可以分配到内存单元,执行赋值语句"b=0;",调用结束后 b 的内存单元被释放。

5.3.5　变量的存储类型

完整变量定义的一般格式为:

存储类型 数据类型 变量名;

在前几章中,仅给变量定义了数据类型,如"int x,y;"、float a[10]等,省略了存储类型说明。实际上变量除了数据类型之外,还应具有存储类型。变量的作用域不同,本质上来说是变量的存储类型不同。C 语言中,变量的存储类型有以下 4 种:自动类型(auto)、寄存器类型(register)、静态类型(static)、外部类型(extern)。

变量的存储类型有静态存储和动态存储两种方式,其中自动类型和寄存器类型的变量属于动态存储方式,而外部类型和静态类型的变量属于静态存储方式。

1. 自动类型

自动类型变量定义的一般格式为:

auto 数据类型 变量名;

自动类型是使用最多的一种变量存储类型。函数内凡是未加存储类型说明的变量均为自动类型变量,即自动类型变量是默认的存储类型,前面各种函数内定义的局部变量,均属 auto 类型。

自动变量属于局部变量范畴,具有局部变量的一切特点。

(1) 自动变量的作用域和生存期仅限于定义它的函数或复合语句内,即块(函数块或复合语句)内生存、块内有效。

(2) 不同的函数(复合语句)中的自动变量可以同名。

(3) 形参变量属于自动变量。

【例 5-16】　分析下列程序,写出运行结果。

```c
#include<stdio.h>
void main()
{
    auto int a=1,b=2;              /* a、b 在主函数内有效 */
```

```
    {
        int c;                    / * c仅在复合语句内有效 * /
        c = a - b;
        printf("a = % d,b = % d,c = % d\n",a,b,c);
    }
    printf("a = % d,b = % d\n",a,b);
}
```

运行结果为：

```
a = 1,b = 2,c = - 1
a = 1,b = 2
```

说明：自动变量 a、b 在 main( )函数中定义，则它们在整个 main( )函数中都有效，而自动变量 c 在复合语句中定义，所以，它仅在复合语句中有效，如果在第二个 printf( )函数中使用 c，将会出现语法错误，因为第二个 printf( )函数在复合语句之外。

2. 寄存器类型

寄存器类型变量定义的一般格式为：

register 数据类型 变量名;

寄存器类型变量是 C 语言使用较少的一种局部变量的存储类型，寄存器变量的作用域和生存期与自动变量相同，这种存储方式是直接把变量存储在 CPU 的通用寄存器中，由于寄存器比内存操作要快，将会大大提高程序的执行速度，所以 C 语言允许将一些需要大量反复操作的变量定义成寄存器变量。

3. 静态类型

静态类型变量属于静态存储方式，但属于静态存储方式的变量不一定就是静态变量，如外部变量。静态变量一般又分为两种：静态局部变量和静态全局变量。

1) 静态局部变量

在局部变量前加上存储类型说明 static 就构成了静态局部变量。

静态局部类型变量定义的一般格式为：

static   数据类型 变量名;

例如：

```
static int a,b;
static char x[10];
```

局部变量属于动态存储方式，静态局部变量则属于静态存储方式，因此它有着与局部变量不同的特点。

① 定义域与自动类型变量（局部变量）相同，仅限于定义它的函数或复合语句内，但当函数调用结束或复合语句结束后，自动类型变量的值消失。而静态局部变量的值却继续保存在内存中，直到程序结束，只不过无法使用。当再次调用定义它的函数时，其值又可继续使用，并且保留了上次被调用后的值。

② 生存期与自动类型变量（局部变量）不同。自动类型变量的生存期为函数调用期间，函数调用结束则立刻消亡。而静态局部变量的生存期则为整个程序有效。

③ 系统自动为静态局部变量赋初值 0,而自动变量(局部变量)的初值则不确定。

2) 静态全局变量

在全局变量前加上存储类型说明 static,就构成了静态全局变量,如:

```
static int a = 3;
void main( )
{
    …
}
```

全局变量本身就是静态存储方式,故静态全局变量也是静态存储方式。区别在于:全局变量的作用域是整个源程序,而静态全局变量的作用域则是定义该变量的源文件。如果一个程序由多个".c"文件组成,全局变量则在各个源文件中都是有效的,静态全局变量则仅在定义它的源文件中有效。

【例 5-17】 分析下列程序,写出运行结果。

```
# include < stdio. h >
void add1( );
void add2( );
static int a = 3;
int b = 4;
void add1( )
{
    a += 2;b += 3;
    printf("add1:a = % d,b = % d\n",a,b);
}
void add2( )
{
    a += 8;b += 4;
    printf("add2:a = % d,b = % d\n",a,b);
}
void main( )
{
    add1( );
    add2( );
    printf("main:a = % d,b = % d\n",a,b);
}
```

运行结果为:

```
add1:a = 5,b = 7
add2:a = 13,b = 11
main:a = 13,b = 11
```

4. 外部类型

外部类型变量的一般格式为:

extern 数据类型说明 变量名

外部类型变量就是定义在所有函数之外的全局变量。外部变量和全局变量是对同一类变量从空间和时间两个不同角度上的提法。全局变量是从变量的作用域即空间角度提出的；外部变量是从变量的生存期即时间角度提出的，它可以被所有函数访问，所以主要用于在多个编译单位之间传递数据。

外部变量在编译的时候由系统分配永久的存储空间，即分配在静态存储区，当编译单位 a1.c 中使用了另一个编译单位 b1.c 中的外部变量，则 a1.c 在使用该外部变量时，必须在使用该外部变量之前，以 extern 存储类型加以说明，告知编译系统该变量是外部变量，以便在其他编译单位中找寻该变量。外部变量的特点如下。

（1）外部变量与静态变量一样，系统自动为未初始化的变量赋 0 值。

（2）外部变量与全局变量一样，作用域从定义直到源程序结束，生存期为整个程序执行过程。

（3）外部变量可以被不同的文件共享，若只希望在本文件中使用，可以加 static 说明。

【例 5-18】 多个文件中使用外部变量实例。

```c
# include < stdio.h >
int b;                     /* 定义全局变量 b */
extern int c;              /* 声明 c 为一个在 wa2.c 中定义的外部变量 */
void main()
{
    void fun1();
    {
        int a = 3, b = 4;      /* 定义局部变量 a,b */
        printf("main1:a = % d,b = % d,c = % d\n",a,b,c);
        c = 5;                 /* 给外部变量 c 赋值 */
        printf("main2:a = % d,b = % d,c = % d\n",a,b,c);
    }
    fun1();
    printf("main3:b = % d,c = % d\n",b,c);
}
int c;                     /* 定义全局变量 b */
void fun1()
{
    int a = 10, b = 20;
    c = 30;                    /* 修改外局变量 c */
    printf("fun1:a = % d,b = % d,c = % d\n",a,b,c);
    return;
}
```

运行结果为：

```
main1:a = 3,b = 4,c = 0
main2:a = 3,b = 4,c = 5
fun1:a = 10,b = 20,c = 30
main3:b = 0,c = 30
```

5.4 递归调用与递归函数

C 语言允许函数进行递归调用，即在调用一个函数的过程中，又出现直接或间接地调用该函数本身。前者称为直接递归，后者称为间接递归。递归调用的函数称为递归函数。由于递归非常符合人们的思维习惯,而且许多数学函数、算法或数据结构都是递归定义的,因此递归调用颇具实用价值。

5.4.1 递归函数的特点

递归函数常用于解决那些需要多次求解并且每次求解过程基本类似的问题。递归函数内部对自身的每一次调用都会导致一个与原问题相似而范围要小的新问题。构造递归函数的关键在于寻找递归算法和终结条件。一般来说,只要对循环操作问题的每一次求解过程进行分析归纳,就可以找出问题的共性,获得递归算法。终结条件是为了终结函数的递归调用而设置的一个标记。递归调用不应也不能无限制地执行下去,所以必须设置一个条件来检验是否需要停止递归函数的调用。终止条件的设置可以通过分析问题的最后一步求解而得到。

【例 5-19】 用递归函数求 $n!$。

算法分析:前面介绍过求阶乘的算法,现在可以用递归函数来解决。因为

$$n! = \begin{cases} 1 & (n=0,1) \\ n \times (n-1)! & (n>1) \end{cases}$$

因此求 $n!$ 就变成了求 $(n-1)!$,而求 $(n-1)!$ 必须要求出 $(n-2)!$,依次类推,直到最后求出 $1!$。这种规律符合前面所介绍的递归函数的特点,因此程序中可以将函数 fac() 构造成一个递归函数。源程序如下:

```c
#include <stdio.h>
long fac(int n);
void main()
{
    int n;
    printf("input an integer: ");
    scanf("%d",&n);
    printf("%d!=%ld",n,fac(n));
}
long fac(int n)
{
    long f;
    if(n==0||n==1)
        f=1;
    else
        f=n*fac(n-1);
    return f;
}
```

运行时输入:

3↙

运行结果为:

3!=6

主函数调用 fac()函数后即进入 fac()函数的执行,如果 n==0 或 n==1,则执行语句 "f=1;",否则就调用 fac()函数本身。在此过程中,函数参数逐次变小,直到达到 n=1。

说明:

(1) 第 1 次调用是主函数完成的,调用语句为"printf("％d!=％ld",n,fac(n));",调用 fac()函数,由于不满足 n==0 或 n==1 递归结束条件,因此执行"f=n * fac(n-1);"语句,即 f=3 * fac(2),语句中出现 fac(2),即要第 2 次调用 fac()函数。

(2) 第 2 次调用是 fac()本身完成的,故为递归调用,形参 n 接收实参的值 2,由于不满足 n==0 或 n==1,因此执行语句"f=n * fac(n-1);",即执行 f=2 * fac(1),要第 3 次调用 fac()函数。

(3) 第 3 次调用同样是递归调用,形参 n 接收实参的值 1,这时满足 n==1,则执行语句"f=1;",然后通过语句"return f;"返回。至此,递归调用结束,进入递归返回阶段。

(4) 返回上一层调用,计算该返回值为:2 * fac(1)=2 * 1=2。

(5) 返回上一层调用,计算返回值为:3 * fac(2)=3 * 2=6。

(6) f 带函数值返回主函数。

递归执行过程示意图如图 5-5 所示。

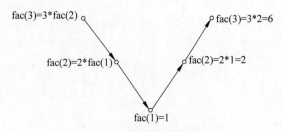

图 5-5　递归执行过程示意图

5.4.2　递归函数的设计

从例 5-19 设计的递归函数不难看出,使用递归调用算法设计函数有一定的规律。下面介绍递归问题的一般描述和对应的递归函数的一般结构。

递归问题的一般描述如下:

(1) 递归结束的条件: $f(k)$=常量。

(2) 递归计算公式: $f(n)$=含有 $f(n-1)$ 的表达式。

函数递归的一般结构为:

```
数据类型 f(数据类型 n)
{
    if(n == k) return(常量);
    else return(f(n-1)的表达式);
}
```

一般情况下,递归问题总是和自然数联系在一起,即递归问题中的参数一般是自然数。

【例 5-20】 用递归函数求 Fibonacci 数列的某一项的值。

算法分析:在前面曾介绍过如何求 Fibonacci 数列,公式为:

$$f(n) = \begin{cases} 1 & n=1 \\ 1 & n=2 \\ f(n-1)+f(n-2) & n>2 \end{cases}$$

不难看出,分段函数中,$n=1$ 和 $n=2$ 是递归结束的条件,最后一项是递归计算公式。按照前面给出的递归函数的一般结构,可以设计出对应的递归函数。

```c
#include <stdio.h>
int fib(int i);
void main()
{
    int i;
    printf("Input the item of fibonacci!");
    scanf("%d",&i);
    printf("fib(%d) =%d\n",i,fib(i));
}
int fib(int i)
{
    if(i == 1 || i == 2) return 1;
    else return fib(i-1) + fib(i-2);
}
```

运行时输入:

10

运行结果为:

fib(10) = 55

5.5　内部函数和外部函数

在 C 语言中,函数可分为内部函数和外部函数。它们以是否允许其他程序文件调用来区分。如果一个函数仅在被定义的源文件内可见,而不能被源文件外的其他函数调用,则称这种函数为内部函数。如果能被一个源程序内所有源文件中定义的函数调用,则称这种函数为外部函数,外部函数在整个源程序中都有效。

5.5.1　内部函数

如果在一个源文件中定义的函数只能被本文件中的函数调用,而不能被其他文件中的函数调用,这种函数称为内部函数。使用关键字 static 定义内部函数,其一般定义格式为:

static 数据类型 函数名(形参表);

例如:

static int f(int a;int b);

内部函数也称为静态函数。由于内部函数的调用范围只局限于本文件,因此在不同的源文件中定义同名的内部函数不会引起混淆。这样不同的人可以分别编写不同的函数,而不用担心所用函数是否会与其他文件中的函数同名。

5.5.2　外部函数

外部函数是指允许其他文件调用的函数,使用关键字 extern 定义外部函数,其一般定义格式为:

extern 数据类型 函数名(形参表);

例如:

extern int f(int a, int b);

如果在函数定义中没有说明 extern 或 static,则系统默认为是外部函数。在一个源文件的函数中调用其他源文件中定义的外部函数时,应用 extern 说明被调函数为外部函数。例如:

```
flie1.c (源文件 1)
main()
{
    …
extern  int f1(int i); //外部函数说明,表示函数 f1()在其他源文件中
    …
}
flie2.c (源文件 2)
extern  int f1(int i); //外部函数定义
{
    …
}
```

【实训 10】　参数传递方式的程序设计

一、实训目的

1. 学会设计程序结构,使得结构化程序充分体现模块化。

2. 熟练设计出实现参数传递的各种方式的函数。

二、实训步骤

1. 变量的存储类型测试。

```
# include < stdio. h >
void func(int a);
void main()
{
    int k = 4;
    func(k);
    func(k);
}
void func(int a)
{
    static int m = 0;
    m = m + a;
```

```
    printf("%d\n",m);
}
```

运行结果为：

```
4
8
```

要求：观察 m 在运行过程中的变化情况,了解 static 存储类型的特点。

2. 编写一个程序,从键盘分别输入一个学生的 5 科考试成绩,要求输出该学生的总成绩、平均成绩、最高成绩和最低成绩。

算法分析：分别设计 4 个函数用来求总成绩、平均成绩、最高成绩和最低成绩,在主函数中输入学生的 5 科成绩,然后依次调用对应的函数,输出结果。

```c
# include < stdio. h >
float total(float s[ ], int n);                //函数声明
float average(float s[ ], int n);
float highest(float s[ ], int n);
float lowest(float s[ ], int n);
void main( )
{
    float score[5];
    int i;
    printf("Input scores of the subject_1 to subject_5:\n");
    for(i = 0;i < 5;i ++ )
    scanf("%f",&score[i]);
    printf("total = %5.2f\n",total(score,5));
    printf("average = %5.2f\n",average(score,5));
    printf("highest = %5.2f\n",highest(score,5));
    printf("lowest = %5.2f\n",lowest(score,5));
}
float total(float s[ ], int n)               //求总成绩
{
    int i;
    float sum = 0;
    for(i = 0;i < n;i ++ )
        sum += s[i];
    return sum;
}
float average(float s[ ], int n)             //求平均成绩
{
    return(total(s,5)/n);
}
float highest(float s[ ], int n)             //求最高成绩
{
    int i;
    float max = s[0];
    for(i = 1;i < n;i ++ )
        if(s[i]> max) max = s[i];
    return max;
```

```
}
float lowest(float s[ ],int n)                    //求最低成绩
{
    int i;
    float min = s[ 0 ];
    for(i = 1;i < n;i ++ )
        if(s[ i ]< min) min = s[ i ];
    return min;
}
```

运行时输入：

75 80 85 90 95 ↙

运行结果为：

```
total = 425. 00
average = 85. 00
highest = 95. 00
lowest = 75. 00
```

5.6 函数应用程序综合举例

【例 5-21】 编写一个函数，求一个整数的所有正因子。

```
# include < stdio. h >
void gene( int n) ;
void main( )
{
    int n;
    printf("Iuput integer n£°");
    scanf(" % d",&n);
    if(n < = 0) printf("must be positive !\n");
    else gene(n);
}
void gene( int n)
{
    int d;
    for(d = 1;d < = n;d ++ )
        if(n % d == 0)
            printf(" % d\n",d);
}
```

运行时输入：

51 ↙

运行结果为：

1
3

17
51

【例 5-22】 编写一个函数,求一个字符串中英文单词的个数。单词之间可用空格符、换行符或跳格符隔开。

```c
#include <stdio.h>
int wordnum(char str[])
{
    int i,num = 1;
    char ch;
    for(i = 0;(ch = str[i])!= '\0';i ++)
        if(ch == ' '||ch == '\t')
            num ++ ;
    return num;
}
void main()
{
    char string[81];
    printf("Input a string£°\n");
    gets(string);
    printf("There are % d words in the string.\n",wordnum(string));
}
```

运行时输入:

I am a teacher↙

运行结果为:

There are 4 words in the string.

【例 5-23】 编写一个函数,用选择法将一维数组排序(数组长度为 10,元素由小到大排序)。

算法分析:每比较一轮,找出一个未经排序数中的最小值,因此共须 9 轮排序。下面以 5 个数为例说明选择法排序的步骤。

```
a[0] a[1] a[2] a[3] a[4]
  5    2    9    6    4       未排序时的数据状态
 [2]   5    9    6    4       将 5 个数的最小值与 a[0]交换后的状态
 [2    4]   9    6    5       将余下的 4 个数的最小值与 a[1]交换后的状态
 [2    4    5]   6    9       将余下的 3 个数的最小值与 a[2]交换后的状态
 [2    4    5    6]   9       将余下的 2 个数的最小值与 a[3]交换后,排序完成
```

源程序如下:

```c
#include <stdio.h>
void sort(int array[],int n)
{
    int i,j,k,temp;
    for(i = 0;i < n - 1;i ++)
    {
```

```
            k = i;
            for(j = i + 1;j < n;j + + )
            if(array[j]< array[k]) k = j;
            temp = array[k];array[k] = array[i];array[i] = temp;
        }
    }
    void main()
    {
        int a[10],i;
        printf("input the array: \n");
        for(i = 0;i < 10;i + + )
        scanf(" % d",&a[i]);
        sort(a,10);
        printf("the sorted array: \n");
        for(i = 0;i < 10;i + + )
        printf(" % d",a[i]);
    }
```

运行时输入：

```
5 2 9 6 4 1 10 8 3 7
```

运行结果为：

```
the sorted array:
1 2 3 4 5 6 7 8 9 10
```

【例 5-24】 将一个整数（例如输入 54321）倒序输出（打印 ＊ 是为了隔开两个数字，使观察更清晰）。

```
# include < stdio. h >
void reverse(int n);
void main()
{
    int k;
    printf("Input a integer number(> 0) £°");
    scanf(" % d",&k);
    reverse (k);
}
void reverse(int n)
{
    printf(" % d * ",n % 10);              //输出最后一位
    if(n/10!= 0)
        reverse (n/10);                    //求余下数据并递归调用
}
```

运行时输入：

```
54321↙
```

运行结果为：

```
1 * 2 * 3 * 4 * 5 *
```

本 章 小 结

函数是 C 语言实现程序功能的基本模块,要熟练掌握函数的使用,必须理解函数调用时的内部实现机制,因此,对函数的类型、定义、调用格式、函数间的数据传递方式、函数的嵌套调用和递归调用、变量的生存期和作用域等都要掌握其概念和使用方法。

函数之间的数据联系是由函数间的数据传递建立的。数据传递方式分为以下两种。

(1) 值传递方式:单向传递。形参、实参为不同的存储单元,仅把主调函数的数据传递到被调函数。

(2) 地址传递方式:可看作双向传递。形参、实参指向统一存储单元,不仅可以把主调函数的数据传到被调函数中,还可以把被调函数的值带回主调函数。

变量和数值元素作为函数实参,实现的是值传递方式;数组名作为实参,实现的是地址传递方式。

C 语言不允许函数嵌套定义,但允许嵌套调用,调用时要注意对被调函数做适当说明。

递归调用是指一个函数可以直接或间接地调用自身,设计时要有递推调用的过程和回归过程,要推出递归公式和递归结束条件。

变量的作用域指变量在程序中的有效区域,分为局部变量和全局变量。局部变量的作用域为定义该变量的函数或复合语句内;全局变量的作用域为从定义处到程序结束。

变量的存储类型是指变量在内存中的存储方式,即变量的生存期,包括静态存储和动态存储两种方式。

习 题 5

一、选择题

1. C 语言中函数返回值的类型是由( )决定的。

    A. return 语句中的表达式类型

    B. 调用该函数的主调函数

    C. 调用函数时临时

    D. 定义函数时所指定的函数类型

2. 有函数定义 int fun(int a){…},并有数据定义语句"float b=123.90;char a;",则以下不合法的函数调用语句是( )。

    A. fun(1)   B. fun(a)   C. fun(int b)   D. fun(a,b)

3. 若函数为 int 型,变量 z 为 float 型,该函数体内有语句"return(z);",则该函数返回的值是( )。

    A. int 型   B. float 型   C. static 型   D. extern 型

4. 函数调用语句"func(x1,x2-x3,(x4,x5));",中,含有的实数个数( )。

    A. 3   B. 4   C. 5   D. 有语法错误

5. 在函数调用时,如果实参是简单变量名,它与对应形参之间的数据传递方式是( )。

    A. 地址传递   B. 单项值传递

C. 由实参传给形参,再由形参传给实参   D. 传递方式由用户指定

6. 数组名作为函数的实参传给被调函数,作为形参的数组名接收到的是(   )。

    A. 该数组长度   B. 该数字元素个数

    C. 该函数中各元素的值   D. 该数组的首地址

7. 在下列关于 C 函数定义的叙述中,正确的是(   )。

    A. 函数可以嵌套定义,但不可以嵌套调用

    B. 函数不可以嵌套定义,但可以嵌套调用

    C. 函数不可以嵌套定义,也不可以嵌套调用

    D. 函数可以嵌套定义,也可以嵌套调用

8. 有函数定义 int fun(int a,int b){…},则以下对 fun()函数原型说明正确的是(   )。

    A. fun(int a,float b)   B. fun(int,int)

    C. fun(float a,int b)   D. fun(int,float)

9. 下列叙述中错误的是(   )。

    A. 主函数定义的变量在整个程序中都是有效的

    B. 在其他函数中定义的变量在主函数中也不能使用

    C. 形式参数也是局部变量

    D. 复合语句中定义的静态局部变量只能在该复合语句中有效

10. 以下 C 程序正确的输出结果是(   )。

```
void fun(int x,int y,int z)
{
    z = x * x + y * y;
}
void main( )
{
    int a = 31;
    fun(5,2,a);
    printf("% d",a);
}
```

    A. 0   B. 29   C.31   D.无定值

二、填空题

1. C 语言程序由 main()主函数开始执行,应在(   )函数中结束。

2. 当函数调用结束时,该函数中定义的(   )变量占用的内存不收回,其存储类型的关键字为 static。

3. 函数调用语句"fun(a * b,(c,d));"的实参个数是(   )。

4. 函数调用时,若形参和实参均为变量名,则其传递方式为(   );若形参、实参均为数组,则其传递方式是(   )。

5. 函数形参的作用域是(   ),当函数调用结束时,变量占用的内存系统被收回。

6. 函数中定义的静态局部变量可以赋初值,当函数多次调用时,赋值语句只执行(   )次。

7. 在 C 中程序中不可出现同名函数,但在 C++中允许函数同名,但形参必须(   )。

8. 函数外定义的变量,默认是( )。

9. 递归函数调用使问题范围变( ),构造递归函数的关键在于寻找递归算法和结束条件。

10. 一个函数内部定义的变量称为( ),它存放于( )存储区,在函数外部定义的变量称为( ),它存放于( )存储区。

三、分析程序,叙述程序功能并写出运算结果

1. 以下程序运行后,输出结果是( )。

```c
# include < stdio. h >
long fun(int n)
{
    long s;
    if((n == -1)||(n == 2))s = 2;
    else s = n + fun(n - 1);
    return s;
}
void main()
{
    long x;
    x = fun(5);
    printf("x = % ld\n",x);
}
```

2. 程序运行时输入:86 29 78 45 70 -84 0 -34 67 94,以下程序运行后,输出的结果是( )。

```c
# include < stdio. h >
int fun1(int c);
int fun2(int b[]);
void main()
{
    int a[10],i;
    for (i = 0;i < 10;i ++ )scanf(" % d",&a[i]);
    printf("MAX = % d",fun2(a));
}
int fun1(int c[])
{
    int max,i;
    max = c[0];
    for(i = 1;i < 10;i ++ )
        if(max < c[i])max = c[i];
    return max;
}
int fun2(int b[])
{
    int max;
    max = fun1(b);
    return max;
}
```

3. 以下程序运行后,输出的结果是( )。

```c
#include<stdio.h>
int a = 5;
fun(int b)
{
    int a = 10;
    a += b++ ;
    printf("%d",a);
}
void main()
{
    int c = 20;
    fun(c);
    a += c++ ;
    printf("%d\n",a);
}
```

4. 以下程序运行后,输出的结果是( )。

```c
#include<stdio.h>
func (int a,int b)
{
    static int m = 0,i = 2;
    i += m + 1;
    m = i + a + b;
    return (m);
}
void main()
{
    int k = 4,m = 1,p;
    p = func(k,m);
    printf("%d",p);
    p = func(k,m);
    printf("%d\n",p);
}
```

5. 以下程序运行后,输出的结果是( )。

```c
#include<stdio.h>
int func(int a,int b)
{
    return(a + b);
}
void main()
{
    int x = 2,y = 5,z = 8,r;
    r = func(func(x,y),z);
    printf("%d\n",r);
}
```

四、程序填空(将函数补充完整后设计主函数进行调试)

1. 计算输出某数的平方值,请填空。

```
# include < stdio. h>
_____;
void main()
{
    int x = 3, y = 5, z;
    z = square(x + y);
    printf("the square is % d\n", z);
}
int square(int x)
{
    return _____;
}
```

2. 以下函数的功能是求 x^y $(y>0)$,请填空。

```
double fun(double x, int y)
{
    int i;
    double z;
    for(i = 1, z = x; i < y; i ++ )
        z = z * _____;
    return z;
}
```

3. 下面 invert()函数的功能是将一个字符串 str 的前后对称位置上的字符两两对调,请填空。

```
void invert(char str[])
{
    int i, j, _____;
    for(i = 0, j = _____; i < j; i ++, j -- )
    {
        k = str[i];
        str[i] = str[j];
        str[j] = k;
    }
}
```

4. 以下程序是计算 $s=1-1/2+1/4-1/6+1/8\cdots$前 n 项的和,请填空。

```
double fun(int n)
{
    double s = 1.0, fac = 1.0; int i;
    for(i = 2; i < = n; i += 2)
    {
        fac = - fac;
        s = s + _____;
    }
    return s;
}
```

5. 以下 compare() 函数的功能是两个字符串 a 和 b 的下标相等的两个元素比较,即 a[i] 与 b[i] 相比较,若 a[i]==b[i],则继续下一个元素,即 i++ 后再比较;若出现 a[i]!=b[i],则返回 a[i]—b[i](ASCII)的值。请填空。

```
intcompare(char a[],char b[])
{
    int i;
    for(i = 0;a[i]!= '\0'&&b[i]!= '\0'&& _____ ;i + + );
    return(a[i] – b[i]);
}
```

五、编程题

1. 编写函数,其功能是求 3 个整数的最大值和最小值。

2. 编写函数,已知三角形的 3 条边长,求三角形的面积。

3. 编写函数,使给定的一个 4×4 矩阵转置。

4. 编写函数,将一维数组(array[10])从小到大排序,在主函数中读入数组的元素。

5. 编写函数,判断 year 是否为闰年,若是则返回 1,否则返回 0。

6. 编写函数,用递归函数求十进制数对应的二进制数。

7. 编写函数,显示 100～200 大于 a 且小于 b 的所有偶数,通过主函数输入两个正整数 $a=38,b=73$。

8. 编写函数,一个判断素数的函数,主函数实现整数输入、信息输出。

9. 编写函数,将一个数据插入有序数组中,插入后数组仍然有序。

提示:主函数中定义 int array[10]={1,2,3,5,6,7,8,9,10},并读入插入数据 n=4,调用函数 void fun(int b[],n)实现插入。

10. 有分段函数如下,设计函数求 age(5)的值。

$$\text{age}(n)=\begin{cases} 10 & n=0 \\ \text{age}(n-1) & n>1 \end{cases}$$

提示:用递归方法编写 age()函数,递归结束条件是:当 $n=1$ 时,age(n)=10,递归形式:age(n)=age($n-1$)+2。

第6章　指　针

　　指针是 C 语言中的一种非常重要的数据类型,同时也是 C 语言的一个重要特色和精华。正确运用指针,可以有效地表达复杂的数据结构;能够直接对内存地址操作,方便地进行内存的动态分配;可以方便地使用数组和字符串,在函数调用时可以返回一个以上的参数值。

本章学习目标与要求

➢ 掌握指针的概念、定义和运算。

➢ 掌握指针访问简单变量、数组和字符串的方法。

➢ 熟悉指针数组的使用方法。

➢ 熟悉函数指针和指针函数的用法。

➢ 了解多级指针的概念及应用。

6.1　指针的基本概念

6.1.1　内存地址、变量地址及指针

1. 内存地址

　　依据冯·诺依曼的程序存储原理,当使用计算机运行一个程序时,程序本身和程序中用到的数据(包括输入的原始数据、加工的中间数据、最终结果数据)都要保存在计算机的内部存储器中。内部存储器是由很多个内存单元数组成,每个内存单元都有自己独有的地址,称内存单元地址。

2. 变量地址

　　当为变量指定数据类型时,系统将自动为变量分配一个内存单元用来存储该变量,这个分配的内存单元的地址就是变量的地址。不同的数据类型的变量,所占的内存单元数也不相同。例如,在程序中定义如下变量:

```
int a,b;
float x,y;
double m;
char ch1,ch2;
```

　　首先看编译系统是怎样为变量分配内存的。在 Visual C++ 6.0 编译环境中,a、b 为整型变量,在内存中各占 4 个字节;x、y 是单精度实型变量,各占 4 个字节;m 是双精度实型变量,占 8 个字节;ch1、ch2 是字符型变量,各占一个字节,如图 6-1 所示。

变量的存储单元是由系统在编译时或程序运行时自动分配的,而非人为确定。因此,变量的地址的获取是通过取地址运算符"&"得到的。例如:

```
int a,b;
scanf("%d%d",&a,&b);
```

该语句就是由 &a、&b 分别得到变量 a、b 的内存地址。

3. 指针与指针变量

指针也是一种数据类型。所谓指针就是存放数据的内存地址。简单地说,指针即地址。指针变量是一种变量,该变量中存放的数据就是指针类型的数据。例如,设置一个整型变量 a,分配在 2000H 的地址单元中,然后定义一个指针变量 p,里面存放变量 a 的地址。那么,通过变量 p 就可以找到变量 a,它存放的地址就是指针,如图 6-2 所示。

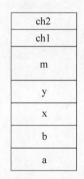

图 6-1　变量的内存地址存储形式

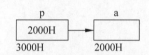

图 6-2　指针变量示意图

4. 变量的访问方式

有了指针变量以后,对变量的访问可以直接通过变量名进行,也可以通过指针变量进行。把通过变量名访问变量的方式称为变量的直接访问;而把通过指针变量访问变量的方式称为变量的间接访问。

6.1.2　指针变量的定义与引用

1. 指针变量的定义

变量的指针就是变量的地址。存放变量地址的变量是指针变量。为了表示指针变量和它所指向的变量之间的关系,在程序中用"*"符号表示"指向",用"&"符号表示"地址"。

指针变量定义的一般格式为:

数据类型 *指针变量名 1,指针变量名 2,…;

指针变量同普通变量一样,当定义了指针变量以后,系统会自动为指针变量分配存储单元。例如:

```
int *a,*b;              /*定义两个整型的指针变量 */
float *x,*y;            /*定义两个浮点型的指针变量 */
```

表示定义了两个整型的指针变量 a、b;它们的值是某个整型变量的地址。定义了两个浮点型指针变量 x、y;它们的值是某个浮点型变量的地址。这 4 个指针变量都将在内存中各自占 4 个存储单元。

应该注意的是,一个指针变量只能指向同类型的变量,如 x 只能指向浮点变量,不能时而指向一个浮点变量,时而又指向一个整型变量。

2. 指针变量的赋值

指针变量同普通变量一样,使用之前不仅要定义说明,而且必须赋予具体的值。未经赋值的指针变量不能使用,否则将造成系统混乱,甚至死机。指针变量的赋值只能赋予地址,决不能赋予任何其他数据,否则将引起错误。在 C 语言中,变量的地址是由编译系统分配的,对用户完全透明,用户不知道变量的具体地址,只能通过"&"符号来获取地址。

给指针变量赋值有以下几种方法。

(1) 在定义指针变量的同时赋初值。例如:

```
int a, * p = &a;
```

(2) 先定义指针变量,然后再赋值。例如:

```
int a, * p;
p = &a;
```

(3) 用类型相同的指针变量赋值。例如:

```
int a, * p1 = &a, * p2;
p2 = p1;
```

(4) 用 NULL 给指针变量赋空值。例如:

```
int * p = NULL;
```

3. 指针变量的应用

引入指针变量后,涉及两个运算符的应用,即"*"和"&"。

例如,有以下定义:

```
int a, * p;
p = &a;
```

则 &a 表示变量 a 所占据的内存空间的首地址。此处的 * 是一个标志符,表明 p 是一个指针变量,而非普通变量,程序中其余地方的 * p 均代表 p 所指向的内存中的数据。这样,就可以通过指针变量来访问所指变量。

(1) 将指针变量指向被访问的变量。例如:

```
int a, * p,b;
p = &a;
```

(2) 访问所指变量。

① 取内容。

```
b = * p;
printf(" % d\n", * p);
```

② 存储内容。

```
* p = 100;
```

【例 6-1】 分析程序,写出运行结果。

```
# include < stdio. h >
void main( )
{
  int a = 5, b = 3;
  int * p;
  p = &a;
  b = * p + 5;
  printf(" % d\n",b);
  * p = 4;
  printf(" % d, % d\n",a, * p);
}
```

运行结果为:

```
10
4,4
```

(3) 指针变量作为函数参数。函数的参数不仅可以是整型、实型、字符型等数据,还可以是指针类型。它的作用是将一个变量的地址传送到另一个函数中。通过指针变量作为函数的形参,可以得到两个以上的返回值。

【例 6-2】 用指针变量作为函数参数实现将输入的两个整数按大小顺序输出。

```
int swap( int * p1,int * p2)            //形参为指针变量,接收实参传送的地址值
{ int temp;
  temp = * p1;
  * p1 = * p2;
  * p2 = temp;
}
# include < stdio. h >
void main( )
{
  int a, b;
  int * pointer_1, * pointer_2;
  scanf(" % d, % d",&a, &b);
  pointer_1 = &a; pointer_2 = &b;
  if(a < b) swap(pointer_1, pointer_2);       //实参为指针变量,传递地址
  printf(" % d, % d\n",a,b);
}
```

运行结果为:

```
3,4
4,3
```

程序说明:该交换函数 swap()中,形参为指针变量,而作为交换数据使用的中间变量 temp 为普通变量。请思考,如果将 temp 也设为指针变量,是否可以? 为什么?

4. 指针变量的运算

指针的运算就是地址的运算。由于这一特点,指针运算不同于普通变量,它只允许有限

的几种运算。除了前面介绍过的赋值运算可把指针指向某一存储单元外,允许指针与整数相加减,用来移动指针;允许两个指针相减,可以得到两个地址之间的数据个数;还允许指针与指针或指针与地址之间进行比较,可以决定指针所指向的存储位置的先后。

1) 指针与整数相加减(指针的移动)

已知 p 为指针变量,指针与整数相加减,即 p+n、p-n、p++、p--、++p、--p 等,其中,n 是整数。进行加法运算时,表示 p 向地址增大的方向移动;进行减法运算时,表示 p 向地址减小的方向移动。移动的具体长度取决于指针的数据类型,由计算机自动确定。设 p 是指向 type(type 代表类型关键字)类型的指针,n 是整型表达式,则 p±n 为一个新地址,其值为 p±n×sizeof(type),即在 p 原有值的基础上增加或减少了 n×sizeof(type)字节。

2) 两个同类型指针相减

两个同类型的指针可以相减。如果这两个指针之间所存储的数据的类型也与指针相同(通常是数组的情况),则相减的结果是这两个指针之间所包含的数据个数。显然,两个指针相加是无意义的。

【例 6-3】 分析程序,写出运行结果。

```c
#include<stdio.h>
void main()
{ float x[10];
  float * p, * q;
  p = &x[0];
  q = &x[5];
  printf("q-p=%d\n",q-p);
}
```

运行结果为:

```
q-p=5
```

3) 两个同类型指针的比较

两个同类型的指针,或者一个指针和一个地址量可以进行比较(包括>、<、>=、<=、==和!=),比较的结果可以反映出两个指针所指向的目标的存储位置之间的前后关系,或者反映出一个指针所指向的目标的存储位置与另一个地址之间的前后关系。

例如,假定指针 p 和 q 都是指向同一数组的成员,那么关系表达式 p<q 表示如果 p 所指向的数组元素在 q 所指向的数组元素之前,其值为 1;否则其值为 0。

不同类型指针之间或指针与一般的整型数据之间的比较是没有实际意义的。但是指针与 0 之间进行等于或不等于的比较,即 p==0 或 p!=0(0 也可以写成'\0'或 NULL),常用来判断指针 p 是否为一空指针(即未指向任何目标)。

6.2　指针与数组

6.2.1　指针与一维数组

1. 指向数组元素的指针

当定义一个变量后,变量在内存中有一个地址。同样,如果定义一个数组后,系统就会为数组元素在内存中开辟连续的存储单元,每个数组元素都有相应的地址,因此指向数组元素的指针即是数组元素的地址。

1) 指向数组元素的指针变量的定义

定义一个指向数组元素的指针变量的方法,与以前介绍的指针变量相同。其一般格式为:

类型说明符 ＊指针变量名,数组名[常量表达式];

例如:

```
int * p, a[10];
```

这里指针变量和数组必须是同一数据类型。

2) 指向数组元素的指针变量的赋值

由于指向数组元素的指针即是数组元素的地址,因此可以用以下两种方式对指针变量赋值。

(1) 将数组名直接赋给指针变量。例如:

```
int * p, a[10];
p = a;
```

(2) 将下标为 0 的数组元素的地址赋给指针变量。例如:

```
int * p, a[10];
p = &a[0];
```

2. 指针与一维数组的关系

由于 p、a、&a[0]均指向同一单元,它们是数组 a 的首地址,也是 0 号元素 a[0]的首地址,因此它们之间具有如表 6-1 所示的关系。

表 6-1　指针与一维数组的关系

地 址 描 述	含　义	数组元素描述	含　义
a、&a[0]、p	a 的首地址	＊a、a[0]、＊p	数组元素 a[0]的值
a+1、&a[1]、p+1	a[1]的地址	＊(a+1)、a[1]、＊(p+1)	数组元素 a[1]的值
a+i、&a[i]、p+i	a[i]的地址	＊(a+i)、a[i]、＊(p+i)	数组元素 a[i]的值

3. 通过指针引用数组元素

【例 6-4】 用数组下标给数组赋值,并输出数组的全部元素。

方法一:用下标法实现,源程序如下。

```
# include < stdio. h >
void main()
{ int  a[10],i;
  for(i = 0; i < 10; i ++ )
    a[i] = i;
  for(i = 0;i < 10;i ++ )
    printf(" % d ", a[i]);
}
```

运行结果为：

0 1 2 3 4 5 6 7 8 9

方法二：通过访问数组名的方式实现。

```
# include < stdio.h >
void main()
{ int   a[10],i;
  for(i = 0; i < 10; i ++ )
    a[i] = i;
  for(i = 0;i < 10;i ++ )
    printf("% d ", * (a + i));
}
```

运行结果为：

0 1 2 3 4 5 6 7 8 9

方法三：用指针变量指向数组元素的方式实现。

```
# include < stdio.h >
void main()
{ int   a[10], * p ,i;
  for(i = 0; i < 10; i ++ )
      a[i] = i;
  for(p = a; p <(a + 10); p ++ )
      printf("% d ", * p);
}
```

运行结果为：

0 1 2 3 4 5 6 7 8 9

说明：指针变量可以实现本身的值的改变。如 p++ 是合法的，而 a++ 是错误的。因为 a 是数组名，它是数组的首地址，是常量。

4. 用指向数组的指针变量来作为函数的参数

用指向数组的指针变量来作为函数的参数，根据形式参数和实际参数的用法可以有以下 3 种形式。

(1) 实际参数为数组名，形式参数为指针变量。

(2) 实际参数为指针变量，形式参数为数组名。

(3) 实际参数和形式参数均为指针变量。

【例 6-5】 将数组 a 中的数逆序存放。

方法一：用实际参数作为数组名，形式参数作为指针变量实现。

```
# include < stdio.h >
void invert( int  * p, int n);
void main()
{ static int a[10] = {1,3,5,7,9,11,13,15,17,19};int i;
  for(i = 0;i < 10;i ++ )
  printf("% 5d",a[i]);
```

```
  printf("\n");
    invert(a,10);                      /*将实际参数作为数组名*/
    for(i=0;i<10;i++)
    printf("%5d",a[i]);}
void invert(int * p,int n)            /*使形式参数采用指针变量*/
{ int i,temp;
  for(i=0;i<=(n-1)/2;i++)
  {temp=*(p+i); *(p+i)=*(p+n-1-i); *(p+n-1-i)=temp; }
}
```

运行结果为：

```
 1   3   5   7   9   11   13   15   17   19
19  17  15  13  11   9    7    5    3    1
```

方法二：用实际参数作为指针变量,形式参数作为数组名实现。

```
void  invert(int a[],int n)           /*形式参数为数组名*/
{ int i,temp;
  for(i=0;i<=(n-1)/2;i++)
  {temp=a[i];a[i]=a[n-1-i];a[n-1-i]=temp; }
}
#include<stdio.h>
void main()
{ int a[10]={1,3,5,7,9,11,13,15,17,19}; int i, * p;
  p=a;
  for(i=0;i<10;i++)
    printf("%5d",a[i]);
printf("\n");
  invert(p,10);                       /*实际参数为指针变量*/
  for(i=0;i<10;i++)
    printf("%5d",a[i]);
}
```

程序运行结果为：

```
 1   3   5   7   9   11   13   15   17   19
19  17  15  13  11   9    7    5    3    1
```

方法三：用实际参数和形式参数均作为指针变量的方法实现。

```
#include<stdio.h>
void main()
{ int a[10]={1,3,5,7,9,11,13,15,17,19};int i, * p;
  void invert( );
  p=a;
  for(i=0;i<10;i++)
    printf("%5d",a[i]);
  printf("\n");
  invert(p,10);                       /*实际参数作为指针变量*/
  for(i=0;i<10;i++)
    printf("%5d",a[i]);}
  void invert(int * p,int n)          /*形式参数作为指针变量*/
```

```
{ int i,temp;
  for(i=0;i<=(n-1)/2;i++)
  {temp=*(p+i);*(p+i)=*(p+n-1-i);*(p+n-1-i)=temp;}}
```

运行结果为：

```
1   3   5   7   9   11  13  15  17  19
19  17  15  13  11  9   7   5   3   1
```

6.2.2 指针与二维数组

要用指针处理二维数组,首先要解决从存储的角度对二维数组的认识问题。一个二维数组在计算机中存储时,是按照先行后列的顺序依次存储的,当把每一行看作一个整体,即视为一个大的数组元素时,这个存储的二维数组也就变成了一个一维数组了。

1. 二维数组元素的地址

为了说明二维数组元素的地址,先定义一个二维数组来说明。已知定义了一个二维数组：

```
int a[3][4]={{0,1,2,3}, {4,5,6,7}, {8,9,10,11}};
```

其中,a为二维数组名,表示二维数组的首地址。此数组有 3 行 4 列,共 12 个元素。

(1) 从一维数组角度看二维数组

数组 a 由 a[0]、a[1]、a[2] 3 个元素组成。而每个元素又是一个一维数组,且都含有 4 个元素(相当于 4 列),例如,a[0]所代表的一维数组所包含的 4 个元素为 a[0][0]、a[0][1]、a[0][2]、a[0][3],如图 6-3 所示。

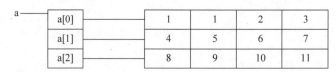

图 6-3 从一维数组的角度看二维数组

把 a[0]、a[1]、a[2]看成是一维数组名,可以认为它们分别代表它们所对应的数组的首地址,也就是说,a[0]代表第 0 行中第 0 列元素的地址,即"&a[0][0];"a[1]是第 1 行中第 0 列元素的地址,即 &a[1][0]。根据地址运算规则,a[0]+1 即代表第 0 行第 1 列元素的地址,即 &a[0][1],一般而言,a[i]+j 即代表第 i 行第 j 列元素的地址,即 &a[i][j]。

(2) 从二维数组角度看二维数组

从二维数组的角度来看,a 是二维数组名,a 代表整个二维数组的首地址,也是二维数组 0 行的首地址。假设该二维数组的首地址为 1000,则数组名 a 的地址是 1000,由于该数组每行有 4 个整型元素,所以 a+1 代表第 1 行的首地址为 1016,a+2 就代表第 2 行的首地址为 1032,如图 6-4 所示。

a	1000	0	1	2	3
a+1	1016	4	5	6	7
a+2	1032	8	9	10	11

图 6-4 二维数组的地址关系

2. 指针与二维数组的关系

在指针与一维数组的关系中，a[0]与＊(a＋0)等价，a[1]与＊(a＋1)等价，因此 a[i]＋j 就与＊(a＋i)＋j 等价，它表示数组元素 a[i][j]的地址。

因此，二维数组元素 a[i][j]可表示成＊(a[i]＋j)或＊(＊(a＋i)＋j)，它们都与 a[i][j]等价，或者还可写成(＊(a＋i))[j]。由上面的分析可得出指针与二维数组的关系如表 6-2 所示。

表 6-2　指针与二维数组的关系

表示形式	含　义
a	二维数组名，代表二维数组首地址
a[0], ＊(a＋0), ＊a	二维数组第 0 行第 0 列的元素地址
a＋i, &a[i]	二维数组第 i 行的首地址
＊(a＋i), a[i]	二维数组第 i 行第 0 列元素的地址
＊(a＋i)＋j, a[i]＋j, & a[i][j]	二维数组第 i 行第 j 列元素的地址
＊(＊(a＋i)＋j), ＊(a[i]＋j), a[i][j],(＊(a＋i))[j]	二维数组第 i 行第 j 列元素的值

3. 指向二维数组元素的指针变量

【例 6-6】　用指针变量输出二维数组中的元素。

```
# include < stdio. h>
void main( )
{ int  a[3][4] = {{1,3,5,7},{2,4,6,8},{9,10,11,12}};
  int  * p;
  for( p = a[0]; p < a[0] + 12; p ++ )       //将二维数组的首地址赋值给指针变量
    {if((p - a[0]) % 4 == 0)
     printf("\n");
     printf(" % 4d", * p);
    }
}
```

运行结果为：

```
1   3   5   7
2   4   6   8
9   10  11  12
```

【例 6-7】　用指针的方法求二维数组元素的最大值，并确定最大值元素所在的行和列。

```
# include < stdio. h>
void main( )
{ int a[3][4] = {3,17,8,11,66,7,8,19,12,88,7,16};
  int * p = &a[0][0]; int max = a[0][0]; int i, j; int row = 0, col = 0;
  for(i = 0; i < 3; i ++ )
   {for(j = 0; j < 4; j ++ )
     if( * (p + i * 4 + j) > max)
      {
        max = * (p + i * 4 + j);
        row = i;
```

```
            col = j;
      }}
  printf("a[%d][%d]=%d",row,col,max);
}
```

运行结果为:

a[2][1]=88

6.2.3 指针与字符串

1. 字符串的表示形式

在 C 语言中,字符串是以'\0'作结束符的字符序列。可以用两种方法实现一个字符串的访问。

(1) 用字符数组实现。例如:

```
static char str[]="C language";
```

首先定义一个字符数组,然后把字符串中的字符存放在字符数组中,str 是数组名,代表字符数组的首地址。

(2) 用字符指针实现。例如:

```
char *pstr="C language";
```

不定义字符数组,而定义一个字符指针,然后用字符指针指向字符串中的字符。虽然没有定义字符数组,但字符串在内存中是以数组形式存放的。它有一个起始地址,占一片连续的存储单元,并且以'\0'结束。上述语句的作用是:使指针变量 pstr 指向字符串的起始地址。pstr 的值是地址。例如:

```
char *pstr;
pstr="C language";
```

这两个语句等价于:

```
char *pstr="C lauguage";
```

【例 6-8】 用字符指针处理字符串。

方法一:用字符数组和字符指针整体输出字符串。源程序如下。

```
#include<stdio.h>
void main()
{
  char str[]="C language";        //定义了一个字符数组 str,并赋了初值.
  char *p;                        //p 是指向字符的指针变量
  p=str;                          //将 str 数组的起始地址赋给 p
  printf("%s\n",str);
  printf("%s\n",p);
}
```

运行结果为:

C language

C language

方法二：用字符数组和字符指针依次输出字符串中的字符序列。

```
# include < stdio. h >
void main( )
{
  char str[ ] = "C language";
  char * p;
  for(p = str; * p! = '\0';p ++ )
  printf(" % c", * p);
}
```

运行结果为：

C language

方法三：不定义字符数组,而直接用一个指针变量指向一个字符串常量。

```
# include < stdio. h >
void main( )
{
  char  * p = "C language";
  printf(" % s\n",p);
}
```

运行结果为：

C language

【例 6-9】 用字符指针实现逆序打印字符串。

```
# include < stdio. h >
void main( )
{
  char * p, * q = " language";
  for (p = q; * p! = '\0';)
  p ++ ;                          //给 p 定位,将其指向串尾结束标志
  for(p -- ;p > = q;p -- )
  putchar( * p);
  putchar('\n');
}
```

运行结果为：

egaugnal

2. 字符串指针作为函数参数

将一个字符串从一个函数传递到另一个函数,可以用字符数组名作为函数参数,也可以用字符串指针作为函数参数。实现的都是地址传递,即在被调函数中值的改变将直接影响主调函数中的值。

【例 6-10】 用字符串指针作为函数参数,完成 strcmp()函数的功能,用来比较两个字

符串的大小。

```
# include < stdio. h>                    //头文件
# include < stdlib. h>
void main()
{
    int cmpstring(char * s1,char * s2);   //声明变量及函数
    int ret;
    char str1[80],str2[80];
    printf("请输入一个字符串:");
    scanf(" % s",str1);                   //输入字符串 1
    printf("请输入另一个字符串:");
    scanf(" % s",str2);                   //输入字符串 2
    ret = cmpstring(str1,str2);          //比较字符串
    if(ret > 0)                          //根据结果,输出
    {
        printf("第 1 个字符串大于第 2 个字符串!\n");
    }
    else if(ret < 0)
    {
        printf("第 1 个字符串小于第 2 个字符串!\n");
    }
    else
    {
        printf("第 1 个字符串等于第 2 个字符串!\n");
    }
    system("pause");
    return 0;
}
  int cmpstring(char * s1,char * s2)     //自定义函数
{
    while( * s1)
        if( * s1 - * s2)
            return * s1 - * s2;
        else
        {
            s1 ++ ;
            s2 ++ ;
        }
    return 0;
}
```

3. 字符指针变量和字符数组的比较

虽然通过字符数组和字符指针变量都能实现字符串的访问,但二者在使用时还存在很多差异。

(1) 存储内容不同。字符数组可以存放字符串,也可以存放字符。字符指针变量存放的是字符串在内存中的首地址。

(2) 赋值方式不同。字符数组只能对各个元素赋值,一次只赋一个字符。字符指针变量只赋值一次,赋的是地址。

例如：

```
char a[10], * p;
p = "china";                    //正确
a = "hello";                    //错误
```

（3）当没有赋值时，字符数组名代表了一个确切的地址，而字符指针变量中的地址是不确定的。

例如：

```
char a[10], * p;
scanf(" % s",a);                //正确
scanf(" % s",p);                //错误
```

（4）字符数组名不是变量，是地址常量，其值不能改变。字符指针变量可以改变其值。

例如：

```
a ++ ;                          //错误
p ++ ;                          //正确
```

6.2.4　指针数组

1. 指针数组的概念

数组元素全部为指针类型的数组称为指针数组。

一维指针数组的定义格式为：

类型名 * 数组标识符[数组长度]

例如，一个一维指针数组的定义为：

```
int * ptr_array[10]
```

指针数组中的每一个元素均为指针，即有诸如 * ptr_array[i]的指针。由于数组名本身也是一个指针，因此指针数组中的元素亦可以表示为 * (* (ptr_array＋i))。又因为()的优先级较 * 高，且 * 是右结合的，因此可以写作 ** (ptr_array＋i)。

【例 6-11】　阅读程序，分析结果。

```
# include < stdio. h >
void main()
{
  int i;
  char c1[ ] = "How";
  char c2[ ] = "are";
  char * c3 = "you";
  char * pArray[3];
  pArray[0] = c1;
  pArray[1] = c2;
  pArray[2] = c3;
  for(i = 0;i < 3;i ++ )
  printf(" % s ", pArray[i]);
}
```

运行结果为:

How are you

2. 指针数组的应用

1) 用指针数组显示字符串常量

【例 6-12】 阅读程序,分析结果。

```c
# include < stdio. h >
  void main()
  { int i;
    char  * weekday[7] = {"Sunday","Monday","Tuesday","Wednesday",
                          "Thursday","Friday","Saturday"};
    for(i = 0;i < 7;i ++ )
    printf("% s  ",weekday[i]);
}
```

运行结果为:

Sunday Monday Tuesday Wednesday Thursday Friday Saturday

2) 用指针数组对字符串排序

利用指针数组来为字符串排序,可以不必改动字符串的位置,只需改动指针数组中各元素的指向。这样字符串的长度可以不同,而且移动指针变量的值(地址)比移动字符串所花的时间少得多。

【例 6-13】 将若干个字符串按字母顺序(由小到大)输出。

```c
# include < stdio. h >
# include < string. h >
void main()
{
    void sort(char * name[ ],int n);
    void print(char * name[ ],int n);
    char * name[ ] = {"Follow me","BASIC","Great Wall","FORTRAN",
                     "Computer design"};
    int n = 5;
    sort(name,n);
    print(name,n);
}
void print(char * name[],int n)
{
    int i;
    for(i = 0;i < n;i ++ )
            printf(" % s\n",name[i]);
}
void sort(char * name[ ],int n)
{   char * t;
    int i,j,k;
    for(i = 0;i < n - 1;i ++ )
        {
```

```
        k = i;
        for(j = i + 1;j < n;j + + )
            if(strcmp(name[k],name[j])> 0)
                k = j;
                if(k! = i)
                {
                t = name[i];
                name[i] = name[k];
                name[k] = t;
            }
        }
    }
}
```

运行结果为：

```
BASIC
Computer design
FORTRAN
Follow me
Great Wall
```

程序运行前后指针的变化如图 6-5 所示。

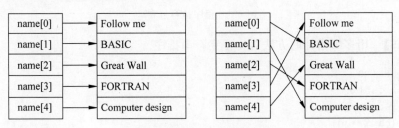

图 6-5 程序运行前后指针的变化

6.2.5 多级指针

1. 多级指针的概念

一个指针存放的内容是它所指向变量的地址。一个指针变量可以指向一个整型数据、实型数据、字符型数据，也可以指向一个指针型数据。如果将一个指针变量的地址再赋给另一个指针变量，则该指针称为多级指针或指针型指针（指向指针的指针）。

2. 二级指针

常用的多级指针为二级指针。二级指针类型实际上是（一级）指针变量的地址。

二级指针的定义的一般格式为：

类型标识符 ** 指针变量名

例如"int ** p;"定义了一个指针变量 p，它指向另一个指针变量（该指针变量又指向一个整型变量）。p 的前面有两个 * 号，由于指针运算符 * 是按自右向左顺序结合的，因此 ** p 相当于 * (* p)。可以看出，(* p)是指针变量形式，它前面的 * 表示指针变量 p 指向的又是一个指针变量，int 表示后一个指针变量指向的是整型变量。

【**例 6-14**】 分析程序的运行结果。

```
# include < stdio. h >
void main( ){
int i = 5;
int  * p;
int  ** q;
p = &i;
q = &p;
printf(" % d\n",i);
printf(" % d\n", * p);
printf(" % d\n", ** q);
}
```

运行结果为:

```
5
5
5
```

程序执行过程如图 6-6 所示。

图 6-6   程序执行过程

【例 6-15】   用多级指针的方法对 4 个字符串排序。

```
# define MAX 20
# include < stdio. h >
# include < string. h >
int sort(char ** p);
void main( )
{
  int i;
  char * pstr[4], str[4][MAX];
  char ** p;
  for(i = 0; i < 4; i ++ )
  pstr[i] = str[i];
  printf("please enter 4 string:\n");
  for(i = 0; i < 4; i ++ )
  scanf(" % s",pstr[i]);
  p = pstr;
  sort(p);
  printf("the order of string:\n");
  for(i = 0; i < 4; i ++ )
  printf(" % s\n",pstr[i]);
}
int sort(char ** p)
{
  int i,j; char * temp;
  for(i = 0; i < 4; i ++ )
    {
```

```
        for( j = i + 1; j < 4; j + + )
        {
         if(strcmp( * (p + i), * (p + j)) > 0)
          {
          temp = * (p + i);
           * (p + i) = * (p + j);
           * (p + j) = temp; }
          }
        }
    }
```

运行结果为:

```
please enter 4 string:
apple
banana
peach
pear
the order of string:
apple
banana
peach
pear
```

程序中函数 sort( )的作用是对字符串进行排序,采用冒泡法。strcmp( )是字符串比较函数。若 if 语句成立,则交换相比较的字符串的地址。主函数中的"pstr[i]=str[i]"表示将第 i 个字符串的首地址赋予指针数组 pstr 的第 i 个元素,排好序后在主函数中输出结果。

指向指针的指针概念并不难懂,但用时常易出错,要十分清楚各个指针的指向。以上例子可以帮助掌握一些基本概念,实际应用中会更复杂、更灵活。

从理论上,还可以有"多重指针",如图 6-7 所示。

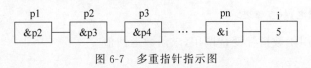

图 6-7　多重指针指示图

多重指针使用起来极易出错,不易多用,一般用到二重指针即可。

6.3　指针与函数

6.3.1　指向函数的指针

指向函数的指针变量又称函数指针,因而函数指针本身首先应是指针变量,只不过该指针变量指向函数。

1. 函数的入口地址

C 语言中,一个函数被执行时,首先被执行的第一条指令所存入的地址就是这个函数的入口地址,如图 6-8 所示。

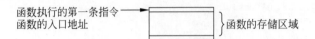

图 6-8　函数的入口地址

2. 指向函数的指针

在编译时,每一个函数都有一个入口地址,该入口地址就是函数指针所指向的地址。一个函数的入口地址称指向这个函数的指针。

1) 函数指针的定义格式

指向一个函数的指针变量的一般定义格式为:

函数类型（＊函数指针名)(形参表列);

说明:

(1) 函数类型说明函数的返回类型;由于()的优先级高于＊,所以指针变量名外的括号必不可少;形参表列表示指针变量指向的函数所带的参数列表。

例如:

```
int func(int x);             //声明一个函数
int ( * f) (int x);          //声明一个函数指针
f = func;                    //将 func 函数的首地址赋给指针 f
```

赋值时函数 func 不带括号,也不带参数,由于 func 代表函数的首地址,因此经过赋值以后,指针 f 就指向函数 func(x)的代码的首地址。

(2) 函数括号中的形参可有可无,视情况而定。

2) 函数指针的用途

(1) 用函数指针变量调用函数。指向函数的指针变量接收的是所指向函数的入口地址,所以可用这个指针变量来调用该函数。其调用的一般格式为:

（＊函数指针变量名)(<实参表>)

【例 6-16】 利用函数指针变量调用,求函数返回值。

```
# include < stdio. h>
void sub(float x,float y,float ( * fun)(float,float))
//此处一定要注明实参个数,如果不注明,则其相当于 float ( * fun)(void)
{
    float result;
    result = ( * fun)(x,y);
    printf(" % 4.1f\n",result);
}
float f1(float x1,float y1)
{
    return x1 + y1;
}
float f2(float x2,float y2)
{
    return (y2 * 1.0f)/x2;
}
```

```
int main()
{
    float a = 3, b = 5;
    float f1(float, float), f2(float, float);
    sub(a, b, f1);
    sub(a, b, f2);
    return 0;
}
```

运行结果为：

```
8.0
1.7
```

（2）用指向函数的指针作为函数参数。存在大量的运算,如求方程的根、求函数的积分或微分,这些运算的流程是相同的,变动的是求值的基本单位函数本身,因此将这些全局函数名匹配函数指针形参,就使得代码具有更多的通用性。

【例 6-17】 根据公式 $\int_a^b f(x)\mathrm{d}x \approx \sum_{x=a}^{x=b} f(x_i)h = \left[f(a)+f(a+h)+\cdots+f(b)\right]h$ 求定积分。

```
# include < stdio. h >
# include < math. h >
double f(double x) {    return exp(x)/(2.5 + x * x);    }
double g(double x) {    return (1 + x);            }
double IntegralEny(double ( * f) (double), double a, double b, int n = 300)
{
    const double h = (b - a)/n;
    double sum = 0; double x;
    for(x = a; x <= b; x += h)
    sum += f(x);
    return sum * h;
}
double IntegralOne (double a, double b, int n = 300)
{
    const double h = (b - a)/n;
    double sum = 0;
    for(double x = a; x <= b; x += h) sum += f(x);
    return sum * h;
}
void main()
{
    printf(" % f\t", IntegralEny(&f, 1, 2));
    printf(" % f\n", IntegralEny(f, 1, 2, 500));
    printf(" % f\n", IntegralOne(1, 2));
    printf(" % f\t", IntegralEny(g, 1, 2));
    printf(" % f\n", IntegralEny(&g, 1, 2, 600));
}
```

运行结果为：

```
0.947337     0.947577
0.947337
2.498333     2.499167
```

6.3.2　返回指针的函数

函数返回值可以是 int、char、float 型等,也可以为地址值。函数返回值是地址值的函数称为指针函数。也就是定义该函数的类型为指针类型,该函数就一定有相应指针类型的返回值。返回值必须用同类型的指针变量来接收。

1. 返回指针值的函数的函数定义说明符格式

返回指针值的函数的函数定义说明符的一般格式为:

类型名 * 函数名(形式参数表)

例如:

float * f(int x, int y)

该函数定义说明符表明:f 是函数名;x 和 y 是两个形式参数,都是 int 型;该函数的返回类型是指向 float 型的指针,即 float * 。

也可以这样解释该函数定义说明符:按运算符优先级规定, * 的级别低于( ),因此 f(int x, int y)是一个函数,它的类型是 float * ,即函数 f( )的类型是 float 类型指针。函数 f( )是返回指针值的函数。

2. 返回指针值的函数的应用

【例 6-18】　编写程序,读入月份数,输出该月份英文名称。

```c
# include  "stdio.h"
char  * month_name(int);
void main( )
{
    int n;
    char  * p;
    printf("Input a number of a month:");
    scanf(" % d",&n);
    p = month_name(n);
    printf( "It is % s\n",p);
}
char  * name[] = {"illegal month",
    "January","February","March",
    "April","May","June",
    "July","August","September",
    "October","November","December"
};
char  * month_name( int m) {
    if (m < 1 || m > 12)
    return name[0];
    else return name[m];
}
```

运行结果为：

Input a number of a month:3
It is March

程序说明：函数 month_name()有一个 int 型参数，带入月份数，返回相应月份的英文名称字符串的首指针。

6.3.3 主函数 main()的参数

C 程序最大的特点就是所有的程序都是用函数来实现的。main()称为主函数，是所有程序运行的入口。通常情况下 main()函数都是不带参数的。因此 main 后的括号都是空括号。实际上，main()函数可以带参数，这个参数可以认为是 main()函数的形式参数。

1. 带函数参数的主函数 main()的定义格式

C 语言规定 main()函数的参数只能有两个，习惯上这两个参数写为 argc 和 argv。因此，带函数参数的主函数 main()的一般格式为

```
void   main (int argc,char * argv[ ])
{
     …;
}
```

C 语言还规定 argc(第一个形参)必须是整型变量，argv(第二个形参)必须是指向字符串的指针数组。

2. 带函数参数的主函数 main()参数的获取

由于 main()函数不能被其他函数调用，因此不可能在程序内部取得实际值。那么，在何处把实参值赋予 main()函数的形参呢？实际上，main()函数的参数值是从操作系统命令行上获得的。当要运行一个可执行文件时，在 DOS 提示符下输入文件名，再输入实际参数即可把这些实参传送到 main()的形参中去。

DOS 提示符下命令行的一般格式为：

```
C:\>可执行文件名   参数   参数…;
```

但是应该特别注意的是，main()的两个形参和命令行中的参数在位置上不是一一对应的。因为，main()的形参只有两个，而命令行中的参数个数原则上未加限制。argc 参数表示了命令行中参数的个数(注意，文件名本身也算一个参数)，argc 的值是在输入命令行时由系统按实际参数的个数自动赋予的。

例如，有命令行为：

```
C:\> e24   BASIC   foxpro   FORTRAN
```

由于文件名 e24 本身也算一个参数，所以共有 4 个参数，因此 argc 取得的值为 4。argv 参数是字符串指针数组，其各元素值为命令行中各字符串(参数均按字符串处理)的首地址。指针数组的长度即为参数个数。数组元素初值由系统自动赋予。

3. 带函数参数的主函数 main()的使用

【例 6-19】 有一个名为 e24.exe 的可执行文件，存放在 A 驱动器的盘内。它包含以下

main()函数,当输入命令行为 C:\>a:e24 Changchun Beijing 时,分析程序的运行结果。

```
void main(int argc,char * argv){
    while(argc--> 1)
    printf("%s\n", * ++argv);
}
```

运行结果为:

Changchun
Beijing

6.4　指针程序综合举例

【例 6-20】　有 n 个小孩围成一圈,按顺序排号。从第 1 个人开始报数(从 1 报到 5),凡报到 5 的人退出圈子,问最后留下的小孩原来是第几号?

```
#define nmax 50
void main()
{
int i,k,m,n,num[nmax], * p;
printf("please input the total of numbers:");
scanf("%d",&n);
p = num;
for(i = 0;i < n;i++)
   * (p + i) = i + 1;
   i = 0;
   k = 0;
   m = 0;
   while(m < n - 1)
   {
   if( * (p + i)!= 0) k++;
   if(k == 5)
   {  * (p + i) = 0;
   k = 0;
   m++;
   }
i++;
if(i == n) i = 0;
}
while( * p == 0) p++;
printf("%d is left\n", * p);
}
```

运行结果为:

please input the total of numbers:8
3 is left

【例 6-21】　编写程序,用函数指针的方法,求任意给定的两个整数的和、差。

```
# include < stdio. h >
int add( int x, int y) ;
 int sub( int x, int y) ;
void main( )
{ int n;
  int i, j;
  int ( * func)(int, int) ;
  printf("Please input two numbers:") ;
  scanf(" % d  % d",&i,&j) ;
  printf("Add operator _____ 1\n") ;
  printf("Sub operator _____ 2\n") ;
  printf("\nPlease input a character:") ;
  scanf(" % d",&n) ;
  switch(n)
  { case 1: func = add; break;
    case 2: func = sub; break;
  }
printf("The result is: % d\n",func(i,j)) ; }
int add( int x, int y)
{ return x + y; }
int sub( int x, int y)
{  return x - y; }
```

运行结果为:

```
Please input two numbers:56 34
Add operator _____ 1
Sub operator _____ 2

Please input a character:1
The result is:90
```

【实训 11】 指针程序设计

一、实训目的

1. 通过实验进一步掌握指针的概念,会定义和使用指针变量。

2. 能够正确使用数组的指针和指向数组的指针变量。

3. 能够正确使用字符串的指针和指向字符串的指针变量。

4. 能够正确使用指向函数的指针变量。

二、实训任务

1. 录入并运行下面的程序,分析程序运行结果,掌握指针变量的基本用法。

```
# include < stdio. h >
void main( )
{ int n,a[10];
  for(n = 0;n < = 9;n + + )
    scanf(" % d",&a[n]);        //从键盘依次输入 10 个数
  for(n = 0;n < = 9;n + + )
    printf(" % 4d",a[n]);        //以一定格式将 10 个数打印出来
```

```
        printf("\n");
    }
```

2. 下面的程序是使用指针访问变量和一维数组的简单示例。其功能是通过键盘输入 N 个数据,求出平均值,并分别将平均值之上、之下的数据输出。该程序中存在一些错误,请调试纠正。

```
# include < stdio. h >
# define N 10
void main()
{ float ave,b[N],sum = 0, * p = ave, * q = b;
  printf("\n Please input a % d elements sequence of number:\n",N);
  for(;q < b + N;)
  { scanf(" % f",&q ++ );
    sum += * q;}
   * p = sum/N;
  printf("\n Over the average value % f:\n", * p);
  for(;q < b + N;)
    if( * q > = * p)
      printf(" % f\t", * q ++ ) £ >>
    printf("\n Under the average value % f:\n", * p);
  for(;q < b + N;)
  if( * q < * p)
  printf(" % f\t", * q ++ );
}
```

3. 用指针完成输入一行文字,找出其中大写字母、小写字母、空格、数字及其他字符各有多少。

三、实训步骤

1. 在 Visual C++ 6.0 环境下,录入程序。然后经过编译、连接、运行得出程序的运行结果。

运行结果为:

输入数据:1 2 3 4 5 6 7 8 9 10
输出数据:1   2   3   4   5   6   7   8   9   10

2. 在 Visual C++ 6.0 环境下,录入程序。

(1) 编译该源程序,屏幕提示:

```
Error … 4:Incompultible type conversion
Error … 7:Must take address of memory location
Warning … 18:Function should return a value
```

检查第 4 行,发现变量定义语句中 float * p=ave 不对,应该为 float * p=&ave,但切不可同时将 * q=b 改为 * q=&b,因为 b 是数组名,代表的是该数组的首地址。检查第 7 行,发现"scanf("%f",&q++);"语句中 q++前不应该使用取地址符 &。初学者因习惯于对基本变量输入语句的写法,很容易犯这样的错误。

(2) 修改后重新编译成功,运行时输入 10 个数据,显示结果:

```
Over the average value - Nan;
Under the average value - Nan;
```

显然计算平均值有误。仔细检查有关语句,发现应将第 8 行改为"sum += * (q−1);"或者同时将第 7 行和第 8 行改为"scanf("%f",q);"和"sum += * q++;"即可。

(3) 改后重新执行时输入 10 个数据 70 70 70 70 70 80 80 80 80 80,显示结果:

```
Over the average value - 75.0000;
Under the average value - 75.0000;
```

显然两个输出循环尚未执行,原因是在输入语句循环执行结束后,已使 q=b+N,故应在第 11 行和第 15 行的 for 语句中分别给循环变量赋初值: q=b。

(4) 修改后重新执行时输入 10 个数据后系统始终处于执行状态,说明输出 for 循环语句有问题。仔细检查会发现问题出在将指针 q 的自动增 1 放在了条件句中。如果条件不满足,指针 q 将不能移动,for 循环永远不会结束,故应将指针 q 的自动增 1 移至 for 语句中(第 11 行、第 15 行)。

(5) 修改后重新执行可得到正确结果。

3. 参考源程序 lab6_1.cpp 如下:

```c
//lab6_1.c
# include "stdio.h"
void main()
int cle = 0, sle = 0, digit = 0, space = 0, ot = 0, i;
char * p, s[20];
printf("请输入一行字符:");
for(i = 0; i < 20; i ++ )
s[i] = 0;
i = 0;
while((s[i] = getchar())!= '\n') i ++ ;
p = &s[0];
while( * p!= '\n')
{
  if(('A'<= * p)&&( * p <= 'Z'))
  cle ++ ;
  else if(('a'<= * p)&&( * p <= 'z'))
  sle ++ ;
  else if( * p == ' ')
      space ++ ;
  else if (( * p >= '0')&&( * p <= '9'))
      digit ++ ;
  else ot ++ ;
  p ++ ;
}
printf("大写字母数 =%d,小写字母数 =%d,空格数 =%d,数字数 =%d,其他字符数 =%d, ",cle,
sle, space, digit, ot);
}
```

本 章 小 结

本章学习了 C 语言中最具特色的数据类型——指针类型。指针也是 C 语言学习中最难掌握和理解的内容,但是灵活运用指针,可以提高程序的执行效率,给程序带来许多方便。当然,如果使用不当,也会造成严重的后果。因此,希望读者能够好好理解本章的内容,为今后的程序开发打下良好的基础。

习 题 6

一、选择题

1. 已有定义"int k=2;int ＊ ptr1,＊ ptr2;"且 ptr1 和 ptr2 均已指向变量 k,下面不能正确执行的赋值语句是(   )。`

    A. k＝＊ptr1＋＊ptr2;　　　　　　　　B. ptr2＝k;

    C. ptr1＝ptr2　　　　　　　　　　　　D. k＝＊ptr1＊(＊ptr2);

2. 变量的指针,其含义是指该变量的(   )。

    A. 值　　　　　　B. 地址　　　　　　C. 名　　　　D. 一个标志

3. 若有定义"int a[5],＊ p＝a;",则对 a 数组元素的正确引用是(   )。

    A. ＊＆a[5]　　　　B. a+2　　　　C. ＊(p+5)　　　D. ＊(a+2)

4. 下面各语句行中,能正确进行字符串赋值操作的语句是(   )。

    A. char st[4][5]＝{ "ABCDE"};

    B. char s[5]＝{'A','B','C','D','E'};

    C. char ＊ s;s＝"ABCDE";

    D. char ＊ s;scanf("%s",s);

5. 以下不正确的叙述是(   )。

    A. C 语言允许 main()函数带形参,且形参个数和形参名均可由用户指定

    B. C 语言允许 main()函数带形参,形参名只能是 argc 和 argv

    C. 当 main()函数带有形参时,传给形参的值只能从命令行中得到

    D. 若有说明:main(int argc,char ＊ argv),则形参 argc 的值必须大于 1

6. 若有定义:int a[2][3],则对 a 数组的第 i 行 j 列元素地址的正确引用为(   )。

    A. ＊(a[i]+j)　　　B. (a+i)　　　C. ＊(a+j)　　　D. a[i]+j

7. 设 p1 和 p2 是指向同一个字符串的指针变量,c 为字符变量,则以下不能正确执行的赋值语句是(   )。

    A. c＝＊p1＋＊p2;　　　　　　　　B. p2＝c

    C. p1＝p2　　　　　　　　　　　　D. c＝＊p1＊(＊p2);

8. 若有语句"int ＊ point,a＝4;"和"point＝＆a;",下面均代表地址的一组选项是(   )。

    A. a,point,＊＆a　　　　　　　　B. ＆＊a,＆a,＊point

    C. ＊＆point,＊point,＆a　　　　　D. ＆a,＆＊point,point

9. 以下正确的程序段是(   )。

A. char str[20];
   scanf("%s",&str);

B. char * p;
   scanf("%s",p);

C. char str[20];
   scanf("%s",&str[2]);

D. char str[20], * p=str;
   scanf("%s",p[2]);

10. 若有说明语句

```
char a[] = "It is mine";
char * p = "It is mine";
```

则以下不正确的叙述是(   )。

A. a+1 表示的是字符 t 的地址

B. p 指向另外的字符串时,字符串的长度不受限制

C. p 变量中存放的地址值可以改变

D. a 中只能存放 10 个字符

二、填空题

1. 在 C 程序中,只能给指针变量赋(   )值和(   )值。

2. 在 C 程序中,可以通过 3 种运算来移动指针,它们是(   )、(   )、(   )。

3. 若有定义"int a[]={2,4,6,8,10,12}, * p=a;",则 * (p+1)的值是(   ), * (a+5)的值是(   )。

4. 若有定义"int a[2][3]={2,4,6,8,10,12};"则 a[1][0]的值是(   ), * (* (a+1)+0))的值是(   )。

三、写出下列程序的运行结果

1.
```
#include<stdio.h>
void main()
{ int x[5]={2,4,6,8,10}, * p, ** pp;
          p=x;
          pp=&p;
  printf("%d", * (p++));
  printf("%3d\n", * * pp);}
```

2.
```
#include<stdio.h>
#include<string.h>
fun(char * w,int n)
{char t, * s1, * s2;
  s1=w;s2=w+n-1;
  while(s1<s2){t= * s1++; * s1= * s2--; * s2=t;}
}
void main()
{char * p;
p="1234567";
fun(p,strlen(p));
puts(p);}
```

四、完善程序题

1. 以下程序将数组 a 中的数据按逆序存放,请填空。

```
# include < stdio. h>
# define M 8
  void main()
  {int a[M],i,j,t;
   for(i = 0;i < M;i ++ )scanf("%d",a + i);
   i = 0;j = M − 1;
   while(i < j)
     {
       t = * (a + i);_____; * (_____) = t;
       i ++ ;j-- ;
     }
  for(i = 0;i < M;i ++ )printf("%3d", * (a + i));
  }
```

2. 下面程序的功能是将两个字符串 s1 和 s2 连接起来。请填空。

```
# include < stdio. h>
void main()
{char s1[80],s2[80];
 gets(s1); gets(s2);
 conj(s1,s2);
 puts(s1);
}
conj(char * p1,char * p2)
{char * p = p1;
 while( * p1)_____;
 while( * p2){ * p1 = _____;p1 ++ ;p2 ++ ;}
 * p1 = '\0';
 _____;
}
```

3. 以下程序的功能是通过指针操作,找出 3 个整数中的最小值并输出。请填空。

```
# include < stdio. h>
# include "stdlib. h"
void main()
{int * a, * b, * c,num,x,y,z;
 a = &x;b = &y;c = &z;
 printf("输入 3 个整数: ");
 scanf("%d%d%d",a,b,c);
 printf("%d, %d, %d\n", * a, * b, * c);
 num = * a;
 if( * a > * b)_____;
 if(num > * c)_____;
 printf("输出最小整数: %d\n",num);
}
```

五、程序设计题(用指针实现)

1. 输入 3 个整数,按由小到大的顺序输出。

2. 输入 10 个整数,将其中最小的数与第一个数对换,最大的数与最后一个数对换。

3. 有 n 个整数,使前面各数顺序向后移动 m 个位置,最后 m 个数变成最前面 m 个数。

4. 将一个 3×3 的整型矩阵转置。

第7章　结构体和共用体

在程序设计过程中,程序要处理的对象往往不是一种简单的数据类型就可描述的。为了对关系密切但类型不同的数据进行有效的管理,C 语言引入了结构体和共用体的概念。

本章学习目标与要求

➤ 掌握结构体和共用体类型的定义。
➤ 掌握结构体和共用体变量的定义、初始化和引用。
➤ 掌握结构体数组和指针的定义的应用方法。
➤ 熟悉枚举类型和枚举变量的定义、初始化和引用。
➤ 了解用 typedef 进行数据类型的自定义。

7.1　结　构　体

7.1.1　结构体概述

有时,根据程序要处理的对象不同,需将不同类型的数据组合成一个有机的整体,以便于引用。这些数据是相互联系的,如一个学生的有关信息,如图 7-1 所示。

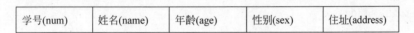

学号(num)	姓名(name)	年龄(age)	性别(sex)	住址(address)

图 7-1　学生信息记录表

这组数据是由具有不同数据类型的变量组合而成的。学号可为整型或字符数组型;姓名应为字符数组型;年龄应为整型;性别应为字符数组型;住址为字符数组型。因为这些数据的数据类型不同,显然不能用一个数组来存放这一组数据。为了解决这个问题,C 语言中给出了另一种构造数据类型——结构(structure)或称结构体。

1. 结构体类型和结构体变量的定义

结构体是不同类型数据的集合,用于描述一个"概念"(或记录)。

结构体名(struct):用于标识一种新的数据类型,即结构体类型。

注意区分结构体类型与基本数据类型的不同,结构体类型是复合数据类型。

(1)定义一个结构类型的一般格式为:

```
struct　结构体类型名
  {  类型　数据类型成员名 1;
     类型　数据类型成员名 2;
     类型　数据类型成员名 3;
```

$\vdots$
类型　数据类型成员名 n;
};

注意：

① 此定义仅仅是结构体类型的定义，它说明了结构体类型的构成情况，C 语言并没有为之分配存储空间。

② 结构体中的每个数据成员称为分量或域，它们并不是变量，在实际应用中还需定义结构体变量。

(2) 当结构体类型定义完成后，就可以定义结构体变量。定义结构体变量的方法有3 种。

① 结构体类型与结构体变量分开定义。分开定义是指先定义结构体类型，再定义结构体变量。

```
struct 结构体类型名
        {    类型标识符 成员名;
             ⋮
             类型标识符 成员名;
        };
    struct 结构体类型名 变量名 1,变量名 2,…;
```

例如：

```
struct   student
{
  int num;
  char name[8];
  int age;
  char sex;
  char address[100];
};
struct   student   stu1;
```

② 结构体类型与结构体变量同时定义。

```
struct 结构体类型名
    {   类型标识符 成员名;
             ⋮
        类型标识符 成员名;
    }变量名 1,变量名 2,…;
```

例如：

```
struct   student
{
  int num;
  char name[8];
  int age;
  char sex;
  char address[100];
```

```
} stu1;
```

③ 定义结构体类型时省略结构体类型名,直接定义变量名。

```
struct
    {  类型标识符 成员名;
            ⋮
       类型标识符 成员名;
    }变量名 1,变量名 2,…;
```

例如:

```
struct
{
  int num;
  char name[8];
  int age;
  char sex;
  char address[100];
} stu;
```

(3) 结构体类型的嵌套。在定义结构体时,结构体的成员类型也可以又是一个结构体类型,即构成了嵌套的结构体类型。例如:

```
struct date
{
    int month;
    int day;
    int year;
};
struct{
    int num;
    char name[20];
    int age;
    char sex;
    struct date birthday;
    char address[100];
}stu1,stu2;
```

首先定义一个结构 date,由 day(日)、month(月)、year(年)3 个成员组成。在定义并说明变量 stu1 和 stu2 时,其中的成员 birthday 被说明为 data 结构类型。

(4) 结构体变量占据的内存空间。定义了结构体变量之后,C 编译程序自动为结构体变量的所有成员分配足够的内存,结构体变量所占的存储空间是结构体类型各成员所占空间之和。在实际应用中可用语句 sizeof( )测试结构体变量占用内存空间的大小。

2. 结构体变量的引用

由于结构体变量中各个成员的类型不同,一般情况下,只能通过结构体的成员来引用结构体变量。结构体成员的引用方法为:

结构体变量名.成员名

其中".”是结构体类型成员运算符,它在所有运算符中优先级最高。

结构体和共用体

例如：

```
stu1.num          //即第一个人的学号
stu2.sex          //即第二个人的性别
```

如果成员本身又是一个结构体变量则必须逐级找到最低级的成员才能使用。这种具有嵌套结构的结构体变量的引用的一般格式为：

结构体变量名.结构体成员名 ⋯ 结构体成员名.基本成员名

例如：

```
stu1.birthday.month
```

即第一个人出生的月份成员可以在程序中单独使用，与普通变量完全相同。

3. 结构体变量的初始化

由于结构体变量是由若干不同数据类型的成员构成的，因此对结构体变量进行初始化时需按照成员的数据类型依次赋值。

1）直接对结构体变量赋初值

例如：

```
struct   student
{ int num;
  char name[8];
  int age;
  char sex;
  char address[100];
}stu1 = {9708, "Liming",18,'F'," changchunroad"};
```

2）使用 scanf 输入语句对结构体变量赋初值

例如：

```
struct   student
{ int num;
  char name[8];
  int age;
  char sex;
  char address[100];
}stu1;
scanf("%d%s%d%c%s",&stu1.num,stu1.name,&stu1.age,&stu1.sex, &stu1.address);
```

说明：

（1）由于结构体是由不同类型成员组成的，所以在用 scanf() 函数输入不同类型数据时有时会出现预料不到的事情。

例如：

```
# include < stdio. h>
void main()
{
struct
```

```
{
int i;
    char ch1;
    char ch2;
        }tt;
    scanf("%d%c%c",&tt.i,&tt.ch1,&tt.ch2);
    printf("i=%d,ch1=%c,ch2=%c",tt.i,tt.ch1,tt.ch2);
}
```

运行结果为：

```
89 x y
i=89,ch1= ,ch2=x
```

（2）尽量避免用一个 scanf() 函数输入包含字符数据在内的一组不同类型的数据,以免出错。

处理办法是,各种数据都用 gets() 函数输入,然后再用转换函数进行转换。

atoi()：将字符串转换成整型。

atof()：将字符串转换成 double 型实数。

atol()：将字符串转换成长整型。

这 3 个函数要用 #include 命令将 stdlib.h 文件包含进来。

例如：

```
#include<stdlib.h>
#include<stdio.h>
void main()
{ int i; char ch,ch1,ch2; char numstr[10];
  gets(numstr);
  i=atoi(numstr);
  ch1=getchar();
  ch=getchar();
  ch2=getchar();
  printf("i=%d,ch1=%c,ch2=%c\n",i,ch1,ch2);
}
```

运行结果为：

```
89
x
y
i=89,ch1=x,ch2=y
```

3) 同一类型的结构体变量可相互赋值

例如：

```
struct   student
{
  int num;
  char name[8];
  int age;
```

```
    char sex;
    char address[100];
} stu1,stu2;
stu2 = stu1
```

7.1.2 结构体数组

在实际应用中,我们会发现,结构体变量只能存储一条记录,如果要存储多条记录,如一个班的学生档案或一个单位的职工工资等,就必须用到结构体数组。

1. 结构体数组的定义

数组元素是结构体类型数据的数组称为结构体数组。

结构体数组定义与结构体变量定义类似。有以下 3 种方法。

(1) 先定义结构体类型,再定义该种类型的数组。这种方法定义结构体数组的一般格式为:

struct 结构体名　结构体数组名;

例如:

```
struct object
{
    char name[16];
    float high;
    float weight;
};
struct object   box[3];
```

定义了一个包含 3 个元素的数组 box,它的 3 个元素 box[0]、box[1]、box[2]都是结构体类型 struct object 的变量。

(2) 在定义结构体类型的同时定义结构体数组。定义的一般格式为:

struct 结构体名
{ 数据类型　成员名 1;
**　　　数据类型　成员名 2;**
**　　　　　⋮**
**　　　数据类型　成员名 n;**
}结构体数组名;

例如:

```
struct object
{
    char name[16];
    float high;
    float weight;
} box[3];
```

(3) 直接定义结构体类型数组。定义的一般格式为:

struct

```
{   数据类型   成员名1;
        数据类型   成员名2;
            ⋮
        数据类型   成员名n;
}结构体数组名;
```

例如:

```
struct
{
  char name[16];
  float high;
  float weight;
} box[3];
```

2. 结构体数组的引用和初始化

结构体类型数组的初始化和普通数组的初始化是类似的,只不过组成结构体数组的成员都是结构体类型变量。例如:

```
struct object
{
  char name[16];
  float high;
  float weight;
} box[3] = {{"computer",21.9,5.1},{"TV",32.4,6.5},{"table",80.9,25.5}};
```

当对全部元素进行初始化赋值时,也可不给出数组长度,在编译时系统会根据初值的个数来确定数组元素的长度。

结构体数组的引用参照数组和结构体变量的引用方式,即采用下标和成员的方式。

引用的一般格式为:

数组名[下标].成员名

例如:

```
box[0].high,box[1].high
```

3. 结构体数组的应用

【例 7-1】 对候选人的得票进行统计。设有 3 个候选人,每次输入一个候选人的名字,最后统计出每个候选人的得票结果。

源程序如下:

```
# include < stdio. h >
# include < string. h >
void main( )
{
struct person
{ char name[20];int count;
}leader[3] = {"Li",0,"Zhang",0,"Sun",0};
int i,j;
char leader_name[20];
```

```
for(i = 1;i < = 10;i + + )
{scanf(" % s",leader_name);
for(j = 0;j < 3;j + + )
if(strcmp(leader_name,leader[j].name) == 0)
++ leader[j].count;}
  for(i = 0;i < 3;i + + )
printf(" % 5s: % d\n",leader[i].name,leader[i].count);
}
```

运行结果为:

```
Li Li Li Li Sun Sun Zhang Li Li Sun
    Li:6
Zhang:1
  Sun:3
```

7.1.3 结构体指针

指向结构体变量的指针是指结构体变量所占内存单元的起始地址。

1. 指向结构体变量的指针

(1) 指向结构体变量的指针定义的一般格式:

struct 结构体名   * 结构体指针名

例如:

```
struct   student
{
  int num;
  char name[8];
  int age;
  char sex;
  char address[100];
} stu1;
struct student * sp;
  sp = &stu1;
```

sp 表示指向结构体的指针变量, * sp 表示指针变量所指向的结构体变量。

(2) 通过结构体指针引用结构体成员变量。

由于结构体变量不能整体引用,因此,也不能整体引用结构体指针变量,只能通过结构体变量来引用结构体成员。这里介绍如何通过结构体指针来引用结构体成员变量。

通过结构体指针引用结构体成员的方法有以下两种。

① 通过成员运算符的方式来引用。

引用形式为:

(* 结构体指针变量).成员变量

例如:

```
( * sp).num; ( * sp).age
```

② 通过指向运算符的方式来引用。

引用形式为：

＊结构体指针变量－＞成员变量

例如：

＊sp－＞num；＊sp－＞age

（3）指向结构体变量的指针变量的应用。

【例 7-2】 分析程序，写出程序的运行结果。

```c
#include<string.h>
#include<stdio.h>
struct student
{
    int   num;
    char  name[20];
    char  sex;
    int   age;
    float  score;
    char  addr[30];
};
void main()
{
    struct student stu1, * sp;
    sp = &stu1;
    stu1.num = 10001;
    strcpy(stu1.name,"LiMing");
    stu1.sex = 'M';
    stu1.age = 18;
    stu1.score = 89.5;
    strcpy(stu1.addr,"HubeiEnshi");
    printf("No.:%d\nname:%s\nsex:%c\nage:%d\nscore:%f\naddr:%s\n",
        stu1.num,stu1.name,stu1.sex,stu1.age,stu1.score,stu1.addr);
    printf("\n");
    printf("No.:%d\nname:%s\nsex:%c\nage:%d\nscore:%f\naddr:%s\n",
        (*sp).num, (*sp).name, (*sp).sex,(*sp).age, (*sp).score, (*sp).addr);
    printf("\n");
    printf("No.:%d\nname:%s\nsex:%c\nage:%d\nscore:%f\naddr:%s\n",
        sp->num, sp->name, sp->sex,sp->age, sp->score, sp->addr);
}
```

运行结果为：

```
No.:10001
name:LiMing
sex:M
age:18
score:89.500000
addr:HubeiEnshi
```

结构体和共用体

```
No.:10001
name:LiMing
sex:M
age:18
score:89.500000
addr:HubeiEnshi

No.:10001
name:LiMing
sex:M
age:18
score:89.500000
addr:HubeiEnshi
```

2. 指向结构体数组的指针

指向结构体数组的指针是指结构体数组所占内存单元的起始地址。定义一个结构体类型数组,其数组名是数组的首地址。

1) 指向结构体数组的指针的定义

和定义指向结构体变量的指针相类似,要定义指向结构体数组的指针,仍然要先定义结构体类型,根据此类型再定义结构体数组及指向结构体类型的指针。其一般格式为:

struct 结构体名 数组名[下标],* 结构体指针名

例如:

```
struct   stu
{
  int num;
  char name[8];
  int age;
  char sex;
  char address[100];
};
struct stu student[4], * p;      / * 定义结构体数组及指向结构体类型的指针 * /
```

2) 指向结构体数组的指针的赋值

定义一个结构体类型数组,其数组名是数组的首地址。因此,对于指向结构体数组的指针的赋值,只需将结构体数组名赋给指向结构体数组的指针变量即可。

例如:

```
struct stu student[4], * p;
p = student                 //将结构体数组名赋给指针变量
```

3) 通过指向结构体数组的指针引用结构体数组元素

若 p=student,此时指针 p 就指向了结构体数组 student,p 是指向一维结构体数组的指针。对数组元素的引用可采用以下 3 种方法。

(1) 地址法。

student+i 和 p+i 均表示数组第 i 个元素的地址,数组元素各成员的引用形式为:(student+i)—>name、(student+i)—>num、(p+i)—>name 和 (p+i)—>num 等。

student＋i 和 p＋i 与 &student[i]意义相同。

（2）指针法。

若 p 指向数组的某一个元素，则 p＋＋就指向其后续元素。

③ 指针的数组表示法。

若 p＝student，我们说指针 p 指向数组 student，p[i]表示数组的第 i 个元素，其效果与 student[i]等同。对数组成员的引用描述为 p[i]. name、p[i]. num 等。

【例 7-3】 阅读程序，分析运行结果。理解指向结构体数组的指针变量的使用。

```
# include < stdio. h >
struct data                    /*定义结构体类型*/
{
    int day,month,year;
};
struct stu                     /*定义结构体类型*/
{
    char name[20];
    long num;
    struct data birthday;
};
void main()
{   int i;
    struct stu * p,student[4] = {{"liying",1,1978,5,23},{"wangping",2,1979,3,14},
    {"libo",3,1980,5,6},{"xuyan",4,1980 ,4 ,21}};/*定义结构体数组并初始化*/
    p = student;/*将数组的首地址赋值给指针 p,p 指向了一维数组 student*/
    printf("\n1 ---- Output name,number,year,month,day\n");
    for(i = 0;i < 4;i ++ )            /*采用指针法输出数组元素的各个成员*/
        printf(" % 20s % 10ld % 10d// % d// % d\n",(p + i) -> name,(p + i) -> num,(p + i) ->
        birthday. year,(p + i) -> birthday. month,(p + i) -> birthday. day);
    printf("\n2 ---- Output name,number,year,month,day\n");
    for(i = 0;i < 4;i ++ ,p ++ )        /*采用指针法输出数组元素的各个成员*/
        printf(" % 20s % 10ld % 10d// % d// % d\n",p -> name,p -> num,p -> birthday. year,p ->
        birthday. month,p -> birthday. day);
    printf("\n3 ----- Output name,number,year,month,day\n");
    for(i = 0;i < 4;i ++ )            /*采用地址法输出数组元素的各个成员*/
        printf(" % 20s % 10ld % 10d// % d// % d\n",(student + i) -> name,(student + i) -> num,
        (student + i) -> birthday. year,(student + i) -> birthday. month,(student + i) ->
        birthday.day);
    p = student;
    printf("\n4 ----- Output name,number,year,month,day\n");
    for(i = 0;i < 4;i ++ )            /*采用指针的数组描述法输出数组元素的各个成员*/
        printf(" % 20s % 10ld % 10d// % d// % d\n",p[i]. name,p[i]. num,p[i]. birthday. year,p
        [i].birthday.month,p[i].birthday.day);
}
```

运行结果为：

```
1 ---- Output name,number,year,month,day
         liying          1          23//5//1978
         wangping        2          14//3//1979
```

结构体和共用体

libo	3	6//5//1980
xuyan	4	21//4//1980

2 ———— Output name, number, year, month, day

liying	1	23//5//1978
wangping	2	14//3//1979
libo	3	6//5//1980
xuyan	4	21//4//1980

3 ————— Output name, number, year, month, day

liying	1	23//5//1978
wangping	2	14//3//1979
libo	3	6//5//1980
xuyan	4	21//4//1980

4 ————— Output name, number, year, month, day

liying	1	23//5//1978
wangping	2	14//3//1979
libo	3	6//5//1980
xuyan	4	21//4//1980

4）指向结构体数组的指针变量的应用

【例 7-4】 输入 5 个学生的数据记录,计算平均分并按成绩排序输出。

```
include < stdio. h >
# define SIZE 5
struct stud_score
{
    long num;
    char name[10];
    double score[3];
    double average;
};
void input(struct stud_score * , int);
void sort(struct stud_score * , int);
void output(struct stud_score * );
void main()
{
    struct stud_score student[SIZE];
    input(student, SIZE);
    sort(student, SIZE);
    output(student);
}
void input(struct stud_score * student, int size)
{
    int i;
    printf("请按以下格式输入: \n\n 学号\t 姓名\t 分数 1\t 分数 2\t 分数 3 \n");
    for(i = 0; i < size; i ++ )
    {
        printf("请输入第 % d 组数据\n >", i + 1);
        scanf(" % d % s % lf % lf % lf", &student[i]. num, &student[i]. name,
```

```
            &student[i].score[0],&student[i].score[1],&student[i].score[2]);
        student[i].average = (student[i].score[0] + student[i].score[1] + student[i].score
[2])/3;
    }
}
void sort(struct stud_score * student,int size)
{
    int i,j;
    struct stud_score temp;
    for(i = 0;i < size - 1;i ++ )
    for(j = i + 1;j < size;j ++ )
    {
        if(student[i].average < student[j].average)
        {
            temp = student[i];
            student[i] = student[j];
            student[j] = temp;
        }
    }
}
void output(struct stud_score * student)
{
    int i;
    printf("成绩前 5 是: \n");
    printf("学号\t 姓名\t 分数 1\t 分数 2\t 分数 3\t 平均成绩\n");
    for(i = 0;i < 5;i ++ )
        printf(" % d\t % s\t % .2f\t % .2f\t % .2f\t % .2f\n",
    student[i].num, student[i].name,
    student[i].score[0], student[i].score[1], student[i].score[2],
    student[i].average);
}
```

运行结果为:

请按以下格式输入:

学号　　姓名　　分数 1　　分数 2　　分数 3
请输入第 1 组数据
> 1 liming 78 98 67
请输入第 2 组数据
> 2 wangli 67 89 85
请输入第 3 组数据
> 3 lili 86 69 98
请输入第 4 组数据
> 4 sunli 76 75 79
请输入第 5 组数据
> 5 mali 89 98 79
成绩前 5 是:

学号	姓名	分数 1	分数 2	分数 3	平均成绩
5	mali	89.00	98.00	79.00	88.67
3	lili	86.00	69.00	98.00	84.33

1	liming	78.00	98.00	67.00	81.00
2	wangli	67.00	89.00	85.00	80.33
4	sunli	76.00	75.00	79.00	76.67

7.1.4 结构体与函数

1. 结构体作为函数参数

结构体作为函数参数与数组作为函数参数类似,有结构体成员字段变量作为函数参数和整个结构体作为函数参数两种情况。

1)结构体成员字段变量作为函数参数

结构体成员字段变量作为函数的实参,与对应类型变量一样处理。

【例 7-5】 有一个结构体变量 stu,内含学生学号、姓名和 3 门课的成绩。要求在 main( )函数中为各成员赋值,在另一函数 print( )中将它们的值输出。

```c
# include < stdio. h >
# include < string. h >
struct Student                      //声明结构体类型 Student
{   int num;
    char name[20];
    float score[3];
};
void Print(Student st);             //函数声明,形参类型为结构体 Student
void main( )
{
    struct Student stu;             //定义结构体变量
    stu. num = 12345;               //以下 5 行对结构体变量各成员赋值
    strcpy(stu. name,"lili");
    stu. score[0] = 67.5;
    stu. score[1] = 89;
    stu. score[2] = 78.5;
    Print(stu);                     //调用 Print()函数,输出 stu 各成员的值
}
void Print(Student st)
{
printf("%d  %s  %f  %f  %f ",st. num, stu. name, st. score[0], st. score[1], st. score
[2]);
}
```

运行结果为:

```
12345 lili  67.5 89 78.5
```

2)整个结构体作为函数参数

整个结构体作为函数参数,必须保证实参与形参的类型相同,实际上是将实参结构体成员值对应传递给形参结构体成员。数组传递的是首地址。但要将全部成员值一个一个地传递,开销比较大。在结构体成员较多的情况下,通常用指针作为函数参数比较好。

2. 结构体指针作为函数参数

结构体指针作为函数参数比用结构体作为函数参数效率高,因为无须传递各个成员的

值,只需传递一个地址,且函数中的结构体成员并不占据新的内存单元,而与主调函数中的成员共享存储单元。这种方式还可通过修改形参所指成员而影响实参所对应的成员值。

【例 7-6】 分析程序,写出运行结果。

```c
# include < stdio. h >
struct book
{
    char bookname[30];
    int quantity;
};
void main()
{
    void fun(struct book * p);
    struct book book1 = {"Programming in C",10};
    fun(&book1);
    printf(" % d copies\n", book1. quantity);
}
void fun(struct book * p)
{
    printf("The book \" % s\" has ",p -> bookname);
    p -> quantity -= 3;
}
```

运行结果为:

```
The book " Programming in C" has 7 copies
```

【例 7-7】 有一个结构体变量 stu,内含学生学号、姓名和 3 门课程的成绩。要求为 main() 赋值,并使用函数 print()打印输出。

```c
# include < stdio. h >
# include < string. h >
# define format " % d\n % s\n % f\n % f\n % f\n"
struct student
{
    int num;                /* 学号 */
    char name[20];          /* 姓名 */
    float score[3];         /* 3 门课程的成绩 */
};
void print(struct student * p);          /* print()函数原型声明 */
void main()
{   struct student stu;
    stu. num = 12345;
    strcpy(stu. name,"lili");
    stu. score[0] = 67.5;
    stu. score[1] = 89;
    stu. score[2] = 78.6;
    print(&stu);
}
void print(struct student * p)           /* print()函数定义 */
{
```

结构体和共用体

```
        printf(format, p -> num, p -> name, p -> score[0], p -> score[1], p -> score[2]);
        printf("\n");
    }
```

运行结果为：

```
12345
lili
67.500000
89.000000
78.599998
```

3. 返回结构体类型数据的函数

一个函数可以带回一个函数值,这个函数值可以是整型、实型、字符型、指针型等。还可带回一个结构体类型的值。

【例7-8】 某班有若干名学生,每一名学生的信息包括学号、姓名、2门课程的成绩。定义一个可以存放3名学生的结构体数组,实现对结构体数组的输入与输出。输入结构体数组元素的功能用函数input()实现。

```c
#include< stdio. h>
struct student                  //定义结构体类型
{
    long int number;           //学号
    char name[8];              //姓名
    float score[2];            //2门课程的成绩
};
struct student intput()        //定义输入函数 input()
{
    struct student stud;
    int j;
    scanf(" % ld",&stud.number);
    scanf(" % s",stud.name);
    for(j = 0;j < 2;j ++ )
        scanf(" % f",&stud.score[j]);
    return(stud);
}
void print(struct student stud)    //定义输出函数 print()
{
    int j;
    printf(" % ld  % 7s ",stud.number,stud.name);
    for(j = 0;j < 2;j ++ )
        printf(" % 7.1f",stud.score[j]);
    printf("\n");
}
void main()
{
    struct student stud[3];
    int i;
    for(i = 0;i < 3;i ++ )
        stud[i] = intput();        //调用输入函数 input()
```

```
        printf("\nxuehao        xingming        shuxue        yingyu\n");
        for(i = 0;i < 3;i + + )
            print(stud[i]);                //调用输出函数 print()
}
```

运行结果为：

```
1 kaiming       80   78
2 wangying      78   79
3 lili          45   87

xuehao      xingming     shuxue      yingyu
1           kaiming      80.0        78.0
2           wangying     78.0        79.0
3           lili         45.0        87.0
```

例 7-8 中将函数 input()定义为 struct student 类型。在该函数的 return 语句中,将 stud 的值作为返回值,其类型也为 struct student。在 main()函数中,函数 intput()的值赋给 stud[i],这二者的类型也是相同的。结构体类型定义在所有函数之外,每一个函数都可根据需要定义相应的变量。在函数 input()和函数 print()中各自定义了结构体类型的变量 stud,在 main()函数中定义了结构体数组 stud[3],因此,它们都是局部变量。

7.1.5 结构体指针的应用——链表

链表是一种常见的并且重要的数据结构。它是一种动态进行分配存储空间的数据结构。当有大批量的数据需要存储时,经常使用数组来存放,但必须先定义数组的长度。如果数据只占用了数组的一小部分空间时,显然这将会造成内存的浪费,因此引入链表来实现根据需要开辟相应的内存空间。

1. 链表的概念

当一个结构体中有一个成员指向本结构体的指针时,通过这样的指针可以将若干个相同的结构体存储单元连接成一个新的数据结构,这种数据结构就是链表。链表中的结点有两个域:一个存放实际数据;另一个存放下一个结点的地址。图 7-2 给出一个最简单的链表结构图,使大家对链表有一个基本的认识。

链表中有一个头指针 head,指向链表中的第一个元素。链表中的每个元素称为结点。最后一个元素称为表尾,它的地址指向为 NULL(表示空地址),表示链表结束。

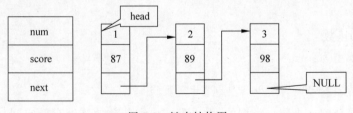

图 7-2　链表结构图

2. 用结构体变量实现链表结点的定义

链表中的结点包括两个域:一个为数据域;另一个为指针域。因此,用结构体变量来实现链表结点是最合适的。一个结构体变量可以包括若干个成员,用一个指针类型的成员来表示链表结点中的指针域即可。例如,可以设计这样一个结构体类型来表示上面的链表。

```
struct stud_score
{
    long num;
    float score;
    struct stud_score * next;
};
```

上述结构体类型定义了结点的构成:前两个成员存放有效数据(学号、成绩),后一个成员存放下一个结点的地址。由于构成链表的所有结点类型均相同,故指针变量 next 的类型也是 struct stud_score。

3. 动态链表函数

为解决处理动态数据结构问题,C 语言提供了一组标准的内存管理函数来动态分配内存空间。所谓动态分配函数,即这组函数可以按需要动态分配内存空间,也可以回收不使用的内存。这组内存管理函数包含在 malloc.h 和 stdlib.h 头文件中。

1) malloc()函数

该函数的模型为:

```
void  * malloc(unsigned int  size)
```

它的作用是分配 size 大小的内存空间,并返回指向该内存空间的首地址。它的形参 size 为无符号整数,函数返回值为指向 void 的指针,若没有足够的内存单元供分配,函数返回空指针 NULL,NULL 是一个符号常量,被定义为 0,即代表 0 地址。例如:

```
int    * pi;
float    * pf;
pi = (int * )malloc(2);
pf = (float * )malloc(4);
```

也可以利用 sizeof 运算符自动求 int 和 float 类型所占字节数:

```
pi = (int * )malloc(sizeof(int));
pf = (float * )malloc(sizeof(float));
```

因为 malloc()函数返回的指针为指向 void 类型的指针,如果要将 malloc()函数的返回值赋给指向 int 类型或 float 类型的指针变量,就必须利用强制类型转换将其转换成所需类型。

2) calloc()函数

该函数的模型为:

```
void  * calloc(unsigned int n, unsigned int  size)
```

它的作用是分配 n 个同一类型的、大小为 size 字节数的连续存储空间。它的两个形参 n 和 size 均为无符号类型,函数返回值为指向 void 类型的指针。若分配成功,则函数返回分配的存储空间的首地址,否则返回空指针。例如:

```
double    * pd;
```

```
pd = (double * )calloc(10, sizeof(double));
```

若分配成功,pd 指向 calloc()函数分配的大小为 10 * sizeof(double)的存储空间的首地址。

3) realloc()函数

该函数的模型为:

```
void * realloc(void * p, unsigned int size)
```

它的作用是将 p 指向的存储区的大小改为 size 字节,这就有可能使存储区变大或缩小。由于改变了存储区的大小,所以函数返回值不一定是原存储区的首地址。

4) free()函数

该函数的模型为:

```
void free(void * p)
```

它的作用是将 p 指向的存储空间释放。要注意,这里的指针变量 p 必须指向由动态分配函数所分配的存储空间,该函数没有返回值。例如:

```
int * p;
p = (int * )malloc(sizeof(int));
…
free(p);
```

free(p)函数释放由 malloc()函数分配的大小为 sizeof(int)字节数的内存空间,使这部分空间由系统重新分配。

4. 链表的操作

链表的操作包括建立链表、输出链表、删除链表结点、在链表插入结点等。下面将依次介绍链表的相关操作。

1) 建立动态链表

所谓动态链表是指在程序执行过程中从无到有地建立起一个链表,即一个一个地开辟结点和输入各结点的数据,并建立起前后相连的关系。

【例 7-9】 编写一个函数 creat(),创建如图 7-2 所示的动态链表。

```
# include < stdio. h >
# define NULL 0
# define  LEN sizeof(stuct student)
struct student
{   long num;
    float score;
    struct student * next;
    struct student * creat(void)      //定义函数.此函数带回一个指向链表头的指针
    {   struct student * head;
        struct student * p1, * p2;
        int n = 0;
        p1 = p2 = new student;        //开辟一个新单元,并使 p1,p2 指向它
        scanf(" % ld, % f", p1 -> num, p1 -> score);
        head = NULL;
        while(p1 -> num! = 0)
```

结构体和共用体

```
        {   n = n + 1;
            if(n == 1) head = p1;
            else p2 -> next = p1;
            p2 = p1;
            p1 = (struct student * )malloc(LEN);
            scanf(" % ld, % f", &p1 -> num,&p1 -> score);
        }
        p2 -> next = NULL;
        return(head);
    }
```

2) 输出链表(访问链表)

输出链表即是将链表中各结点的数据依次输出。只要知道头结点(head)的值,然后通过设置一个指针变量 p,先指向第一个结点,并输出该结点,继而移动指针 p 指向下一个结点并输出,直至链表的尾结点即可。

【**例 7-10**】 编写一个函数 print(),将图 7-2 所示的动态链表中各结点的数据依次输出。

```
    # include < stdio. h>
    # define   LEN sizeof(stuct student)
    # define NULL 0
    struct student
    {   long num;
        float score;
        struct   student * next;
    };
    void print(struct student * head)
    {   struct student * p;
        printf("Now,These % d   records are: \n",n);
        p = head;
        if(head! = NULL)
            do
        {
            printf(" % ld, % 5.1f\n",p -> num,p -> score);
            p = p -> next;
        }while(p! = NULL);
    }
```

3) 删除链表中某一结点

从一个动态链表中删除某一结点,并不是真正从内存中将该结点抹掉,而只是把它从链表中分离出来。只需要改变指针变量 p 的 next 指针的指向即可。图 7-3 中的虚线部分显示了删除结点 2 后指针的改变情况。

【**例 7-11**】 编写一个函数 del(),用来删除图 7-2 所示动态链表中的一个指定的结点(由实参指定某一学号,表示要删除该学生结点)。

```
    # include < stdio. h>
    # define NULL 0
    struct student
    {long num;
```

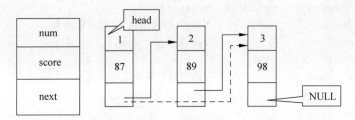

图 7-3 删除结点后指针改变示意图

```
float score;
struct student * next;
};
student * del(student * head,long num)
{struct student * p1, * p2;
if(head == NULL)                     //是空表
{printf("list null!\n" );
 return(head);}
 p1 = head;                          //使 p1 指向第一个结点
 while(num!= p1 -> num && p1 -> next!= NULL)//p1 指向的不是所要找的结点且后面还有结点
{p2 = p1; p1 = p1 -> next;}          //p1 后移一个结点
if(num == p1 -> num)                 //找到了
{if(p1 == head) head = p1 -> next;   //若 p1 指向的是首结点,把第二个结点地址赋予 head
else p2 -> next = p1 -> next;        //否则将下一结点地址赋给前一结点地址
printf("delete: % ld\n",num);
n = n - 1;
}
else
printf("cannot find % ld",num);      //找不到该结点
return(head);
}
```

4）链表的插入操作

链表的插入操作是将一个结点插入到一个已有的链表中。为了实现链表的插入操作，必须解决两个问题：①怎样找到插入的位置；②怎样实现插入。

【例 7-12】 编写一个函数 insert()，用来向图 7-2 所示的动态链表中插入一个结点。

```
# include < stdio. h >
# define NULL 0
struct student
{long num;
float score;
student * next;
};
student * insert(struct student * head,struct student * stud)
{struct student * p0, * p1, * p2;
p1 = head;                           //使 p1 指向第一个结点
p0 = stud;                           //指向要插入的结点
if(head == NULL)                     //原来的链表是空表
{head = p0;p0 -> next = NULL;}       //使 p0 指向的结点作为头结点
else
```

```
{while((p0 -> num > p1 -> num) && (p1 -> next! = NULL))
{p2 = p1;                                 //使 p2 指向刚才 p1 指向的结点
p1 = p1 -> next;}                         //p1 后移一个结点
if(p0 -> num < = p1 -> num)
{if(head == p1) head = p0;                //插到原来第一个结点之前
   else p2 -> next = p0;                  //插到 p2 指向的结点之后
   p0 -> next = p1;}
else
{p1 -> next = p0; p0 -> next = NULL;}} //插到最后的结点之后
   n = n + 1;                             //结点数加 1
   return(head);
}
```

5. 链表的综合应用

【例 7-13】 将以上 4 个函数组成的程序,由主程序先后调用这些函数,实现链表的建立、输出、删除和插入,在主程序中指定需要删除和插入的结点,完成主函数 main()的实现代码。

```
# include < stdio. h>
# define NULL 0
void main()
{
  struct student  * head, * stu;
  long del_num;
  printf("input records:\n");
  head = creat();                              //返回头指针
  print(head);                                 //输出全部结点
  printf("\n input the deleted number:");
  scanf(" % ld",&del_num);                      //输入要删除的学号
  while(del_num! = 0)
  {head = del(head,del_num);                    //删除后链表的头地址
   print(head);                                //输出全部结点
   printf("input the deleted number:");
   scanf(" % ld",&del_num);
  }
  printf("\n input the inserted record:");
  printf("\n input:");                          //输入要插入的结点
  stu = (struct student * )malloc(LEN);         //开辟一个新结点
  scanf(" % ld, % f", &stu -> num,&stu -> score);
  while(stu -> num! = 0)
  {head = insert(head,stu);                     //返回地址
    print(head);                                //输出全部结点
    printf("\n input the inserted record:");    //输入要插入的结点
    stu = (struct student * )malloc(LEN);
    scanf(" % ld, % f", stu -> num,stu -> score);
  }
}
```

7.2 共用体

7.2.1 共用体的基本概念

1. 共用体的概念

共用体是一种覆盖技术,是指几个不同变量共同占用同一块内存空间。所谓的共同占用是指这几个变量共同拥有内存的同一个起始地址,共用相同的存储单元。

2. 共用体类型的定义格式

共用体类型的定义格式与结构体类型的定义格式相同,只是其关键字不同,定义共用体类型的关键字为 union,其一般格式为:

```
union 共用体名
{ 成员表列;
};
```

3. 共用体变量的定义格式

共用体类型与结构体类型相同,只有定义共用体变量以后,系统才会为之开辟相应的存储单元。共用体变量的定义和结构体变量的定义类似,共用体变量的定义也有 3 种方式。

1) 先定义共用体类型,再定义共用体变量

```
union 共用体名
{
    成员表列;
};
union 共用体名 变量表列;
```

例如:

```
union data
{
    int i;
    char ch;
    float f;
};
union data a,b,c;
```

2) 定义共用体类型的同时定义共用体变量

```
union 共用体名
{
    成员表列;
}变量表列;
```

例如:

```
union data
{
    int i;
```

```
        char ch;
        float f;
} a,b,c;
```

3）省略共用体类型名直接定义共用体变量

```
union
{
    成员表列;
}变量表列;
```

例如:

```
union
{
    int i;
    char ch;
    float f;
} a,b,c;
```

4. 共用体变量占据的内存空间

由于共用体结构是几个变量共同占用同一块内存空间,在某一时刻只能存放其中的一种数据。因此共用体变量占据的内存空间的大小是由组成共用体的成员变量中占据内存最大的成员所需要的字节数决定的。在实际应用中可用语句 sizeof( )测试共用体变量占用内存空间的大小。

7.2.2 共用体变量的引用和初始化

只有先定义了共用体变量才能在后续程序中引用它。有一点需要注意:不能引用共用体变量,而只能引用共用体变量中的成员。

简单示例程序如下:

```
union data
{
    int i;
    char ch;
    float f;
}a,b,c;
```

对于这里定义的共用体变量 a,b,c,下面的引用方式是正确的:

a.i (引用共用体变量中的整型变量 i)

a.ch (引用共用体变量中的字符型变量 ch)

a.f (引用共用体变量中的实型变量 f)

而不能引用共用体变量,例如:

```
printf(" % d",a);
```

这种用法是错误的。

因为 a 的存储区内有好几种类型的数据,分别占用不同长度的存储区,这些共用体变量 a 难以使系统确定究竟输出的是哪一个成员的值。

而应该写成:

```
printf("%d",a.i);
```

或

```
printf("%c",a.ch);
```

共用体变量的存储特点有以下几点。

(1) 同一块内存可以存放不同类型的数据,但在某一时刻只能存放其中的一种。

(2) 共用体变量中起作用的成员是最后一次存放的成员。

(3) 共用体变量的地址和它的成员的地址是同一个地址。

(4) 共用体变量不能整体被赋值,也不能给共用体变量赋初值。

(5) 不能把共用体变量作为函数的参数进行传递,但可以使用指向共用体变量的指针作为函数的参数。

(6) 结构体类型和共用体类型可以嵌套使用。

7.2.3 共用体的应用

在使用共用体类型变量时要特别注意的问题就是在共用体类型变量中,起作用的是最后一次存放的成员,当存入一个新成员值时,原来成员就失去作用。

【例 7-14】 分析下面程序运行的结果,从中了解共用体变量的用法。

```
#include<stdio.h>
union number{
    int i;
    float f;
};
void main()
{
    union number data;
    data.i=20;
    printf("i=%d,f=%f\n",data.i,data.f);        //输出共用体变量所有成员的值
    data.f=20.5;
    printf("i=%d,f=%f\n",data.i,data.f);        //输出共用体变量所有成员的值
    data.i=20; data.f=20.5;                      //对 i 成员、f 成员赋初值
    printf("i=%d,f=%f\n",data.i,data.f);        //输出共用体变量所有成员的值
}
```

运行结果为:

```
i=20,f=0.000000
i=1101266944,f=20.500000
i=1101266944,f=20.500000
```

从例 7-14 的输出结果可以看出,当对共用体变量的某一个成员赋值时,另一个成员是无效的。当对所有成员赋值时,只有最后一个成员的值是有效的。

结构体和共用体

7.3 枚 举 类 型

随着计算机的不断普及,程序不仅用于数值计算,还更广泛地用于处理非数值的数据。例如:性别、月份、星期、颜色、单位名、学历、职业等,这些都不是数值数据。在其他程序设计语言中,一般用一个数值来代表某一状态,这种处理方法不直观,易读性差。如果能在程序中用自然语言中有相应含义的单词来代表某一状态,则程序就很容易阅读和理解。

7.3.1 枚举类型的基本概念

1. 枚举的概念

枚举是指把变量的值一一列举出来,该变量的取值范围只能是所列举出来的值。用枚举方法定义的数据类型称枚举类型。

2. 枚举类型的定义格式

枚举类型定义的一般格式为:

```
enum 枚举名
{枚举符号表};
```

说明:enum 是定义枚举类型的关键字;"enum 枚举名"是用户定义的枚举类型名,它是由 enum 和枚举名两部分组成;枚举符号表是一个由逗号分隔的一系列标识符,它列出了一个枚举类型变量可以具有的值。

例如,定义枚举类型如下:

```
enum days {Sunday,Monday,Tuesday,Wednesday,Thursday,Friday,Saturday};
```

3. 枚举变量的定义格式

定义枚举变量可以仿照结构体变量定义的方法。

(1) 先定义枚举类型,再定义枚举变量。

例如:

```
enum days{Sunday,Monday,Tuesday,Wednesday,Thursday,Friday,Saturday};
enum days workday;
```

(2) 在定义枚举类型的同时定义枚举变量。

例如:

```
enum days {Sunday,Monday,Tuesday,Wednesday,Thursday,Friday,Saturday} workday;
```

(3) 直接定义枚举变量。

```
enum{Sunday,Monday,Tuesday,Wednesday,Thursday,Friday,Saturday}workda;
```

7.3.2 枚举变量的引用和初始化

上面定义的变量 workday 是枚举类型变量,它的取值只能是 Sunday、Monday、Tuesday、Wednesday、Thursday、Friday、Saturday 中的一个。例如:

```
workday = Monday;
```

与其他类型的变量初始化一样,在定义枚举变量时可以进行初始化。如:

```
enum days workday = Wednesday;
```

表示定义了枚举变量 workday,同时初始化为 Wednesday。

枚举符号表中每一个标识符都表示一个整数,从花括号中的第一个标识符开始,各标识符分别代表 $0,1,2,3,\cdots$。例如:

```
printf("%d, %d", Sunday, Friday);
```

运行结果为:

```
0,5
```

可以在定义类型时对枚举标识符进行初始化。例如:

```
enum days
{Sunday, Monday, Tuesday = 100, Wednesday, Thursday, Friday = 110, Saturday};
```

则各个标识符的值如下:

```
Sunday       0
Monday       1
Tuesday      100
Wednesday    101
Thursday     102
Friday       110
Saturday     111
```

枚举符号表中每一个标识符虽然都表示一个整数,但不能将一个整数直接赋给枚举变量,可以用强制类型转换将一个整数所代表的枚举常量赋给枚举变量。例如:

```
workday = 1;                    //错误
workday = (enum days)1;         //正确,它相当于 workday = Monday;
```

枚举变量还可以进行比较。例如:

```
if(workday == Monday) printf("Monday");
```

由于枚举符号不是字符串,实质上是一个整型数值,因此不能以字符串的形式输出。例如:

```
printf("%s",Sunday);           //错误
```

7.3.3 枚举类型的应用

【例 7-15】 箱子中装有红、黄、蓝、白、黑 5 种颜色的球若干个。每次从箱子中取出 3 个球,求得到 3 种不同颜色的球的可能取法,并打印出每种组合的 3 种颜色。球有 5 种颜色,每个球的颜色只能是 5 种中的一种,要判断各球是否同色,可使用枚举变量完成本题。

分析:设取出的 3 个球分别用 a、b、c 表示,a、b、c 定义成枚举变量,它们可能的取值是:

Red、Yellow、Blue、White、Black。当 a!＝b!＝c 时,表示取出了 3 个不同颜色的球。

```
# include < stdio. h >
void main( )
{ enum color { Red,Yellow,Blue,White,Black}a,b,c;
  char * name[ ] = {"Red","Yellow","Blue","White","Black"};
  int num = 0;
  for(a = Red;a < = Black;a ++ )
    for(b = Red;b < = Black;b ++ )
      if(a! = b)
        {for(c = Red;c < = Black;c ++ )
          if(c! = a&&c! = b)
           {num ++ ;
            printf("\n % - 5d",num);
            printf(" % - 9s % - 9s % - 9s",name[a],name[b],name[c]);
           }
        }
  printf("\nTotal: % d",num);
}
```

运行结果为:

1	Red	Yellow	Blue
2	Red	Yellow	White
3	Red	Yellow	Black
4	Red	Blue	Yellow
5	Red	Blue	White
6	Red	Blue	Black
7	Red	White	Yellow
8	Red	White	Blue
9	Red	White	Black
10	Red	Black	Yellow
11	Red	Black	Blue
12	Red	Black	White
13	Yellow	Red	Blue
14	Yellow	Red	White
15	Yellow	Red	Black
16	Yellow	Blue	Red
17	Yellow	Blue	White
18	Yellow	Blue	Black
19	Yellow	White	Red
20	Yellow	White	Blue
21	Yellow	White	Black
22	Yellow	Black	Red
23	Yellow	Black	Blue
24	Yellow	Black	White
25	Blue	Red	Yellow
26	Blue	Red	White
27	Blue	Red	Black
28	Blue	Yellow	Red
29	Blue	Yellow	White
30	Blue	Yellow	Black
31	Blue	White	Red

32	Blue	White	Yellow
33	Blue	White	Black
34	Blue	Black	Red
35	Blue	Black	Yellow
36	Blue	Black	White
37	White	Red	Yellow
38	White	Red	Blue
39	White	Red	Black
40	White	Yellow	Red
41	White	Yellow	Blue
42	White	Yellow	Black
43	White	Blue	Red
44	White	Blue	Yellow
45	White	Blue	Black
46	White	Black	Red
47	White	Black	Yellow
48	White	Black	Blue
49	Black	Red	Yellow
50	Black	Red	Blue
51	Black	Red	White
52	Black	Yellow	Red
53	Black	Yellow	Blue
54	Black	Yellow	White
55	Black	Blue	Red
56	Black	Blue	Yellow
57	Black	Blue	White
58	Black	White	Red
59	Black	White	Yellow
60	Black	White	Blue

Total:60

7.4 用户自定义类型

前面介绍了 C 语言的数据类型,其包括基本类型(如 int、char、flaot、double、long 等)、构造类型(如结构体、共用体、枚举类型)和指针类型。这些数据类型在使用时都必须使用 C 语言特定的类型名。在 C 语言中还允许用户自定义类型来代替特定的类型名。

7.4.1 用户自定义类型的定义格式

用户自定义类型的定义格式:

typedef 已有类型名 标识符;

例如:

typedef int INTEGER;typedef float REAL;

可以用新类型名来定义变量:

INTEGER i,j; REAL a,b;

结构体和共用体

例如，声明结构体类型：

```
typedef   struct
{    int month;
     int day;
int year;} DATE;              //声明 DATE 为结构体类型
```

可以定义：

```
DATE birthday;   DATE * p;    //定义一个结构体变量和一个结构体指针
```

例如：

```
typedef int NUM[10];         //声明 NUM 为整型数组类型
NUM grade;                   //定义一个整型数组变量
```

例如：

```
typedef char * String;       //声明 String 为字符指针类型
String   p,str[10];          //p 为字符指针变量,str 为指针数组(其元素是字符指针)
```

7.4.2　用户自定义类型声明新类型的方法

（1）按常规定义变量的方法写出定义体。例如：

```
int i; int a[10];
```

（2）将原变量名换成新类型名。例如：

```
int ci;int ai[10]            //实现将原有变量 i,a[10]换名
```

（3）在最前面加上 typedef。例如：

```
typedef int ci;   typedefint ai[10];
```

（4）可以用新类型名去定义变量。例如：

```
ci m,n;                      //表明变量 m,n 均为整型
ai a,b,c,d;                  //表明 a,b,c,d 都是含有 10 个元素的一维数组
```

7.4.3　使用用户自定义类型的有关说明

使用用户自定义类型的有关说明如下。

（1）用 typedef 可以声明各种类型名,但不能用来定义变量。

（2）用 typedef 只是对已经存在的类型增加一个类型名,并没有创造新的数据类型。例如,前面定义过的"typedef int ci;""typedef int ai[10]；",它们无非是将 int 型的变量和数组赋予了一个新的名字,而无论使用哪种方式定义变量,代表的数据类型以及含义仍然是一样的。

（3）typedef 与♯define 有相似之处,但两者的实质不同。如"typedef int COUNT;"和"♯define COUNT int;"都是用 COUNT 代替 int。♯define 在预编译时处理,它只做简单的字符串替换；而 typedef 则在编译时处理,并且不是做字符串替换,而是采用如同定义变

量的方法来声明一个类型。

（4）当不同的源文件中用到同一种数据类型（尤其是像数组、指针、结构体、共用体等类型）时，常用 typedef 声明一些数据类型，并把它们单独放在一个文件中，然后在需要用到这些类型数据的文件中用 ♯include 命令把它们包含进来。

（5）使用 typedef 还有利于程序的通用与移植。假设不同的计算机存放整数时用不同的字节数，则要实现不同计算机之间的程序移植（如从 4 字节到 8 字节），一般的方法是将程序中定义变量的每一个 int 都改为 long，显然数量越多越麻烦。若在程序开始时，用 Integer 来声明 int：typedef int Integer，并且在程序中所有用到整型变量的地方都用 Integer 来定义，则程序移植时，只需改动 typedef 定义体即可（即将 typedef int Integer 改为 typedef long Integer）。

7.5 综合程序设计举例

【例 7-16】 创建一个简单通讯录，要求有姓名、年龄、性别、电话号码和家庭住址。

```c
# include < stdio. h >
# include < stdlib. h >
# define maxmum 5
struct stud
{
    char name[20];int age;char sex;char telnumber[8];char address[50];};
    void main()
{
struct stud student[maxmum], * sp;
sp = student;
char str[10];
int i;
for(i = 0;i < maxmum;i ++ )
{
    printf("please enter the name\n");
    gets(student[i].name);
    printf("please enter age\n");
    gets(str);
    sp -> age = atoi(str);
    printf("please enter telnumber\n");
    gets(( * sp).telnumber);
    printf("please enter address\n");
    gets(sp -> address);
    printf("please enter sex\n");
    gets(str);
    sp -> sex = str[0];
    sp ++ ;
}
printf("\n name     sex    old    tel    address");
printf("\n.....................................");
sp = student;
for(i = 0;i < maxmum;i ++ )
```

结构体和共用体

```
{    printf("\n % - 14s % - 7d",sp -> name,sp -> age);
     printf("% - 7c % - 10s % - 25s",sp -> sex,sp -> telnumber,sp -> address);
     sp ++ ;
}}
```

【例 7-17】 模拟一个商店的商品销售管理系统,其中包含两个表:一个是库存表,该表包含的数据项有商品名、数量、进价、占用金额;另一个是销售表,该表包含的数据项有商品名、销售量、单价、销售金额。该程序中可完成先建立好商品的原始库存表,在库存表中记录了商店所含商品的种类,再建立商品的销售初始表,初始时只录入了商品名及商品的售价,销售量及销售额初始为 0。当两个表建成后,可以实现销售过程中把所售商品的商品名及数量输入,由系统自动完成相应库存表及销售表数据的更新,并可随时查看库存商品及占用的资金、销售的商品及销售总额,可对商品的销售情况实现计算机管理。

```
# include < stdio. h >
# include < string. h >
# include < stdlib. h >
struct xx
{char pm[20];
     int sl;
     float jj;
     float je;
     }kc[100];
struct yy
{char pm[20];
     int sl;
     float dj;
     float je;
     }xs[100];
int zl = 0;

main()
{char ch;
clrscr();//TC 环境下可以用,一般用 system("cls"),包含在 stdlib.h 头文件中
while(1)
{ printf("\n\n\n\n\n\n\n\n");
printf(" =================== \n");
printf("      1.库存表初始录入\n");
printf("      2.销售表初始录入\n");
printf("      3.销售商品\n");
printf("      4.库存表查询\n");
printf("      5.销售表查询\n");
printf("      6.退出\n");
printf(" =================== \n\n");
printf("please choice(1 - 6): \n");
scanf(" % c",&ch); getchar();     /* 输入选择的序号 */
switch(ch)
{   case '1':kclr();break;
    case '2':xslr();break;
    case '3':xs1();break;
```

```
    case '4':kccx();break;
    case '5':xscx(); break;
    case '6':exit(0);
    }
  }
}
kclr()                              /* 库存表初始数据录入 */
{
char ch,a[10];
clrscr();
while(1)
{ printf("shuru pm:");
gets(kc[zl].pm);
printf("shuru sl:");
gets(a);
kc[zl].sl = atoi(a);
printf("shuru jj:");
gets(a);
kc[zl].jj = atof(a);
kc[zl].je = kc[zl].sl * kc[zl].jj;
printf("hai shu ru ma(y/n)?");
scanf(" % c",&ch);
getchar();
if(ch == 'n'||ch == 'N') break;
else clrscr();
zl = zl + 1;
}
}

xslr()                             /* 销售表初始数据录入 */
{
char ch,a[20];
int i = 0;
clrscr();
while(i < = zl)
{ printf("shuru pm:");
gets(xs[i].pm);
printf("shuru dj:");
gets(a);
xs[i].dj = atof(a);
xs[i].sl = 0;
xs[i].je = 0;
i ++ ;
}
}

xs1()                              /* 销售商品后,库存表和销售表修改 */
{
char pm[20],a[20];
int sl,i = 0,j = 0;
printf("shuru pm:");
```

```
gets(pm);
printf("shuru shuliang:");
gets(a);
sl = atoi(a);
while(i <= zl)
{ if(strcmp(xs[i].pm,pm) == 0) break;
i++;
}
if(i > zl)
{ printf("wu ci shang pin");
return;
}
else
{ while(j <= zl)
    {if(strcmp(kc[j].pm,pm) == 0) break;
j++;
}
    kc[j].sl = kc[j].sl - sl;
    kc[j].je = kc[j].sl * kc[j].jj;
    xs[i].sl = xs[i].sl + sl;
    xs[i].je = xs[i].sl * xs[i].dj;
}
}


kccx()                          /*库存查询*/
{
int i;
float zje = 0;
printf("     pm     sl     jj       je\n");
for(i = 0;i <= zl;i++)
  {
  printf("% - 20s % 5d % 8.2f % 10.2f\n",kc[i].pm,kc[i].sl,kc[i].jj,kc[i].je);
  zje = zje + kc[i].je;
  }
printf(" ku cun zong jin e wei: % - 10.2f",zje);
}
xscx()                          /*销售查询*/
{
int i;
float zje = 0;
printf("     pm     sl       jd       je\n");
for(i = 0;i <= zl;i++)
  {
  printf("% - 20s % 5d % 8.2f % 10.2f\n",xs[i].pm,xs[i].sl,xs[i].dj,xs[i].je);
  zje = zje + xs[i].je;
  }
printf(" xiao shou zong jin e wei: % - 10.2f",zje);
}
```

【实训 12】 结构体程序设计

一、实训目的

1. 掌握结构体类型方法以及结构体变量的定义和引用。

2. 掌握指向结构体变量的指针变量的应用,特别是链表的应用。

3. 掌握运算符".""和"—＞"的应用。

二、实训任务

1. 某班有若干名学生,每一名学生的信息包括学号、姓名、3门课程的成绩。定义一个可以存放5名学生的结构体数组,实现对结构体数组的输入与输出。以下程序中存在一些错误,请调试纠正。

```
#include<stdio.h>
struct student{              //定义结构体类型
long int number;             //学号
char name[8];                //姓名
float score[2];              //3门课程的成绩
}
void main()
{
  struct studentt stud[5];    //定义结构体数组
  int i,j;
  for(i=0;i<5;i++)            //输入
  {
      scanf("%ld",&stud[i].number);
      scanf("%s",stud[i].name);
      for(j=0;j<3;j++)
      scanf("%f",&stud[i].score[j]);
  }
  printf("\n学号    姓名    数学    英语\n"); //输出
  for(i=0;i<5;i++)
  {
      printf("%ld", number);
      printf("%7s ",stud[i].name);
      for(j=0;j<3;j++)
          printf("%7.1f",stud[i].score[j]);
          printf("\n");
  }
  return 0;
}
```

2. 有5个学生,每个学生的数据包括学号、姓名、3门课程的成绩。从键盘输入5个学生的数据,要求打印出3门课程的平均成绩以及最高成绩的学生的数据(包括学号、姓名、3门课程的成绩、平均成绩等)。

3. 用链表实现一个"老鹰捉小鸡"的游戏。第一只"小鸡"用手揪住"老母鸡"的尾巴,第二只小鸡揪住第一只"小鸡"的尾巴,……,以此类推,最后第 n 只小鸡揪住第 $n-1$ 只"小鸡"的尾巴。在游戏过程中"小鸡"们紧密地连接在一起。由"老母鸡"带头的小鸡队伍构成如图7-4所示。

三、实训步骤

1. 程序第5行"float score[2];"应改为"float score[3];",原因是3门课成绩,下标应为3。

程序第9行,结构体数组的定义应该使用和结构体类型相同的类型名,应该更改为

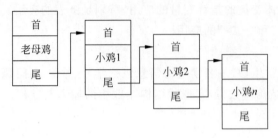

图 7-4 "老鹰捉小鸡"图例表示

"struct student stud[5];"。

2. 首先创建一个结构体数组,结体构中含有学号、姓名、3 门课程的成绩,以及平均成绩 4 个分量。程序参考代码 lab7_1.cpp 如下:

```cpp
//lab7_1.cpp
struct student
{
    char num[6];
    char name[8];
    int score[4];
    float avr;
}stu[5];
#include<stdio.h>
int main()
{   int i,j,max,maxi,sum;
    float average;
    /*输入*/
    for(i=0;i<5;i++)
    {   printf("\n请输入学生%d的成绩:\n",i+1);
        printf("学号: ");
        scanf("%s",stu[i].num);
        printf("姓名: ");
        scanf("%s",stu[i].name);
        for(j=0;j<3;j++)
        {   printf("成绩%d",j+1);
            scanf("%d",&stu[i].score[j]);}
    }
    /*计算*/
    average=0;
    max=0;
    maxi=0;
    for(i=0;i<5;i++)
    {   sum=0;
        for(j=0;j<3;j++)
        sum+=stu[i].score[j];
        stu[i].avr=sum/3.0;
        average+=stu[i].avr;
        if(sum>max)
        {   max=sum;
```

```
            maxi = i;
        }
    }
    average/ = 10;
    / * 打印 * /
    printf(" 学号   姓名    成绩 1    成绩 2    成绩 3    平均成绩\n");
        for(i = 0;i < 5;i + + )
        {   printf(" % 8s % 10s",stu[i].num,stu[i].name);
            for(j = 0;j < 3;j + + )
                printf(" % 7d",stu[i].score[j]);
            printf(" % 6.2f\n",stu[i].avr);
        }
    printf("平均成绩是 % 5.2f\n",average);
    printf("最高成绩是学生   % s,总分是   % d",stu[maxi].name,max);
    return 0;
    }
```

3. 利用结构体描述上述关系,可以定义如下结构体。

```
struct Chicken
{
  ⋮
 struct Chicken * next;
}
```

在结构体增加一新的成员 struct Chicken * next,用于存储下一个对象的内存地址,这样找到"老母鸡"即可找到所有的小鸡。程序参考源代码 lab7_2.cpp 如下:

```
//lab7_2.cpp
# include < stdio. h >
struct Chicken
{
  char Name[20]; / * 名字 * /
  struct Chicken * next; / * 下一对象的地址 * /
};
void main( )
{
  struct Chicken No4 = {"Chicken No4",NULL};
  struct Chicken No3 = {"Chicken No3",NULL};
  struct Chicken No2 = {"Chicken No2",NULL};
  struct Chicken No1 = {"Chicken No1",NULL};
  struct Chicken Hen = {"Hen",NULL};
  struct Chicken * pChicken = NULL;
  / * 建立链表 * /
  Hen.next = &No1;
  No1.next = &No2;
  No2.next = &No3;
  No3.next = &No4;
  / * 遍历链表 * /
  pChicken = &Hen;
  while(pChicken! = NULL)
```

```
    {
      printf("%s\n",pChicken->Name);
      pChicken = pChicken->next;
    }
}
```

运行结果为:

```
Hen
Chicken No1
Chicken No2
Chicken No3
Chicken No4
```

【实训 13】 共用体程序设计

一、实训目的

1. 掌握共用体的定义和应用。

2. 熟悉枚举类型的应用。

3. 了解自定义数据类型的使用。

二、实训任务

1. 分析下面程序输出的结果,并验证分析结果正确与否。

```
#include<stdio.h>
typedef union{
      int i;
      char c;
}x;
void  main()
{ x y;
  y.i=65;
  y.c='B';
  printf("%d\n",y.i);
return 0;
}
```

2. 编写一个程序,已知某天是星期几,计算出下一天是星期几。要求使用枚举变量。

三、实训步骤

1. 在 Visual C++环境下编辑运行程序。程序的运行结果为 66。

说明:因为共用体成员变量在某一时刻只能有一个成员有效。

2. 程序参考源代码 lab7_3.cpp 如下:

```
//lab7_3.cpp
enum day {Sun,Mon,Tue,Wed,Thu,Fri,Sat};
day day_after(day d)
{
    return((enum day)(((int)d+1)%7));
}
#include<stdio.h>
```

```
int main()
{
    enum day d1,d2;
    static char name[7][4] = {"Sun","Mon","Tue","Wed","Thu","Fri","Sat"};
    d1 = Sat;
    d2 = day_after(d1);

    printf("%s\n",name[(int)d2]);
    return 0;
}
```

本 章 小 结

本章介绍了 C 语言的结构体类型和共用体类型以及基本数据类型枚举类型与用户自定义类型的数据类型。

结构体类型是一种复杂而灵活的构造数据类型,它可以将多个相互关联但类型不同的数据项作为一个整体进行处理。在定义结构体变量时,每一个成员都要分配空间来存放各自的数据。

共用体是另一种构造数据类型,但在定义共用体变量时,只按占用空间最大的成员来分配空间,在同一时刻只能存放一个数据成员的值。

枚举类型是一种基本类型,而不是一种构造类型,因为它不能被分解为任何基本类型。

习　题　7

一、选择题

1. 当说明一个结构体变量时,系统分配给它的内存是(　　　)。

    A. 各成员所需内存量的总和　　　　　B. 结构中第一个成员所需的内存量

    C. 成员中占内存量最大者所需的容量　　D. 结构中最后一个成员所需内存量

2. 设有以下说明语句,则下面的叙述不正确的是(　　　)。

```
struct stu
{ int a;
  float b;
} stutype;
```

    A. struct 是结构体类型的关键字　　　B. struct stu 是用户定义的结构体类型

    C. stutype 是用户定义的结构体类型名　D. a 和 b 都是结构体成员名

3. C 语言结构体类型变量在程序执行期间(　　　)。

    A. 所有成员一直驻留在内存中　　　　B. 只有一个成员驻留在内存中

    C. 部分成员驻留在内存中　　　　　　D. 没有成员驻留在内存中

4. 当说明一个共用体变量时,系统分配给它的内存是(　　　)。

    A. 各成员所需内存量的总和　　　　　B. 结构中第一个成员所需的内存量

    C. 成员中占内存量最大者所需的容量　　D. 结构中最后一个成员所需内存量

5. 以下对 C 语言中共用体类型数据的叙述正确的是(　　)。

    A. 可以对共有体变量名直接赋值

    B. 一个共用体变量中可以同时存放其所有成员

    C. 一个共用体变量中不可以同时存放其所有成员

    D. 共用体类型定义中不能出现结构体类型的成员

6. 设有定义"enum date {year,month,day}d;",则正确的表达式是(　　)。

    A. year＝1　　　　　　B. d＝year　　　　　C. d="year"　　　　D. date="year"

7. 根据下面的定义,能打印出字母 M 的语句是(　　)。

```
struct person{char name[9];
int age;};
struct person class[10] =
{"John",17,"Paul",19,"Mary"18,"adam",16};
```

    A. printf("%c\n",class[3]. name);

    B. printf("%c\n",class[3]. name [1]);

    C. printf("%c\n",class[2]. name [1]);

    D. printf("%c\n",class[2]. name [0]);

8. 若有以下定义和语句:

```
struct student
{int age;
 int num;};
 struct student stu[3] = {{1001,20},{1002,19},{1003,21}};
main()
{struct student * p;
 p = stu; … }
```

    则以下不正确的引用是(　　)。

    A. (p++)－>num　　　　　　　　　　B. p++

    C. (* p). num　　　　　　　　　　　D. p＝&stu. age

9. 若有以下定义语句:

```
union data
{int l; char c; float f;}a;
 int n;
```

    则以下语句正确的是(　　)。

    A. a＝5;　　　　　　　　　　　　　B. a={2,'a',1. 2};

    C. printf("%d\n"a);　　　　　　　　D. n＝a;

10. 下面对 typedef 的叙述中不正确的是(　　)。

    A. 用 typedef 可以定义各种类型名,但不能用来定义变量

    B. 用 typedef 可以增加新类型

    C. 用 typedef 只是将已存在的类型用一个新的标识符来代表

    D. 使用 typedef 有利于程序的通用移植

二、填空题

1. 用（　　　）运算符和（　　　）运算符访问结构体类型的成员。

2. 设有定义语句：

```
enum team{my, your = 2, his, her = his + 5};
```

则 printf("%d", her) 的输出结果是（　　　）。

3. 若有如下定义语句，

```
union aa {int x; char c[2];}; struct bb {union aa m, float w[3]; double n;}w;
```

则变量 w 在内存中所占的字节数为（　　　）。

4. 若有如下定义，

```
struct sk{int a; float b;}data, * p = &data;
```

则用 p 表示对 data 中 a 成员的引用为（　　　）。

5. 使用用户自定义类型的关键字是（　　　）。

三、写出下列程序的运行结果

1. 程序清单如下：

```
# include < stdio. h >
void main()
{struct cmplx{int x;
 int y;}cnumn[2] = {1, 3, 2, 7};
 printf("% d\n", cnumn[0].y/cnumn[0].x * cnumn[1].x);}
```

2. 源程序如下：

```
# include < stdio. h >
union pw
{int i; char ch[2];}a;
 void main()
{a. ch[0] = 13;
 a. ch[1] = 0;
printf("% d\n", a. i);}
```

3. 源程序如下：

```
struct ks
{int a;
 int * b;
}s[4], * p;
void main()
{
 int i, n = 1;
 printf("\n");
 for(i = 0; i < 4; i ++)
 {
  s[i].a = n;
  s[i].b = &s[i].a;
```

```
n = n + 2;
}
p = &s[0];
p + + ;
printf("% d, % d\n", ( ++ p) -> a,(p ++ ) -> a);
}
```

四、完善程序题

结构数组中存有 3 人的姓名和年龄,以下程序输出 3 人中最年长者的姓名和年龄。请在_____内填入正确内容。

```
static struct man{
char name[20];
int age;
}person[] = {{"li - ming",18},{"wang - hua",19},{"zhang - ping",20} };
void main()
{struct man  * p, * q;
int old = 0;
p = person;
for(;p _____;p ++ )
if(old < p -> age)
{q = p;_____;}
printf("% s % d",_____);
}
```

五、程序设计题

1. 定义一个结构体变量(包括年、月、日)计算某日在本年中是第几天(注意考虑闰年问题)。

2. 建立一个链表,每个结点包括学号、姓名、年龄。输入一个年龄,如果链表中的结点所包含的年龄等于此年龄,则将此结点删去。

第8章 位 运 算

所谓位运算是指进行二进制位的运算。C语言提供了位运算的功能，这使得C语言也能像汇编语言一样用来编写系统程序。

本章学习目标与要求

➤ 了解C语言中位运算的作用和特点。

➤ 掌握位运算概念及运算规律。

➤ 熟悉位运算程序设计。

8.1 位 运 算 符

C语言提供了如下6种位运算符：

&	按位与
|	按位或
^	按位异或
~	取反
<<	左移
>>	右移

8.1.1 按位与运算

按位与运算符"&"是双目运算符。其功能是参与运算的两数各对应的二进位相与。只有对应的两个二进位均为1时，结果位才为1，否则为0。参与运算的数以补码方式出现。

例如，9&5可写成如下算式：

```
  00001001     （9的二进制补码）
& 00000101     （5的二进制补码）
  00000001     （1的二进制补码）
```

可见9&5=1。

按位与运算通常用来对某些位清0或保留某些位。例如，把a的高8位清0，保留低8位，可作a&255运算（255的二进制数为0000000011111111）。

【例8-1】 按位与运算。

```c
#include<stdio.h>
void main(){
    int a=9,b=5,c;
```

```
c = a&b;
printf("a = %d\nb = %d\nc = %d\n",a,b,c);
```

8.1.2　按位或运算

按位或运算符"|"是双目运算符。其功能是参与运算的两数各对应的二进位相或。只要对应的二个二进位有一个为 1 时，结果位就为 1。参与运算的两个数均以补码的方式出现。

例如，9|5 可写成如下算式：

```
 00001001          （9 的二进制补码）
|00000101          （5 的二进制补码）
 00001101          （13 的二进制补码）
```

可见 9|5＝13（十进制为 13）

【例 8-2】　按位或运算。

```
void main(){
    int a = 9,b = 5,c;
    c = a|b;
    printf("a = %d\nb = %d\nc = %d\n",a,b,c);
}
```

8.1.3　按位异或运算

按位异或运算符"^"是双目运算符。其功能是参与运算的两数各对应的二进位相异或，当两对应的二进位相异时，结果为 1。参与运算数仍以补码出现，例如 9^5 可写成如下算式：

```
 00001001
^00000101
 00001100          （十进制为 12）
```

【例 8-3】　按位异或运算。

```
void main(){
    int a = 9;
    a = a^5;
    printf("a = %d\n",a);
}
```

8.1.4　求反运算

求反运算符"～"为单目运算符，具有右结合性。其功能是对参与运算的数的各二进位按位求反。

例如，～9 的运算如下。

～(0000000000001001)结果为：1111111111110110。

8.1.5　左移运算

左移运算符"<<"是双目运算符。其功能把"<<"左边的运算数的各二进位全部左移若干位,由"<<"右边的数指定移动的位数,高位丢弃,低位补 0。

例如:

a << 4

指把 a 的各二进位向左移动 4 位。如 a＝00000011(十进制为 3),左移 4 位后为 00110000(十进制为 48)。

8.1.6　右移运算

右移运算符">>"是双目运算符。其功能是把">>"左边的运算数的各二进位全部右移若干位,">>"右边的数指定移动的位数。

例如:

a >> 2

a＝15,则把 000001111 右移为 00000011(十进制为 3)。

应该说明的是,对于有符号数,在右移时,符号位将随同移动。当为正数时,最高位补 0;而为负数时,符号位为 1,最高位是补 0 还是补 1 取决于编译系统的规定,Turbo C 和很多系统规定为补 1。

【例 8-4】　右移运算。

```
void main(){
    unsigned a,b;
    printf("input a number:    ");
    scanf("% d",&a);
    b = a >> 5;
    b = b&15;
    printf("a =% d\tb =% d\n",a,b);
}
```

8.2　位域(位段)

有些信息在存储时,并不需要占用一个完整的字节,而只需要占几个或一个二进制位。例如在存放一个开关量时,只有 0 和 1 两种状态,用一位二进制位即可。为了节省存储空间,并使处理简便,C 语言又提供了一种数据结构,称为"位域"或"位段"。

所谓位域是把一个字节中的二进位划分为几个不同的区域,并说明每个区域的位数。每个域有一个域名,允许在程序中按域名进行操作。这样就可以把几个不同的对象用一个字节的二进制位域来表示。

8.2.1　位域的定义和位域变量的说明

位域定义与结构定义相仿,其格式为:

```
struct 位域结构名
    { 位域列表 };
```

其中位域列表的格式为:

类型说明符 位域名:位域长度

例如:

```
struct bs
{
    int a:8;
    int b:2;
    int c:6;
};
```

位域变量的说明与结构变量说明的方式相同。可采用先定义后说明、同时定义说明或者直接说明 3 种方式。

例如:

```
struct bs
{
    int a:8;
    int b:2;
    int c:6;
}data;
```

说明 data 为 bs 变量,共占两个字节。其中位域 a 占 8 位,位域 b 占 2 位,位域 c 占 6 位。

对于位域的定义尚有以下几点说明。

(1) 一个位域必须存储在同一个字节中,不能跨两个字节。若一个字节所剩空间不够存放另一位域时,则从下一单元起存放该位域。也可以有意使某位域从下一单元开始。

例如:

```
struct bs
{
    unsigned a:4
    unsigned :0                 /* 空域 */
    unsigned b:4                /* 从下一单元开始存放 */
    unsigned c:4
}
```

在这个位域定义中,a 占第一字节的 4 位,后 4 位填 0 表示不使用,b 从第二字节开始,占用 4 位,c 占用 4 位。

(2) 由于位域不允许跨两个字节,因此位域的长度不能大于一个字节的长度,也就是说不能超过 8 位二进制数。

(3) 位域可以无位域名,这时它只用来作为填充位置或调整位置。无名的位域是不能使用的。例如:

```
struct k
{
```

```
    int a:1
    int  :2              /*这2位不能使用*/
    int b:3
    int c:2
};
```

从以上分析可以看出,位域在本质上就是一种结构类型,不过其成员是按二进制数分配的。

8.2.2　位域的使用

位域的使用和结构成员的使用相同,其一般格式为:

位域变量名·位域名

位域允许用各种格式输出。

【例 8-5】 位域的使用。

```
void main(){
    struct bs
    {
        unsigned a:1;
        unsigned b:3;
        unsigned c:4;
    } bit, * pbit;
    bit.a = 1;
    bit.b = 7;
    bit.c = 15;
    printf(" % d, % d, % d\n",bit.a,bit.b,bit.c);
    pbit = &bit;
    pbit - > a = 0;
    pbit - > b& = 3;
    pbit - > c| = 1;
    printf(" % d, % d, % d\n",pbit - > a,pbit - > b,pbit - > c);
}
```

例 8-5 的程序中定义了位域结构 bs,3 个位域为 a、b、c,说明了 bs 类型的变量 bit 和指向 bs 类型的指针变量 pbit。这表示位域也是可以使用指针的。程序的第 8～10 行分别给 3 个位域赋值(应注意赋值不能超过该位域的允许范围)。程序第 11 行以整型量格式输出 3 个域的内容。第 12 行把位域变量 bit 的地址送给指针变量 pbit。第 13 行用指针方式给位域 a 重新赋值,赋为 0。第 14 行使用了复合的位运算符"&=",该行相当于:

```
pbit - > b = pbit - > b&3
```

位域 b 中原有值为 7,与 3 做按位与运算的结果为 3(111&011＝011,十进制值为 3)。同样,程序第 15 行中使用了复合位运算符"|=",相当于:

```
pbit - > c = pbit - > c|1
```

其结果为 15。程序第 16 行用指针方式输出了这 3 个域的值。

【例 8-6】 按位运算。

```c
#include <stdio.h>
void displayBits(unsigned);                          //此函数显示二进制数,每 8 位分为一组

void main()
{
  unsigned number1, number2, mask, setBits;
  number1 = 65535;
  mask = 1;
  printf(" 把以下两个二进制数: \n");
  displayBits(number1);
  displayBits(mask);
  printf(" 进行按位与操作(用运算符'&'),结果是: \n");
  displayBits(number1 & mask);
  number1 = 15;
  setBits = 241;
  printf("\n 把以下两个二进制数: \n");
  displayBits(number1);
  displayBits(setBits);
  printf(" 进行按位或操作(用运算符'|'),结果是: \n");
  displayBits(number1|setBits);
  number1 = 139;
  number2 = 199;
  printf("\n 把以下两个二进制数: \n");
  displayBits(number1);
  displayBits(number2);
  printf(" 进行按位异或操作(用运算符'^'),结果是: \n");
  displayBits(number1 ^ number2);
  number1 = 21845;
  printf("\n 对以下无符号数按位求反: \n");
  displayBits(number1);
  printf(" 结果是: \n");
  displayBits(~number1);
}
//此函数显示二进制数,每 8 位分为一组.value 是被检测的无符号数
void displayBits(unsigned value)
{
  unsigned c, displayMask = 1 << 15;                 //使无符号数 displayMask 的最高位为 1
  //其余各位为 0(作为屏蔽字)
  printf(" %7u = ", value);
  for(c = 1;c <= 16;c ++)
    {
      putchar(value & displayMask ? '1':'0');        //value 和 displayMask 进行按位与操作
      value = value << 1;
      if(c % 8 == 0)
    putchar(' ');
    }
  putchar('\n');
}
```

运行结果为:

把以下两个二进制数:
```
65535 = 11111111 11111111
    1 = 00000000 00000001
```
进行按位与操作(用运算符'&'),结果是:
```
    1 = 00000000 00000001
```
把以下两个二进制数:
```
   15 = 00000000 00001111
  241 = 00000000 11110001
```
进行按位或操作(用运算符'|'),结果是:
```
  255 = 00000000 11111111
```
把以下两个二进制数:
```
  139 = 00000000 10001011
  199 = 00000000 11000111
```
进行按位异或操作(用运算符'^'),结果是:
```
   76 = 00000000 01001100
```
对以下无符号数按位求反:
```
21845 = 01010101 01010101
```
结果是:
```
4294945450 = 10101010 10101010
```

【例 8-7】 移位运算。

```
# include < stdio.h >
void main()
{
  printf(" -------------- i 是正数 -------------- \n");
  int i = 45;                              //i = 00101101B = 0X2D
  printf("  i = %d,    i = %x\n", i, i);    //i = 45
  //i 左移 1 位
  i = (i << 1);                            //i = 01011010B = 0X5A
  printf("  i = %d,    i = %x\n", i, i);    //i = 90
  //i 继续左移 1 位
  i = (i << 1);                            //i = 10110100B = 0XB4
  printf("  i = %d,    i = %x\n", i, i);    //i = 180
  //i 右移 2 位
  i = (i >> 2);                            //i = 00101101B = 0X2D
  printf("  i = %d,    i = %x\n", i, i);    //i = 45
  //i 继续右移 1 位
  i = (i >> 1);                            //i = 00010110B = 0X16
  printf("  i = %d,    i = %x\n", i, i);    //i = 22
  printf(" -------------- i 是负数 -------------- \n");
  int j = - 45;                            //j = 111111111110010011B = 0XFFD3
  printf("  j = %d,    j = %x\n", j, j);    //j = - 45
  //j 左移 1 位
  j = (j << 1);                            //j = 1111111110100110B = 0XFFA6
  printf("  j = %d,    j = %x\n", j, j);    //j = - 90
  //j 继续左移 1 位
  j = (j << 1);                            //j = 1111111101001100B = 0XFF4C
  printf("  j = %d,    j = %x\n", j, j);    //j = - 180
  //j 右移 2 位
  j = (j >> 2);                            //j = 1111111111010011B = 0XFFD3
```

```
    printf("   j=%d,      j=%x\n", j, j);           //j=-45
    //j 继续右移 1 位
    j = (j >> 1);                                   //j = 11111111111101001B = 0XFFE9
    printf("   j=%d,      j=%x\n", j, j);           //j=-22
}
```

运行结果为:

```
-------------- i 是正数 --------------
 i = 45,     i = 2D
 i = 90,     i = 5A
 i = 180,    i = B4
 i = 45,     i = 2D
 i = 22,     i = 16
-------------- i 是负数 --------------
 j = -45,   j = FFFFFFD3
 j = -90,   j = FFFFFFA6
 j = -180,  j = FFFFFF4C
 j = -45,   j = FFFFFFD3
 j = -23,   j = FFFFFFE9
```

【例 8-8】 循环移位。

```
# include < stdio. h >
//此函数显示二进制数,每 8 位分为一组. value 是被检测的无符号数
void displayBits(unsigned value)
{
    unsigned c, displayMask = 1 << 15;              //使无符号数 displayMask 的最高位为 1
                                                    //其余各位为 0(作为屏蔽字)
    printf("%7u = ", value);
    for(c = 1;c <= 16;c ++ )
    {
        putchar(value & displayMask ? '1':'0');     /* value 和 displayMask 进行按位与操作 */
        value = value << 1;
        if(c % 8 == 0)
        putchar(' ');
    }
    putchar('\n');
}

void main()
{
    unsigned a, b, c;
    int n;
    printf(" 请输入一个无符号数:\n");
    scanf("%u", &a);
    printf(" 请输入移位位数:\n");
    scanf("%d", &n);
    printf(" a :       ");
    displayBits(a);
    b = a <<(16 - n);
    printf(" b :    ");
```

```
displayBits(b);
c = a >> n;
printf(" c :     ");
displayBits(c);
c = c | b;
printf(" a :     ");
displayBits(a);
printf(" c :     ");
displayBits(c);
}
```

运行结果为：

请输入一个无符号数：
39
请输入移位位数：
2
　a :   39 = 00000000 00100111
　b :   638976 = 11000000 00000000
　c :   9 = 00000000 00001001
　a :   39 = 00000000 00100111
　c :   638985 = 11000000 00001001

本 章 小 结

　　位运算是 C 语言的一种特殊运算功能，它是以二进制位为单位进行运算的。位运算符只有逻辑运算和移位运算两类。位运算符可以与赋值符一起组成复合赋值符，如 & =、| =、^ =、>> =、<< =等。利用位运算可以完成汇编语言的某些功能，如置位、位清零、移位等，还可进行数据的压缩存储和并行运算。

　　位域在本质上也是结构类型，不过它的成员按二进制位分配内存，其定义、说明及使用的方式都与结构相同。位域提供了一种手段，使得可在高级语言中实现数据的压缩，节省了存储空间，同时也提高了程序的运行效率。

习　题　8

一、选择题

1. 位运算是对运算对象按二进制位进行操作的运算，运算的对象是（　　）数据，以（　　）的形式参与运算。

　　A. 整型　原码　　　　B. 整型　补码　　　　C. 数值　原码　　　　D. 数值　补码

2. 在位运算中，若左移时丢弃的高位不包含1，则每左移一位，相当于（　　）。

　　A. 操作数乘以2　　　B. 操作数除以2　　　C. 操作数除以4　　　D. 操作数乘以4

3. 设

```
int b = 8;
```

表达式

```
(b >> 2)/(b >> 1)
```

的值是(　　)。

A. 0 　　　　　　 B. 2 　　　　　　 C. 4 　　　　　　 D. 8

4. 若定义

```
unsigned int a = 3, b = 10;
printf("%d\n", a << 2|b == 1);
```

则运行结果为(　　)。

A. 13 　　　　　　 B. 12 　　　　　　 C. 8 　　　　　　 D. 14

5. 以下程序的输出结果是(　　)。

```
main()
{ int x = 0.5; char z = 'a';
printf("%d\n", (x&1)&&(z <'z') ); }
```

A. 0 　　　　　　 B. 1 　　　　　　 C. 2 　　　　　　 D. 3

二、填空题

1. 设有如下运算符 &、|、~、<<、>>、^,则按优先级由低到高的顺序排列为(　　)。

2. 设二进制数 i 为 00101101,若通过运算"i^j",使 i 的高 4 位取反低 4 位不变,则二进制数 j 的值应为(　　)。

3. 设无符号整型变量 a 为 6,b 为 3,则表达式 b&=a 的值为(　　)。

4. 整型变量 x 和 y 的值相等且为非 0 值,则表达式 x^y 的结果为(　　)。

5. 设有以下语句:

```
char a = 3, b = 6, c;
c = a^b << 2;
```

则 c 的二进制值是(　　)。

三、程序设计题

1. 编写一个函数 getbits(),从一个 16 位的单元中取出某几位(即该几位保留原值,其余位为 0)。函数调用形式为:getbits(value,n1,n2),value 为该 16 位(两个字节)中的数据值,n1 为欲取出的起始位,n2 为欲取出的结束位,如 getbits(0101675,5,8)表示对八进制数 101675,取出它的从左边起第 5~8 位。

2. 编写一个函数,对一个 16 位的二进制数取出它的奇数位(即从左边起第 1、3、5、…、15 位)。

第 9 章　文　件

本章学习目标与要求

➤ 了解 C 文件系统(缓冲文件系统和非缓冲文件系统)。

➤ 熟悉文件指针的用法。

➤ 掌握文件的打开、关闭以及各种读写方法。

9.1　C 文件概述

在 C/C++中,文件是指一组相关数据的有序集合。这个数据集有一个名称,叫作文件名。实际上在前面的各章中已经多次使用了文件,例如源程序文件、目标文件、可执行文件、库文件(头文件)等。

文件通常是驻留在外部介质(如磁盘等)上的,在使用时才调入内存中。从不同的角度可对文件做不同的分类。

从用户的角度看,文件可分为普通文件和设备文件两种。

普通文件是指驻留在磁盘或其他外部介质上的一个有序数据集,可以是源文件、目标文件、可执行程序,也可以是一组待输入处理的原始数据,或者是一组输出的结果。对源文件、目标文件、可执行程序可以称作程序文件,对输入/输出数据可称作数据文件。

设备文件是指与主机相连的各种外部设备,如显示器、打印机、键盘等。在操作系统中,把外部设备也看作一个文件来进行管理,把它们的输入、输出等同于对磁盘文件的读和写。

通常把显示器定义为标准输出文件,一般情况下在屏幕上显示有关信息就是向标准输出文件输出数据。如前面经常使用的 printf()、putchar()函数就是这类输出。

键盘通常被指定为标准的输入文件,从键盘上输入就意味着从标准输入文件上输入数据。scanf()、getchar()函数就属于这类输入。

从文件编码的方式来看,文件可分为 ASCII 文件和二进制文件两种。ASCII 文件也称为文本文件,这种文件在磁盘中存放时每个字符对应一个字节,用于存放对应的 ASCII 码。

例如,数 5678 的存储形式为:

ASCII 码:　　　　00110101　00110110　00110111　00111000

　　　　　　　　　　↓　　　↓　　　↓　　　↓

十进制码:　　　　　5　　　6　　　7　　　8

共占用 4 字节。

ASCII 文件可在屏幕上按字符显示,例如源程序文件就是 ASCII 码文件,用 DOS 命令 type 可显示文件的内容。由于该类文件是按字符显示,因此能读懂文件内容。

二进制文件是按二进制的编码方式来存放文件的。

例如,数 5678 的存储形式为:

```
00010110   00101110
```

它只占 2 字节。二进制文件虽然也可在屏幕上显示,但其内容无法读懂。C 系统在处理这些文件时,并不区分类型,都将其看成字符流,按字节进行处理。

输入输出字符流的开始和结束只由程序控制而不受物理符号(如回车符)的控制。因此也把这种文件称作"流式文件"。

本章讨论流式文件的打开、关闭、读、写、定位等各种操作。

9.2　文件指针

在 C 语言中用一个指针变量指向一个文件,这个指针称为文件指针。通过文件指针就可对它所指的文件进行各种操作。

定义说明文件指针的一般格式为:

FILE * 指针变量标识符;

其中,FILE 应为大写,它实际上是由系统定义的一个结构,该结构中含有文件名、文件状态和文件当前位置等信息。在编写源程序时不必关心 FILE 结构的细节。

例如:

```
FILE * fp;
```

表示 fp 是指向 FILE 结构的指针变量,通过 fp 即可找到存放某个文件信息的结构变量,然后按结构变量提供的信息找到该文件,实施对文件的操作。习惯上也笼统地把 fp 称为指向一个文件的指针。

9.3　文件的打开与关闭

文件在进行读写操作之前要先将其打开,使用完毕要将其关闭。所谓打开文件,实际上是建立文件的各种有关信息,并使文件指针指向该文件,以便进行其他操作。关闭文件则断开指针与文件之间的联系,也就禁止再对该文件进行操作。

在 C 语言中,文件操作都是由库函数来完成的。本章将介绍主要的文件操作函数。

9.3.1　文件打开函数 fopen()

fopen()函数用来打开一个文件,其调用的一般格式为:

文件指针名 = fopen(文件名,使用文件方式);

其中，"文件指针名"必须是被说明为 FILE 类型的指针变量；"文件名"是被打开文件的文件名，是字符串常量或字符串数组；"使用文件方式"是指文件的类型和操作要求。例如：

```
FILE * fp;
fp = ("file a","r");
```

其意义是在当前目录下打开文件 file a，只允许进行"读"操作，并使 fp 指向该文件。

又如：

```
FILE * fphzk
fphzk = ("C:\\hzk16","rb")
```

其意义是打开 C 驱动器磁盘的根目录下的文件 hzk16，这是一个二进制文件，只允许按二进制方式进行读操作。两个反斜杠"\\"中的第一个表示转义字符，第二个表示根目录。

使用文件的方式共有 12 种，表 9-1 给出了它们的符号和含义。

表 9-1 文件使用方式的符号及含义

文件使用方式	含　义
"rt"	只读，打开一个文本文件，只允许读数据
"wt"	只写，打开或建立一个文本文件，只允许写数据
"at"	追加，打开一个文本文件，并在文件末尾写数据
"rb"	只读，打开一个二进制文件，只允许读数据
"wb"	只写，打开或建立一个二进制文件，只允许写数据
"ab"	追加，打开一个二进制文件，并在文件末尾写数据
"rt+"	读写，打开一个文本文件，允许读和写
"wt+"	读写，打开或建立一个文本文件，允许读和写
"at+"	读写，打开一个文本文件，允许读，或在文件末尾追加数据
"rb+"	读写，打开一个二进制文件，允许读和写
"wb+"	读写，打开或建立一个二进制文件，允许读和写
"ab+"	读写，打开一个二进制文件，允许读，或在文件末尾追加数据

对于文件使用方式有以下几点说明。

（1）使用方式由 r、w、a、t、b、+共 6 个字符拼成。各字符的含义是：

```
r(read):        读
w(write):       写
a(append):      追加
t(text):        文本文件，可省略不写
b(banary):      二进制文件
+ :             读和写
```

（2）凡用"r"打开一个文件时，该文件必须已经存在，且只能从该文件读出。

（3）用"w"打开的文件只能向该文件写入。若打开的文件不存在，则以指定的文件名建立该文件，若打开的文件已经存在，则将该文件删去，重建一个新文件。

（4）若要向一个已存在的文件追加新的信息，只能用"a"方式打开文件。但此时该文件必须是存在的，否则将会出错。

（5）在打开一个文件时，如果出错，fopen()将返回一个空指针值 NULL。在程序中可

以用这一信息来判别是否完成打开文件的工作,并做相应的处理。因此常用以下程序段打开文件:

```
if((fp = fopen("C:\\hzk16","rb") == NULL)
{
    printf("\nerror on open C:\\hzk16 file!");
    getch();
    exit(1);
}
```

这段程序的意义是:如果返回的指针为空,表示不能打开 C 盘根目录下的 hzk16 文件,则给出提示信息"error on open C:\ hzk16 file!",下一行 getch()的功能是从键盘输入一个字符,但不在屏幕上显示。在这里,该行的作用是等待,只有当用户从键盘输入任一字母时,程序才继续执行,因此用户可利用这个等待时间阅读出错提示。输入任一字母后执行 exit(1)退出程序。

(6) 把一个文本文件读入内存时,要将 ASCII 码转换成二进制码,而把文件以文本方式写入磁盘时,也要把二进制码转换成 ASCII 码,因此文本文件的读写要花费较多的转换时间。对二进制文件的读写不存在这种转换。

(7) 标准输入文件(键盘)、标准输出文件(显示器)、标准出错输出(出错信息)是由系统打开的,可直接使用。

9.3.2 文件关闭函数 fclose()

文件一旦使用完毕,应用文件关闭函数把文件关闭,以避免文件的数据丢失等错误。
fclose()函数调用的一般格式是:

fclose(文件指针);

例如:

```
fclose(fp);
```

正常完成关闭文件操作时,fclose()函数返回值为 0。若返回非零值则表示有错误发生。

9.4 文件的读写

对文件的读和写是最常用的文件操作。C 语言提供了多种文件读写的函数:
(1) 字符读写函数:fgetc()和 fputc()。
(2) 字符串读写函数:fgets()和 fputs()。
(3) 数据块读写函数:freed()和 fwrite()。
(4) 格式化读写函数:fscanf()和 fprinf()。
使用以上函数都要求包含头文件 stdio.h。

9.4.1 读写字符函数 fgetc()和 fputc()

读写字符函数是以字符(字节)为单位的读写函数。每次可从文件读出或向文件写入一个字符。

1. 读字符函数 fgetc()

fgetc()函数的功能是从指定的文件中读一个字符。函数调用的格式为：

字符变量 = fgetc(文件指针);

例如：

ch = fgetc(fp);

其意义是从打开的文件 fp 中读取一个字符并送入 ch 中。

对于 fgetc()函数的使用有以下几点说明。

(1) 在 fgetc()函数调用中,读取的文件必须是以读或读写方式打开的。

(2) 读取字符的结果也可以不向字符变量赋值。例如：

fgetc(fp);

但是读出的字符不能保存。

在文件内部有一个位置指针,用来指向文件的当前读写字节。在文件打开时,该指针总是指向文件的第一个字节。使用 fgetc()函数后,该位置指针将向后移动一个字节。因此可连续多次使用 fgetc()函数,读取多个字符。应注意文件指针和文件内部的位置指针不是一回事。文件指针是指向整个文件的,须在程序中定义说明,只要不重新赋值,文件指针的值是不变的。文件内部的位置指针用以指示文件内部的当前读写位置,每读写一次,该指针均向后移动,它不需要在程序中定义说明,而是由系统自动设置的。

【例 9-1】 读入文件 c1.doc,在屏幕上输出。

```
# include < conio.h >
# include < sedlib.h >
# include < stdio.h >
void main()
{
  FILE  * fp;
  char ch;
  if((fp = fopen("d:\\jrzh\\example\\c1.txt","rt")) == NULL)
    {
    printf("\nCannot open file strike any key exit!");
    getch();
    exit(1);
    }
  ch = fgetc(fp);
  while(ch! = EOF)
  {
    putchar(ch);
    ch = fgetc(fp);
  }
  fclose(fp);
}
```

本例程序的功能是从文件中逐个读取字符,在屏幕上显示。程序定义了文件指针 fp,

以读文本文件方式打开文件"D:\\jrzh\\example\\cl. txt"，并使 fp 指向该文件。如打开文件出错，给出提示并退出程序。程序第 14 行先读出一个字符，然后进入循环，只要读出的字符不是文件结束标志（每个文件末有一结束标志 EOF）就把该字符显示在屏幕上，再读入下一字符。每读一次，文件内部的位置指针向后移动一个字符，文件结束时，该指针指向 EOF。执行本程序将显示整个文件。

2. 写字符函数 fputc()

fputc()函数的功能是把一个字符写入指定的文件中，函数调用的格式为：

fputc(字符量, 文件指针);

其中，待写入的字符量可以是字符常量或变量。例如：

fputc('a', fp);

其意义是把字符 a 写入 fp 所指向的文件中。

对于 fputc()函数的使用也要说明几点。

（1）被写入的文件可以用写、读写、追加方式打开，用写或读写方式打开一个已存在的文件时将清除原有的文件内容，写入字符从文件首开始。如需保留原有文件内容，希望写入的字符以文件末开始存放，必须以追加方式打开文件。被写入的文件若不存在，则创建该文件。

（2）每写入一个字符，文件内部位置指针向后移动一个字节。

fputc()函数有一个返回值，如写入成功，则返回写入的字符，否则返回一个 EOF。可用此来判断写入是否成功。

【例 9-2】 从键盘输入一行字符，写入一个文件，再把该文件内容读出显示在屏幕上。

```
# include < conio. h >
# include < sedlib. h >
# include < stdio. h >
void main()
{
  FILE * fp;
  char ch;
  if((fp = fopen("d:\\jrzh\\example\\string","wt + ")) == NULL)
  {
    printf("Cannot open file strike any key exit!");
    getch();
    exit(1);
  }
  printf("input a string:\n");
  ch = getchar();
  while (ch != '\n')
  {
    fputc(ch,fp);
    ch = getchar();
  }
  rewind(fp);
  ch = fgetc(fp);
```

```
    while(ch! = EOF)
    {
      putchar(ch);
      ch = fgetc(fp);
    }
    printf("\n");
    fclose(fp);
}
```

程序中第 8 行以读写文本文件方式打开文件 string。程序第 14 行从键盘读入一个字符后进入循环,当读入字符不为回车符时,则把该字符写入文件中,然后继续从键盘读入下一字符。每输入一个字符,文件内部位置指针向后移动一个字节。写入完毕,该指针已指向文件末。如要把文件从头读出,须把指针移向文件头,程序第 21 行 rewind()函数用于把 fp 所指文件的内部位置指针移到文件头。第 22~27 行用于读出文件中的一行内容。

【例 9-3】 把命令行参数中的前一个文件名标识的文件,复制到后一个文件名标识的文件中,若命令行中只有一个文件名,则把该文件写到标准输出文件(显示器)中。

```
# include < conio. h >
# include < sedlib. h >
# include < stdio. h >
void main(int argc, char * argv[])
{
  FILE * fp1, * fp2;
  char ch;
  if(argc == 1)
  {
   printf("have not enter file name strike any key exit");
   getch();
   exit(0);
  }
  if((fp1 = fopen(argv[1], "rt")) == NULL)
  {
    printf("Cannot open % s\n", argv[1]);
    getch();
    exit(1);
  }
  if(argc == 2) fp2 = stdout;
  else if((fp2 = fopen(argv[2], "wt + ")) == NULL)
  {
    printf("Cannot open % s\n", argv[1]);
    getch();
    exit(1);
  }
  while((ch = fgetc(fp1))! = EOF)
  fputc(ch, fp2);
  fclose(fp1);
  fclose(fp2);
}
```

本程序为带参的 main()函数。程序中定义了两个文件指针 fp1 和 fp2,分别指向命令行参数中给出的文件。若命令行参数中没有给出文件名,则给出提示信息。程序第 20 行表示,如果只给出一个文件名,则使 fp2 指向标准输出文件(即显示器)。程序第 27~30 行用循环语句逐个读出文件 1 中的字符再送到文件 2 中。再次运行时,给出了一个文件名,故输出给标准输出文件 stdout,即在显示器上显示文件内容。第 3 次运行给出了两个文件名,因此把 string 中的内容读出,写入到 ch 之中。可用 DOS 命令 type 显示 ch 的内容。

9.4.2　读写字符串函数 fgets()和 fputs()

1. 读字符串函数 fgets()

函数的功能是从指定的文件中读一个字符串到字符数组中。函数调用的格式为:

fgets(字符数组名,n,文件指针);

其中,n 是一个正整数,表示从文件中读出的字符串不超过 n−1 个字符。在读入的最后一个字符后加上串结束标志'\0'。

例如:

fgets(str,n,fp);

其意义是从 fp 所指的文件中读出 n−1 个字符送入字符数组 str 中。

【例 9-4】　从 string 文件中读入一个含 10 个字符的字符串。

```
#include<conio.h>
#include<sedlib.h>
#include<stdio.h>
void main()
{
  FILE *fp;
  char str[11];
  if((fp = fopen("d:\\jrzh\\example\\string","rt")) == NULL)
  {
    printf("\nCannot open file strike any key exit!");
    getch();
    exit(1);
  }
  fgets(str,11,fp);
  printf("\n%s\n",str);
  fclose(fp);
}
```

本例定义的字符数组 str 共 11 字节,在以读文本文件方式打开文件 string 后,从中读出 10 个字符送入 str 数组,在数组最后一个单元内将加上'\0',然后在屏幕上显示输出 str 数组。

对 fgets()函数有两点说明:

(1) 读出 n−1 个字符之前,若遇到了换行符或 EOF,则读出结束。

(2) fgets()函数也有返回值,其返回值是字符数组的首地址。

2. 写字符串函数 fputs()

fputs()函数的功能是向指定的文件写入一个字符串,其调用格式为:

```
    fputs(字符串,文件指针);
```

其中,字符串可以是字符串常量,也可以是字符数组名或指针变量。例如:

```
    fputs("abcd",fp);
```

其意义是把字符串"abcd"写入 fp 所指的文件中。

　　【例 9-5】　在例 9-2 中建立的文件 string 中追加一个字符串。

```
    # include < conio. h >
    # include < sedlib. h >
    # include < stdio. h >
    void main()
    {
      FILE * fp;
      char ch,st[20];
      if((fp = fopen("string","at + ")) == NULL)
      {
        printf("Cannot open file strike any key exit!");
        getch();
        exit(1);
      }
      printf("input a string:\n");
      scanf(" % s",st);
      fputs(st,fp);
      rewind(fp);
      ch = fgetc(fp);
      while(ch!= EOF)
      {
        putchar(ch);
        ch = fgetc(fp);
      }
      printf("\n");
      fclose(fp);
    }
```

　　本例要求在 string 文件末加写字符串,因此,在程序第 8 行以追加读写文本文件的方式打开文件 string,然后输入字符串,并用 fputs()函数把该串写入文件 string。在程序第 17 行用 rewind()函数把文件内部位置指针移到文件首,再进入循环逐个显示当前文件中的内容。

9.4.3　读写数据块函数 fread()和 fwrite()

　　C 语言还提供了用于整块数据的读写函数,可用来读写一组数据(如一个数组元素)、一个结构变量的值等。

　　读数据块函数调用的一般格式为:

```
fread(buffer,size,count,fp);
```

　　写数据块函数调用的一般格式为:

```
fwrite(buffer,size,count,fp);
```

其中,buffer 是一个指针。在 fread()函数中,它表示存放输入数据的首地址；在 fwrite()函数中,它表示存放输出数据的首地址。

size 表示数据块的字节数。

count 表示要读写的数据块块数。

fp 表示文件指针。

例如:

```
fread(fa,4,5,fp);
```

其意义是从 fp 所指的文件中,每次读 4 字节(一个实数)送入实数组 fa 中,连续读 5 次,即读 5 个实数到 fa 中。

【例 9-6】 从键盘输入两个学生数据,写入一个文件中,再读出这两个学生的数据显示在屏幕上。

```
# include < conio.h >
# include < sedlib.h >
# include < stdio.h >
struct stu
{
  char name[10];
  int num;
  int age;
  char addr[15];
}boya[2],boyb[2], * pp, * qq;
void main()
{
  FILE * fp;
  char ch;
  int i;
  pp = boya;
  qq = boyb;
  if((fp = fopen("d:\\jrzh\\example\\stu_list","wb + ")) == NULL)
  {
    printf("Cannot open file strike any key exit!");
    getch();
    exit(1);
  }
  printf("\ninput data\n");
  for(i = 0;i < 2;i ++ ,pp ++ )
  scanf(" % s % d % d % s",pp - > name,&pp - > num,&pp - > age,pp - > addr);
  pp = boya;
  fwrite(pp,sizeof(struct stu),2,fp);
  rewind(fp);
  fread(qq,sizeof(struct stu),2,fp);
  printf("\n\nname\tnumber      age        addr\n");
  for(i = 0;i < 2;i ++ ,qq ++ )
  printf(" % s\t % 5d % 7d     % s\n",qq - > name,qq - > num,qq - > age,qq - > addr);
```

```
    fclose(fp);
}
```

本例程序定义了一个结构 stu,说明了两个结构数组 boya 和 boyb 以及两个结构指针变量 pp 和 qq。pp 指向 boya,qq 指向 boyb。程序第 18 行以读写方式打开二进制文件 stu_list,输入两个学生数据之后,写入该文件中,然后把文件内部位置指针移到文件首,读出两个学生数据后,在屏幕上显示。

9.4.4　读写格式化函数 fscanf()和 fprintf()

fscanf()函数、fprintf()函数与 2.7.2 节使用的 scanf()和 printf()函数的功能相似,都是读写格式化函数。两者的区别在于 fscanf()函数和 fprintf()函数的读写对象不是键盘和显示器,而是磁盘文件。

读写格式化函数的调用格式为:

fscanf(文件指针,格式字符串,输入表列);
fprintf(文件指针,格式字符串,输出表列);

例如:

```
fscanf(fp,"%d%s",&i,s);
fprintf(fp,"%d%c",j,ch);
```

【例 9-7】　fscanf()和 fprintf()函数应用。

```
# include < conio. h >
# include < sedlib. h >
# include < stdio. h >
struct stu
{
  char name[10];
  int num;
  int age;
  char addr[15];
}boya[2],boyb[2], * pp, * qq;
void main()
{
  FILE  * fp;
  char ch;
  int i;
  pp = boya;
  qq = boyb;
  if((fp = fopen("stu_list","wb + ")) == NULL)
  {
    printf("Cannot open file strike any key exit!");
    getch();
    exit(1);
  }
  printf("\ninput data\n");
  for(i = 0;i < 2;i ++ ,pp ++ )
    scanf("%s%d%d%s",pp -> name,&pp -> num,&pp -> age,pp -> addr);
    pp = boya;
```

```
    for(i = 0;i < 2;i ++ ,pp ++ )
      fprintf(fp,"% s % d % d % s\n",pp - > name,pp - > num,pp - > age,pp - > addr);
    rewind(fp);
    for(i = 0;i < 2;i ++ ,qq ++ )
      fscanf(fp,"% s % d % d % s\n",qq - > name,&qq - > num,&qq - > age,qq - > addr);
    printf("\n\nname\tnumber      age        addr\n");
    qq = boyb;
    for(i = 0;i < 2;i ++ ,qq ++ )
      printf("% s\t% 5d   % 7d       % s\n",qq - > name,qq - > num, qq - > age,qq - > addr);
    fclose(fp);
}
```

本例程序中 fscanf() 和 fprintf() 函数每次只能读写一个结构数组元素，因此采用了循环语句来读写全部数组元素。还要注意指针变量 pp、qq，由于循环改变了它们的值，因此在程序的 26 和 33 行分别对它们重新赋予了数组的首地址。

9.5　文件的随机读写

前面介绍的对文件的读写方式都是顺序读写，即读写文件只能从头开始，顺序读写各个数据。但在实际问题中常要求只读写文件中某一指定的部分。为了解决这个问题可移动文件内部的位置指针到需要读写的位置，再进行读写，这种读写称为随机读写。

实现随机读写的关键是按要求移动位置指针，这称为文件的定位。

9.5.1　文件定位函数 rewind() 和 fseek()

移动文件内部位置指针的函数主要有两个，即 rewind() 函数和 fseek() 函数。

rewind() 函数前面已多次使用过，其调用格式为：

rewind(文件指针);

它的功能是把文件内部的位置指针移到文件首。

下面主要介绍 fseek() 函数。fseek() 函数用来移动文件内部位置指针，其调用格式为：

fseek(文件指针,位移量,起始点);

其中，"文件指针"指向被移动的文件。"位移量"表示移动的字节数，要求位移量是 long 型数据，以便在文件长度大于 64KB 时不会出错。当用常量表示位移量时，要求加后缀 L。"起始点"表示从何处开始计算位移量，规定的起始点有 3 种：文件首、当前位置和文件尾。

其表示方法如表 9-2 所示。

表 9-2　起始点表示方法

起始点	表示符号	数字表示
文件首	SEEK_SET	0
当前位置	SEEK_CUR	1
文件尾	SEEK_END	2

例如:

```
fseek(fp,100L,0);
```

其意义是把位置指针移到离文件首 100 个字节处。

还要说明的是,fseek()函数一般用于二进制文件。在文本文件中由于要进行转换,故往往计算的位置会出现错误。

9.5.2 文件的随机读写函数 fread()和 fwrite()

在移动位置指针之后,即可用前面介绍的任一种读写函数进行读写。由于一般是读写一个数据块,因此常用 fread()和 fwrite()函数。

【例9-8】 在学生文件 stu_list 中读出第二个学生的数据。

```c
#include < conio. h >
#include < sedlib. h >
#include < stdio. h >
struct stu
{
  char name[10];
  int num;
  int age;
  char addr[15];
}boy, * qq;
void main()
{
  FILE * fp;
  char ch;
  int i = 1;
  qq = &boy;
  if((fp = fopen("stu_list","rb")) == NULL)
  {
    printf("Cannot open file strike any key exit!");
    getch();
    exit(1);
  }
  rewind(fp);
  fseek(fp,i * sizeof(struct stu),0);
  fread(qq,sizeof(struct stu),1,fp);
  printf("\n\nname\tnumber      age      addr\n");
  printf("% s\t% 5d   % 7d      % s\n",qq -> name,qq -> num,qq -> age,
       qq -> addr);
}
```

文件 stu_list 已由例 9-6 的程序建立,本例程序用随机读出的方法读出第二个学生的数据。程序中定义 boy 为 stu 类型变量,qq 为指向 boy 的指针,以读二进制文件方式打开文件。程序第 24 行移动文件位置指针,其中的 i 值为 1,表示从文件头开始,移动一个 stu 类型的长度,然后再读出的数据即为第二个学生的数据。

9.6 文件检测函数

9.6.1 文件结束检测函数 feof()

调用格式：

feof(文件指针);

功能：判断文件是否处于文件结束位置,若文件结束,则返回值为1,否则为0。

9.6.2 读写文件出错检测函数 ferror()

ferror()函数调用格式：

ferror(文件指针);

功能：检查文件在用各种输入输出函数进行读写时是否出错。若 ferror()返回值为0表示未出错,否则表示有错。

9.6.3 文件出错标志和文件结束标志置0函数 clearerr()

clearerr()函数调用格式：

clearerr(文件指针);

功能：用于清除出错标志和文件结束标志,使它们为0值。

9.7 C语言的库文件

C语言系统提供了丰富的系统文件,称为库文件。C语言的库文件分为两类:一类是扩展名为.h的文件,称为头文件,在前面的包含命令中已多次使用过,在.h文件中包含了常量定义、类型定义、宏定义、函数原型以及各种编译选择设置等信息；另一类是函数库,包括了各种函数的目标代码,供用户在程序中调用。通常在程序中调用一个库函数时,要在调用之前包含该函数原型所在的.h文件。

表 9-3 给出 Turbo C 的全部.h文件。

表 9-3 Turbo C 的全部 .h 文件

Turbo C 的 .h 文件	说　明
alloc.h	说明内存管理函数(分配、释放等)
assert.h	定义 assert 调试宏
bios.h	说明调用 IBM PC ROM BIOS 子程序的各个函数
conio.h	说明调用 DOS 控制台 I/O 子程序的各个函数
ctype.h	包含有关字符分类及转换的名类信息(如 isalpha 和 toascii 等)
dir.h	包含有关目录和路径的结构、宏定义和函数
dos.h	定义和说明 MS DOS 和 8086 调用的一些常量和函数

Turbo C 的.h 文件	说　　明
erron.h	定义错误代码的助记符
fcntl.h	定义在与 open 库子程序连接时的符号常量
float.h	包含有关浮点运算的一些参数和函数
graphics.h	说明有关图形功能的各个函数,图形错误代码的常量定义,针对不同驱动程序的各种颜色值,及函数用到的一些特殊结构
io.h	包含低级 I/O 子程序的结构和说明
limit.h	包含各环境参数、编译时间限制、数的范围等信息
math.h	说明数学运算函数,还定了 HUGE VAL 宏,说明了 matherr 和 matherr 子程序用到的特殊结构
mem.h	说明一些内存操作函数(其中大多数也在 string.h 中说明)
process.h	说明进程管理的各个函数的结构说明
setjmp.h	定义 longjmp()和 setjmp()函数用到的 jmp buf 类型,说明这两个函数
share.h	定义文件共享函数的参数
signal.h	定义 SIG[ZZ(Z)　[ZZ)]IGN 和 SIG[ZZ(Z)　[ZZ)]DFL 常量,说明 rajse()和 signal()两个函数
stdarg.h	定义读函数参数表的宏(如 vprintf()、vscarf()函数)
stddef.h	定义一些公共数据类型和宏
stdio.h	定义 Kernighan 和 Ritchie 在 UNIX System V 中定义的标准和扩展的类型和宏,还定义标准 I/O 预定义流 stdin、stdout 和 stderr,说明 I/O 流子程序
stdlib.h	说明一些常用的子程序:转换子程序、搜索/排序子程序等
string.h	说明一些串操作和内存操作函数
sys\stat.h	定义在打开和创建文件时用到的一些符号常量
sys\types.h	说明 ftime()函数和 timeb 结构
sys\time.h	定义时间的类型 time[ZZ(Z)　[ZZ)]t
time.h	定义时间转换子程序 asctime、localtime 和 gmtime 的结构,ctime()、difftime()、gmtime()、localtime()和 stime()用到的类型,并提供这些函数的原型
value.h	定义一些重要常量,包括依赖于机器硬件的和为与 UNIX System V 相兼容而说明的一些常量,包括浮点和双精度值的范围

【例 9-9】　从键盘输入一个字符串,将小写字母全部转换成大写字母,然后输出到一个磁盘文件 test 中保存。输入的字符串以!结束。

```
# include "stdio.h"
# include "string.h"
# include "stdlib.h"
void main()
{
    FILE * fp;
    char str[100],filename[10];
    int i = 0;
    if((fp = fopen("test.txt","w")) == NULL)
    {
        printf("cannot open the file\n");
        exit(0);}
```

```
        printf("please input a string:\n");
        gets(str);
        while(str[i]!= '!')
        {
            if(str[i]> = 'a'&&str[i]< = 'z')
                str[i] = str[i] - 32;
            fputc(str[i],fp);
            i ++ ;}
        fclose(fp);
        fp = fopen("test.txt","r");
        fgets(str,strlen(str) + 1,fp);
        printf(" % s\n",str);
        fclose(fp);
    }
```

运行结果为：

```
please input a string:
I am a student!
I AM A STUDENT
```

在相同文件路径下,生成 text.txt 文件,内容为 I AM A STUDENT。

【例 9-10】 有两个磁盘文件 A 和 B,各存放一行字母,要求把这两个文件中的信息合并(按字母顺序排列),输出到一个新文件 C 中。

```
# include "stdio.h"
# include "stdlib.h"
# include "string.h"
void main()
{
    FILE  * fp;
    int i,j,n,ni;
    char c[160],t,ch;
    if((fp = fopen("A.txt","r")) == NULL)
    {
        printf("file A cannot be opened\n");
        exit(0);}
    printf("\n A contents are :\n");
    for(i = 0;(ch = fgetc(fp))!= EOF;i ++ )
    {
        c[i] = ch;
        putchar(c[i]);
    }
    fclose(fp);
    ni = i;
    if((fp = fopen("B.txt","r")) == NULL)
    {
        printf("file B cannot be opened\n");
        exit(0);}
    printf("\n B contents are :\n");
    for(i = 0;(ch = fgetc(fp))!= EOF;i ++ )
```

```
    {
        c[i] = ch;
        putchar(c[i]);

    }
    fclose(fp);
    n = i;
    for(i = 0;i < n;i ++ )
        for(j = i + 1;j < n;j ++ )
            if(c[i]> c[j])
            {
                t = c[i];c[i] = c[j];c[j] = t;}
            printf("\n C file is:\n");
            fp = fopen("C.txt","w");
            for(i = 0;i < n;i ++ )
            {
                putc(c[i],fp);
                putchar(c[i]);
            }
            fclose(fp);
}
```

运行结果为：

```
  A contents are :
I am a teacher!
  B contents are :
and you are a student!
  C file is:
  ! aaaddeennorsttuuy
```

本 章 小 结

C 语言系统把文件当作一个"流"，按字节进行处理。C 语言文件按编码方式分为二进制文件和 ASCII 文件。C 语言中，用文件指针标识文件，当一个文件被打开时，可取得该文件指针。

文件在读写之前必须打开，读写结束必须关闭。文件可按只读、只写、读写、追加 4 种操作方式打开，同时还必须指定文件的类型是二进制文件还是文本文件。

文件可按字节、字符串、数据块为单位读写，文件也可按指定的格式进行读写。文件内部的位置指针可指示当前的读写位置，移动该指针可以对文件实现随机读写。

习 题 9

一、选择题

1. 系统的标准输入文件是指（　　）。

A. 键盘 B. 显示器 C. 软盘 D. 硬盘

2. 若执行 fopen()函数时发生错误,则函数的返回值是( )。

A. 地址值 B. 0 C. 1 D. EOF

3. 若要用 fopen()函数打开一个新的二进制文件,该文件要既能读也能写,则文件方式字符串应是( )。

A. "ab+" B. "wb+" C. "rb+" D. "ab"

4. fscanf()函数的正确调用格式是( )。

A. fscanf(fp,格式字符串,输出表列)

B. fscanf(格式字符串,输出表列,fp)

C. fscanf(格式字符串,文件指针,输出表列)

D. fscanf(文件指针,格式字符串,输入表列)

5. fgetc()函数的作用是从指定文件读入一个字符,该文件的打开方式必须是( )。

A. 只写 B. 追加

C. 读或读写 D. 答案 B 和 C 都正确

6. 函数调用语句"fseek(fp,-20L,2);"的含义是( )。

A. 将文件位置指针移到距离文件头 20 个字节处

B. 将文件位置指针从当前位置向后移动 20 个字节

C. 将文件位置指针从文件末尾处后退 20 个字节

D. 将文件位置指针移到离当前位置 20 个字节处

7. 在执行 fopen()函数时,ferror()函数的初值是( )。

A. TURE B. -1 C. 1 D. 0

二、填空题

1. 利用 fseek()函数可以实现的操作是( )。

2. 在对文件操作的过程中,若要求文件的位置指针回到文件的开始处,应当调用的函数是( )。

3. 用以下语句调用库函数 malloc(),使字符指针 st 指向具有 11 个字节的动态存储空间,则 st=(char *)( )。

4. FILE *p 的作用是定义一个文件指针变量,其中的 FILE 是在( )头文件中定义的。

5. C 语言中,能识别处理的文件为( )。

三、程序阅读题

1. 下面程序段把从终端读入的文本(用@作为文本结束标志)输出到一个名为 bi.dat 的新文件中,请填空。

```
# include "stdio.h"
FILE * fp;
{ char ch;
    if((fp = fopen(_____)) == NULL)exit(0);
    while((ch = getchar( ))!= '@')fputc(ch,fp);
    fclose(fp);}
```

2. 以下程序将数组 a 的 4 个元素和数组 b 的 6 个元素写到名为 lett.dat 的二进制文件中,请填空。

```
# include
void main ()
{ FILE * fp;
  char a[4] = "1234",b[6] = "abcedf";
  if((fp = fopen("_____","wb")) = NULL) exit(0);
  fwrite(a,sizeof(char),4,fp);
  fwrite(b,_____,1,fp);
  fclose(fp);
}
```

3. 以下程序段打开文件后,先利用 fseek()函数将文件位置指针定位在文件末尾,然后调用 ftell()函数返回当前文件位置指针的具体位置,从而确定文件长度,请填空。

```
FILE * myf; long f1;
myf = _____ ("test.t","rb");
fseek(myf,0,SEEK_EN
D);
f1 = ftell(myf);
fclose(myf);
printf("%d\n",f1);
```

4. 阅读下面程序,此程序的功能为_____。

```
# include "stdio.h"
void main(int argc,char * argv[])
{ FILE * p1, * p2;
  int c;
  p1 = fopen(argv[1],"r");
  p2 = fopen(argv[2],"a");
  c = fseek(p2,0L,2);
  while((c = fgetc(p1))!= EOF) fputc(c,p2);
  fclose(p1);
  fclose(p2);
}
```

5. 阅读下面程序,程序实现的功能是_____(a123.txt 在当前盘符下已经存在)。

```
# include "stdio.h"
void main()
{ FILE * fp;
  int a[10], * p = a;
  fp = fopen("a123.txt","w");
  while(strlen(gets(p))> 0)
  { fputs(a,fp);
    fputs("\n",fp);
  }
  fclose(fp);
}
```

第 10 章　　编译预处理

编译预处理是 C 语言编译系统的一个组成部分。所谓编译预处理是指在对源程序进行编译之前,先对源程序中的编译预处理命令进行处理,然后再将处理的结果和源程序一起进行编译,以得到目标代码。预处理的实现方法是通过几种特殊的命令,在进行程序的编译之前,先对这些命令进行处理。这些预处理命令的介入,可以改进程序的设计环境,提高编程效率。

使用预处理命令注意事项:C 语言中预处理命令必须用♯号开头,单独占用一个书写行;因为它不是 C 语言中的语句,不以";"作为结束符;预处理命令可以出现在程序的任意位置,其作用域是从出现点到源程序的末尾(也可以人为提前结束预处理命令)。

C 语言提供了 3 种预处理命令,分别是宏定义、文件包含和条件编译。本章将对这 3 个命令做详细讲解。

本章学习目标与要求

➢ 掌握编译的含义,掌握宏定义的方法。

➢ 掌握"文件包含"与预处理的应用方法。

➢ 了解条件编译的几种形式。

10.1　宏　定　义

C 语言中符号常量的定义实际上就是"宏定义"的特例,宏定义分为不带参数的宏定义和带参数的宏定义两种。

10.1.1　不带参数的宏定义

含义:用一个指定的标识符来表示一个字符串。

定义宏的一般格式为:

♯define 标识符 字符串

例如:

♯define　PI　3.14159

说明:

(1) 宏用♯define 来定义,宏名和它所代表的字符串之间用空格分隔开。

例如:

```
#define PI 3.14159
```

（2）标识符被称为宏，通常用大写字母表示，以示与变量区别。

例如：

```
#define MAX(a,b) a * b
```

（3）字符串可以是常量、表达式等。

例如：

```
#define R 5
#define L 2 * 3014159 * R
#define S 3.14159 * R * R
```

（4）在预编译时把宏名替换成字符串（也称宏展开）。

例如，在程序中用 PI 来代替字符串 3.14159，在编译时用 3.14159 代替 PI。

下面的例题利用宏来代替经常使用的圆周率数值，使得程序简化。

【例 10-1】 输入圆的半径，求圆的周长、面积。

```
# include < stdio. h >
#define   PI   3.1415                    //使用无参宏定义圆周率
void main()
{
    float r,l,s;                         //定义半径、周长、面积
    printf("输入圆的半径值: \n");
    scanf(" % f",&r);
    l = 2.0 * PI * r;
    s = PI * r * r;
    printf("l = % 10.4f\n s = % 10.4f\n \n",l,s);
}
```

运行结果为：

```
输入圆的半径值: 4
l = 25.1328
s = 50.2655
```

从上面例题可以看出，定义一个宏 PI，在程序中替代 3.1415 这个常量，既容易理解，也便于书写，简化了程序。

（5）一个定义过的宏可以出现在其他新定义宏中，但应注意其中括号的使用，因为括号也是宏代替的一部分。

例如：

```
#define WIDTH 50
#define LENGTH(WIDTH + 20)
```

宏 LENGTH 等价于：

```
#define LENGTH(50 + 20)
```

有没有括号意义截然不同，例如：

area = LENGTH * WIDTH;

若宏体中有括号,则宏展开后变成:

area = (50 + 20) * 50;

若宏体中没有括号,即#define LENGTH 50+20,则宏展开后变成:

area = 50 + 20 * 50;

显然二者的结果是不一样的。

(6) 在代替的字符串中可以出现数值、运算符、括号和已经定义过的宏等。

因为宏操作仅仅是替换字符串,不涉及其他数据类型,所以在其后面可以出现数值、运算符、定义过的宏等,宏把它们都作为字符串的一部分,例题如下。

【例 10-2】 求圆的周长和面积。

```c
# include "stdio. h"
# define PI 3.14159
# define R 3.0
# define L 2 * PI * R                    //宏 L 中就包含宏 PI 和 R
# define S PI * R * R                    //宏 S 中就包含宏 PI 和 R
void main()
{
  printf("L = % f\nS = % f\n",L,S);
  //宏展开后为: printf("L = % f\nS = % f\n",2 * 3.144159 * 3.0,3.14159 * 3.0 * 3.0);
}
```

运行结果为:

L = 18.84954
S = 28.27431

(7) 宏在数组中的应用,作用是可以用于定义一个小的数值,来验证程序的正确性。

当使用数组时,往往会因为无法确定数组的长度而使得在编写程序时尽可能地使数组大化,这样程序的效率会变低,也不方便调试,下面这个程序就是利用宏来设置数组的大小,首先使数值变小,通过其来检验程序的正确性,当没有问题时,再设置成程序需要的数据。

【例 10-3】 在输入的 N 个实数中找到最大数和最小数。

```c
# include "stdio. h"
# define N 5
void main()
{
    float f[N],max,min;
    int i;
    printf("请输入 5 个浮点类型数据: \n");
    for (i = 0;i < N;i ++ )
      scanf("% f",&f[i]);               //输入 N 个实数到数组中
    max = f[0];
    min = f[0];
    for(i = 0;i < N;i ++ )
```

```
    {
        if(max < f[i])max = f[i];          //保存当前最大数
        if(min > f[i])min = f[i];          //保存当前最小数
    }
    printf("max = % f    min = % f",max,min); //输出最大数和最小数
}
```

运行结果为：

请输入 5 个浮点类型数据：
1.3
2.4
3.5
0.5
5.0
max = 5.000000   min = 0.500000

（8）宏的嵌套，即可以引用已定义的宏名，可以层层置换。

```
#define PI 3.14159
#define R 5.0
#define L 2 * PI * R
```

在宏 L 的定义过程中就引用了宏 PI 和 R。

10.1.2　带参数的宏定义

带参数的宏定义不仅要进行简单的字符串替换，还要进行参数替换。参数也称为形式参数，简称形参。

定义带参数的宏一般格式为：

#**define 宏名(形参表)，宏体**

这里的宏名和无参数宏定义一致的，也是一个标识符，形参表中可以有一个或多个参数，多个参数之间用逗号分隔。宏体是被替换的字符序列。

功能：将程序中出现宏名的地方均用宏体替换，并用实参代替宏体中的形参。

例如：

```
#define MAN(a,b) ((a)>(b)?(a):(b))
```

其中，(a,b)是宏 MAN 的参数表，如果有下面的语句：

```
max = MAN(3,9);
```

则在出现 MAX 处用宏体((a)＞(b)? (a):(b))替换，并用实参 3 和 9 代替形参 a 和 b。

这里的 max 是一个变量的名称，用来接收宏 MAX 带过来的数值，展开如下：

```
max = (3 > 9?3:9);
```

语句运行的结果为 9。

带参的宏展开与实参替换形参后为：

```
#define MAX(A,B) ((a)>(b)?(a):(b))
```

```
max = MAX(3,9)    (3>9?3:9)
```

很显然,带参数的宏相当于一个函数的功能,但比函数简洁。

使用带参的宏定义要注意以下几点。

(1) 在定义带参数的宏时,宏名与左边括号之间不能出现空格,否则右边内容都将作为宏体的内容来替换。

例如:

```
#define MAX (a,b) ((a)>(b)?(a):(b))
```

可以看出,在宏名 MAX 和(a,b)之间存在一个空格,这时将把(a,b) ((a)>(b)? (a):(b))作为宏名 MAX 的宏体字符串了,这样就不会实现原来的功能。正确的书写应该是:

```
#define MAX(a,b) ((a)>(b)?(a):(b))
```

MAX(a,b)是一个整体。

【例 10-4】 计算两个数值之和。

```
#include <stdio.h>
#define SUM(a,b) a + b
//定义的宏带参数,并且宏名和右边括号是一体的
//宏的功能是实现两个数的求和
void main()
{
    int a,b;
    int k;
    printf("输入两个整型数据:\n");
    scanf("%d,%d",&a,&b);
    k = SUM(a,b);
    printf("两个整数之和是%d。\n",k);
}
```

运行结果为:

```
输入两个整型数据:
3,5
两个整数之和是8。
```

在这里,因为宏就是简单的替换,是没有数据类型的,所以这个宏既可以实现整数的运算,也适用于浮点数的运算。

(2) 由于运算符优先级的不同,定义带参数的宏时,宏体中与参数名相同的字符序列带圆括号与不带圆括号的意义有可能不一样。

例如:

```
#define S(a,b) a * b
area = S(2,5);
```

宏展开后为：

area = 2 * 5;

如果

area = S(w,w + 5);

宏展开后为：

area = w * w + 5;

由于乘法的优先级高于加法的优先级，显然得不到希望的值。

如果将宏定义改为：

#define S(a,b) (a) * (b)

无论是"area＝S(2,5);"还是"area＝S(w,w＋5);"都将得到希望的值。

由此可以看出宏体中适当加圆括号所起的作用。

【例 10-5】 计算两个数相乘，体会括号的作用。

```c
# include < stdio. h >
# define S(a,b) a * b
# define S1(a,b) (a) * (b)
//定义两个宏，功能是实现两个整数相乘，一个宏体使用了括号，另一个没有使用
void main()
{
    int a,b;
    int w;
    printf("输入两个整型数据:\n");
    scanf(" % d, % d",&a,&b);
    w = S(a,b);
    printf("S 得到的结果是 % d。\n",w);
    w = S1(a,b);
    printf("S1 得到的结果是 % d。\n",w);
    //改变输入的参数形式，第二个参数不是一个数值，而是一个表达式
    w = S(a,a + b);
    printf("S 得到的结果是 % d。\n",w);
    w = S1(a,a + b);
    printf("S1 得到的结果是 % d。\n",w);
}
```

运行结果为：

```
输入两个整型数据:
2,3
S 得到的结果是 6。
S1 得到的结果是 6。
S 得到的结果是 7。
S1 得到的结果是 10。
```

【例 10-6】 输出数据，体会括号的用途。

```
# include < stdio. h>
# define P1(a,b) a * b
# define P2(a,b) (a) * (b)                //括号的使用
# define P3(a,b) (a * b)
# define P4(a,b) ((a) * (b))
void main()
{
    int x = 2, y = 6;
    //输出运算结果,比较各自的不同
    printf(" % 5d, % 5d\n",P1(x,y),P1(x + y,x - y));
    printf(" % 5d, % 5d\n",P2(x,y),P2(x + y,x - y));
    printf(" % 5d, % 5d\n",P3(x,y),P3(x + y,x - y));
    printf(" % 5d, % 5d\n",P4(x,y),P4(x + y,x - y));
}
```

运行结果为:

```
12,     8
12,   - 32
12,     8
12,   - 32
```

(3) 使用带参数的宏可以简化输出语句。仔细阅读下面例题,掌握各种格式的输出用法。

【例 10-7】 简化输出数据。

```
# include < stdio. h>
# define P printf
# define D " % d"
# define F " % f"
# define S " % s"
# define NL "\n"
# define D1 D NL
# define D2 D D NL
# define D3 D D D NL
# define F1 F NL
# define F2 F F NL
# define F3 F F F NL
void main()
{
    int a = 10, b = 3, c = 45;
    float e = 7.7, f = 6.7, g = 12.045;
    char string[ ] = "C language!";
    //利用宏来简化输出格式
    P(D1,a);
    P(D2,a,b);
    P(D3,a,b,c);
    P(F1,e);
    P(F2,e,f);
    P(F3,e,f,g);
    P(S,string);
}
```

运行结果为:

```
10
103
10345
7.700000
7.7000006.700000
7.7000006.70000012.045000
C language!
```

(4) 宏有两个非常有用的宏符号"#""##",这两个符号的用法总结如下。

① "#"把宏参数变为一个字符串。

② "##"把两个参数贴合在一起。

下面例题分别使用了"#"和"##",仔细体会其基本用法。

【例 10-8】 输出字符串和数值。

```
# include < stdio. h>
# define STR(s) # s
# define CONSS(a,b) (int)a # #b        //把输入的数据转化成数值型数据
void main()
{
  printf(STR(vck));                    //输出字符串"vck"
  printf("\n");
  printf(" % d\n",CONSS(1,2));         //转化成整型数据12输出
}
```

运行结果为:

```
vck
12
```

观察下面例题中没有"#"和"##"的情况,和例 10-8 做比较,掌握其基本用法。

【例 10-9】 输出字符串和数值:没有"#"和"##"。

源程序清单如下。

```
# include < stdio. h>
# define TOW (2)
# define MUL(a,b) (a * b)
void main()
{
  Printf(" % d % d = % d\n",TOW,TOW,MUL(TOW,TOW));
}
```

展开的结果是:

```
Printf(" % d % d = % d\n",(2), (2), ((2) * (2)));
```

所以没有使用"#"符号时,会递归地全部展开。运行结果为:

```
22 = 4
```

注意,凡宏定义里有用"#"或"##"的地方参数是不会再展开的。

【例 10-10】 宏定义示例。

源程序如下:

```
# include < stdio.h>
# define INT_MAX 123456789
# define STR(s) # s
void main()
{
  printf("int max: % s\n",STR(INT_MAX));
  printf("int max: % d\n",INT_MAX);
}
```

运行结果为:

```
int max:INT_MAX
int max:123456789
```

有关"♯"和"♯♯"的用法还很多,这里就不多介绍。

(5) 宏的时间效率比函数高,对于那些简短的表达式和烦琐的语句,调用频繁、要求快速响应的场合,或者需要得到好几个结果的问题,定义宏来实现比较合适。

下面来看一个例子,比较两个数或者表达式的大小。首先把它写成宏定义:

```
# define MAX(a, b) ( (a) > (b) ? (a) : (b))
```

其次,这种功能也可以用函数来实现:

```
int max( int a, int b)
{
  return ((a) >(b) ? a :b)
}
```

很显然,不会选择用函数来完成这个任务,原因有两个:首先,函数调用会带来额外的开销,它需要开辟一片栈空间,记录返回地址,将形参压栈,从函数返回还要释放堆栈,这种开销不仅会降低代码效率,而且代码量也会大大增加,而使用宏定义则在代码规模和速度方面都比函数更胜一筹;其次,函数的参数必须被声明为一种特定的类型,所以它只能在类型合适的表达式上使用,如果要比较两个浮点型的大小,就不得不再写一个专门针对浮点型的比较函数。反之,上述宏定义可以用于整型、长整型、单浮点型、双浮点型以及其他任何可以用">"操作符比较值大小的类型,也就是说,宏是与类型无关的。

和使用函数相比,使用宏的不利之处在于每次使用宏时,宏定义代码的副本都会插入到程序中。除非宏非常短,否则使用宏会大幅度增加程序的长度。

带参的宏传递参数和函数调用实参与形参的传递也是有区别的:第一,函数调用时,先求实参表达式的值,然后传递给形参,而使用带参的宏只是进行简单的字符替换,如上面的例子就是如此;第二,在有参函数中,形参是有类型的,所以要求实参和形参类型一致,而在使用带参的宏时,形参是没有类型的,因此用于置换的实参,什么类型都可以。

宏和函数的比较如下。

① 宏是在编译器对源代码进行编译的时候进行简单替换的,不会进行任何逻辑检测,即简单代码复制而已。

② 宏进行定义时不会考虑参数的类型。

③ 参数宏的运行速度会比函数快,因为不需要参数压栈/出栈操作。

④ 参数宏在定义时要多加小心,多加括号。

⑤ 使用有参函数时,无论调用多少次,都不会使目标程序变长,函数只在目标文件中存在,比较节省程序空间。

⑥ 使用有参宏时,由于宏展开是在编译时进行的,所以不占用运行时间,但是每引用一次,都会使目标程序增大一次。

⑦ 函数的参数存在传值和传地址(指针)的问题,参数宏不存在。

10.2　文 件 包 含

所谓文件包含是指一个源文件可以将另一个源文件的全部内容包含进来,即将另外的文件包含到本文件之中。C 语言中提供了♯include 命令来实现文件包含操作。

功能:一个源文件可将另一个源文件的内容全部包含进来。

定义文件包含的一般格式为:

♯include "包含文件名"

或

♯include <包含文件名>

说明:

(1) 被包含的文件一般指定为头文件(∗.h),也可为 C 程序等文件。

(2) 两种格式的区别是:使用双引号,系统首先到当前目录下查找被包含文件,如果没找到,再到系统指定的"包含文件目录"(由用户在配置环境时设置)中去查找;使用尖括号则直接到系统指定的"包含文件目录"去查找。一般地说,使用双引号比较保险。

(3) 一个 include 指令只能指定一个被包含文件,如果要包含 n 个文件,则要用到 n 条 include 指令。

(4) 图 10-1 表示文件包含的含义。图 10-1(a)为文件 file1.c,它有一个♯include <file2.c>命令,然后还有其他内容(以 A 表示)。图 10-1(b)为另一文件 file2.c,文件内容以 B 表示。在编译预处理时,要对♯include 命令进行"文件包含"处理:将 file2.c 的全部内容复制插入到♯include <file2.c>命令处,即 file2.c 被包含到 file1.c 中,得到图 10-1(c)所示的结果。在编译中,将"包含"以后的 file1.c(即图 10-1(c)所示)作为一个源文件单位进行编译。

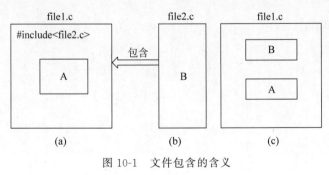

图 10-1　文件包含的含义

编译预处理

（5）在一个被包含文件中又可以包含另一个被包含文件，即文件包含是可以嵌套的，如图 10-2 所示。

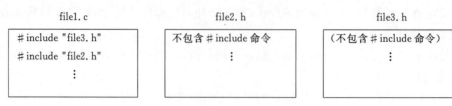

图 10-2　文件包含的嵌套示例 1

图 10-2 所示的作用与图 10-3 所示相同。

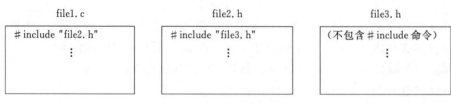

图 10-3　文件包含的嵌套示例 2

（6）不能包含 *.obj 文件。文件包含是在编译前进行处理，不是在连接时进行处理。

（7）当文件名用双引号括起来时，系统先在当前目录中寻找包含的文件，若找不到，再按系统指定的标准方式检索其他目录。而用尖括号时，系统直接按指定的标准方式检索。

（8）一般系统提供的头文件用尖括号。自定义的文件用双引号。

（9）被包含文件与当前文件在预编译后变成同一个文件，而非两个文件。

例 10-11 就是把经常使用的输出格式定义成宏，然后存放在一个头文件中(头文件的制作可以使用文本编辑器，也可以使用 Visual C++ 环境制作)，这样在使用这些格式的时候，就不需要书写那么烦琐的样式了，只需要引用这个头文件即可。

【例 10-11】　设计能够输出各种格式(如输出整数、浮点数、字符串等)的头文件(format.h)，另外编写一个程序文件 10-11.cpp，利用文件包含功能实现格式的输出。

format.h 文件代码如下：

```
/*format.h文件*/
#define INTEGER(d) printf("%d\n",d)          //定义整数的输出格式
#define FLOAT(f) printf("%f\n",f)            //定义浮点数输出格式
#define STRING(s) printf("%s\n",s)           //定义字符串输出格式
/*8-11.cpp文件*/
```

主程序代码如下：

```
#include<stdio.h>
#include"format.h"                           //引用头文件
void main()
{
int d;
int number;
float f;
char s[100];
```

```
printf("选择输出的格式：1代表整数；2代表浮点数；3代表字符串\n");
scanf("%d",&number);                        //输入想输入的类型数字
//使用switch语句做分支运算
switch(number)
{
  case 1:
    printf("输入整数：");
    scanf("%d",&d);
    INTEGER(d);
    break;
  case 2:
    printf("输入浮点数：");
    scanf("%f",&f);
    FLOAT(f);
    break;
  case 3:
    printf("输入字符串：");
    scanf("%s",&s);
    STRING(s);
    break;
    default:printf("输入错误!");
  }
}
```

运行结果为：

a.选择整数的输出情况
选择输出的格式：1代表整数；2代表浮点数；3代表字符串
1
输入整数：23
23
b.选择浮点数的输出情况
选择输出的格式：1代表整数；2代表浮点数；3代表字符串
2
输入浮点数：23.05
23.049999
c.选择字符串的输出情况
选择输出的格式：1代表整数；2代表浮点数；3代表字符串
3
输入字符串：abc
abc
d.选择错误的输出情况
选择输出的格式：1代表整数；2代表浮点数；3代表字符串
4
输入错误!

【实训14】 宏定义、文件包含的应用

一、实训目的

1. 掌握带有参数宏的定义方式，了解其基本内涵。

2. 掌握带有参数宏的使用方式。

3. 掌握带有参数宏和函数使用的相同和不同处。

4. 掌握简单头文件的建立过程。

5. 掌握文件包含的具体含义。

6. 了解头文件的基本内容。

二、实训任务

1. 阅读源程序中 max()函数(求 3 个数的最大数)的定义过程,理解并掌握其基本原理和功能,然后定义一个带有参数的宏来代替这个函数的基本功能。阅读源程序中 sum()函数(求两个数的和)的定义过程,理解并掌握其基本原理和功能,然后定义一个带有参数的宏来代替这个函数的基本功能。阅读源程序的基本编写过程,按照自己定义的带有参数的宏来重新修改源程序,并调试运行程序。

2. 把例 10-7 的格式宏做成头文件,把它包含在用户程序中。阅读源程序中所有宏定义,把它做成一个头文件(format.h),头文件常以".h"为扩展名,当然用".c"为扩展名或者没有扩展名也可以,但是用".h"作为扩展名更能表现此文件的性质。重新编译文件,调试运行。

三、实训步骤

1. 编写源程序。

2. 编写并调试程序,参考源程序 lab10_1.cpp。

3. 修改源程序,参考源程序 lab10_2.cpp。

题目一:

下面程序是用函数实现求 3 个数中的最大数、计算两数之和的程序。

源程序:

```
/* 参考源程序 lab10_1.cpp */
#include<stdio.h>
void main(void)
{
    int max(int x, int y, int z);              //引用定义的函数
    float sum(float x, float y);               //引用定义的函数
    int a, b, c;
    float d, e;
    printf("Enter three integers:");
    scanf("%d, %d, %d",&a,&b,&c);              //读取 3 个整数
    printf("\nthe maximum of them is %d\n",max(a,b,c));
    //输出 3 个数中最大的数
    printf("Enter two floating point numbers:");
    //输入两个浮点类型的数据
    scanf("%f, %f",&d,&e);
    printf("\nthe sum of them is   %f\n",sum(d,e));
    //输出两个浮点类型数据的和
}
//定义比较两个数大小的函数,返回最大数
int max(int x, int y, int z)
{
```

```
    int t;
    if(x > y)
        t = x;
    else
        t = y;
    if(t < z)
        t = z;
    return t;
}
//定义一个能计算两个浮点数之和的函数
float sum(float x, float y)
{
    return x + y;
}
```

运行结果为:

```
Enter three integers:1,8,1
the maximum of them is 8
Enter two floating point numbers:2.0,8.0
the sum of them is  10.000000
Press any key to continue
```

下面是使用宏替换之后的程序代码:

```
# include "stdio.h"
# define MAX(a,b) ((a)>(b)?(a):(b))
# define SUM(X,Y) (X + Y)
void main(void)
{
    int a, b, c,t;
    float d, e;
    printf("输入 3 个整型数:");
    scanf("%d,%d,%d",&a,&b,&c);                    //读取 3 个整数
    //先比较两个数的大小,取出大的数
    t = MAX(a,b);
    //用大的数和第 3 个数比较,得到最大数
    t = MAX(t,c);
    printf("最大数是 %d\n",t);
    //输出 3 个数中最大的数
    printf("输入两个浮点型数据:");
    //输入两个浮点型的数据
    scanf("%f,%f",&d,&e);
    printf("两个浮点型数据之和是: %f\n",SUM(d,e));
    //输出两个浮点型数据的和
}
```

运行结果为:

```
输入 3 个整型数:3,5,1
最大数是 5
输入两个浮点型数据:3.0,7.0
```

编译预处理

两个浮点型数据之和是：10.000000

Press any key to continue

思考题：下面程序块内容是否可以用"MAX((MAX(a,b)),c);"来替代？

```
{
  t = MAX(a,b);
  //用大的数和第 3 个数比较,得到最大数
  t = MAX(t,c);
  printf("最大数是 %d\n",t);
}
```

题目二：
源程序：

```
/ * 参考源程序 lab10_2.cpp * /
#include < stdio. h >
#define P printf
#define D " %d"
#define F " %f"
#define S " %s"
#define NL "\n"
#define D1 D NL
#define D2 D D NL
#define D3 D D D NL
#define F1 F NL
#define F2 F F NL
#define F3 F F F NL
void main()
{
  int a = 10,  b = 3,  c = 45;
  float e = 7.7,  f = 6.7,  g = 12.045;
  char string[ ] = "C language!";
  P(D1,a);
  P(D2,a,b);
  P(D3,a,b,c);
  P(F1,e);
  P(F2,e,f);
  P(F3,e,f,g);
  P(S,string);
}
```

修改程序时将格式宏做成头文件。

注意：format. h 文件的制作方法是,把格式宏的内容复制到文本编辑器中,然后保存文件到 C 程序目录中,文件的扩展名一定要以. h 结尾,路径一定是源文件所在的目录。

format. h 文件包含的内容是(不用包含 #include < stdio. h >头文件)：

```
#define P printf
#define D " %d"
#define F " %f"
#define S " %s"
```

```
#define NL "\n"
#define D1 D NL
#define D2 D D NL
#define D3 D D D NL
#define F1 F NL
#define F2 F F NL
#define F3 F F F NL
```

主文件 lab10_2.cpp 文件包含的内容是：

```
#include<stdio.h>
void main()
{
  int a = 10, b = 3, c = 45;
  float e = 7.7, f = 6.7, g = 12.045;
  char string[] = "C language!";
  P(D1,a);
  P(D2,a,b);
  P(D3,a,b,c);
  P(F1,e);
  P(F2,e,f);
  P(F3,e,f,g);
  P(S,string);
}
```

运行结果为：

```
10
103
10345
7.700000
7.7000006.700000
7.7000006.70000012.045000
C language!
```

注意：在编译时并不是对两个文件分别进行编译再连接它们的目标程序的，而是在经过编译预处理后将头文件 format.h 包含到主文件中，得到一个新的源程序，然后对这个文件进行编译，得到一个目标(.obj)文件。被包含的文件成为新的源文件的一部分，而单独生成目标文件。

如果需要修改程序中常用的一些参数，可以不必修改每个程序，只需把这些参数放在一个头文件中，在需要时修改头文件即可。但是应当注意，被包含文件修改后，凡包含此文件的所有文件都要重新编译。

10.3 条 件 编 译

一般情况下，源程序中所有的行都参加编译。但是有时希望对其中一部分内容只有在满足一定条件时才编译，也就是对一部分源程序行指定编译条件，这就是"条件编译"。

条件编译命令的格式有两种：一种是指定表达式真假值；另一种是指定某种符号是否定义。

10.3.1 指定表达式真假值

1. ♯if、♯else、♯endif 的样式

定义的一般格式为：

```
♯if 表达式
  程序段 1
♯else
  程序段 2
♯endif
```

该编译的过程是：当表达式的值为真时，执行程序段 1，否则执行程序段 2。

下例程序就是利用这种判断，确定字母是大写还是小写，当宏为 ♯define LETTER 1 时，规定是大写输出，执行程序段 1；否则当宏为 ♯define LETTER 0 时，规定是小写输出，执行程序段 2。

【例 10-12】 根据需要设置条件编译，将一行字母字符全部换成大写或小写。

```
♯define LETTER 1
♯include < stdio. h>
void main ()
{
  char str[ ] = "I love c Language.",ch;
  //定义字符串和字符变量
  int i;
  i = 0;
  while((ch = str[i])! = '\0')
  {
    i ++ ;
    //程序段 1
      ♯if   LETTER
      //判断如果字符是小写则把它变成大写字符
      if(ch > = 'a' && ch < = 'z')
        ch = ch - 32;
  //程序段 2
  ♯else
    if(ch > = 'A' && ch < = 'Z')
      ch = ch + 32;
  ♯endif
  printf(" % c",ch);
  }
}
```

运行结果为：

I LOVE C LANGUAGE.

由于定义了 LETTER 为 1，在对条件编译命令进行预处理时，执行程序段 1，即第一个 if 语句，使小写字符变成大写。如果将程序第一行改成：♯define LETTER 0，则在预处理时，对第二个 if 语句进行编译，这样就使大写字符都变成小写了。运行结果为：

I love c language.

2. 带有#elif的条件编译

定义的一般格式为：

```
#if 表达式 1
   程序段 1
#elif 表达式 2
   程序段 2
#elif 表达式 3
   程序段 3
…
#else
   程序段 n
#endif
```

这里的#elif 的含义是 else if。该命令的功能是：如果表达式 1 的值为真，则编译程序段 1；如果表达式 2 的值为真，则编译程序段 2；以此类推，如果所有表达式的值都为假，则编译程序段 n。当然也可以没有#else 部分，当没有#else 部分，且所有表达式的值为假时，此命令中没有程序被编译。

10.3.2 指定某种符号是否有定义

1. #ifdef 格式

定义的一般格式为：

```
#ifdef 标识符
   程序段 1
#esle
   程序段 2
#endif
```

它的作用是当所指定的标识符已经被#defne 命令定义过时，则程序编译阶段只编译程序段 1，否则编译程序段 2。其中，#else 部分可以没有。

2. #ifndef 的运用

定义的一般格式为：

```
#ifndef 标识符
   程序段 1
#else
   程序段 2
#endif
```

它的作用是若标识符未被定义过，则编译程序段 1，否则编译程序段 2。其中，#else 部分也可以没有。

3. 指定某种符号是否定义的应用

【例 10-13】 阅读下面程序，了解#ifdef 和#ifndef 的作用。

```
#include<stdio.h>
```

```
#define T 10                              //定义一个宏
void main ()
{
    #ifdef T
      printf("定义了宏 T,结果是 %d\n",T);
    #else
      printf("没有定义宏 T");
    #endif
    //R 是一个没有定义过的宏名
    #ifndef R
      printf("没有定义宏 R\n");
    #else
      printf("定义了宏 R\n");
    #endif
}
```

运行结果为：

定义了宏 T,结果是 10
没有定义宏 R

总之,合理使用条件编译,可以减少被编译的语句,从而减少目标程序的长度,减少运行时间。特别当条件编译段比较多时,目标程序的长度可以大大减少。

【实训 15】 条件编译的应用

一、实训目的
1. 掌握条件编译的基本格式。
2. 掌握条件编译的执行过程
3. 了解条件编译的作用。

二、实训任务
1. 输入一串字符,可以任选两种输出：一种为原文输出；另一种是把每个字母字符都变成其下一个字母字符(如'a'变成'b',……,'z'变成'a',其他字符不变)。
2. 利用#define 命令来控制程序的输出。
3. 定义宏 OUT,当#define OUT 1 时,表示程序转化方式输出；当#define OUT 0 的时侯,表示程序原文输出。
4. 编辑程序,调试程序。

三、实训步骤
1. 编写程序代码。
2. 调试程序,参考源程序 lab10_3.cpp。

```
/* 编译和调试文件 lab10_3.cpp */
#include<stdio.h>
#define LEN 100
#define OUT 0
void main()
{
```

```
char str[LEN];
int i;
printf("输入字符串: \n");
//读取字符串
gets(str);
#if(OUT)
{
   for(i = 0;i < LEN;i ++ )
   { //判断字符串是否结束
     if (str[i]!= '\0')
     //判断字符是否在 a~z 或 A~Z
     if(str[i]> = 'a' && str[i]<'z' || (str[i]> = 'A' && str[i]<'Z'))
        str[i] = str[i] + 1;
     //判断字符是否是 z 或 Z,这样要返回到 a 或 A
     else if(str[i] == 'z' || str[i] == 'Z')
        str[i] -= 25;
   }
}
#endif
//输出字符串
puts(str);
//这里用 printf 语句输出字符串怎样实现?
}
```

当"#define OUT 0;"时表示字符串按照原文样式输出。

运行结果为:

```
输入字符串:
abc3
abc3
```

如果想输出转化字符串,可以将程序中第 4 行:

```
#define OUT 0;
```

改成:

```
#define OUT 1;
```

修改后其运行结果为:

```
输入字符串:
abc3
bcd3
```

本 章 小 结

预处理功能是 C 语言特有的功能,它是在对源程序正式编译前由预处理程序完成的。程序员在程序中用预处理命令来调用这些功能。

宏定义是用一个标识符来表示一个字符串,这个字符串可以是常量、变量或表达。在宏调用中将用该字符串代换宏名。宏定义可以带有参数,宏调用时是以实参代换形参,而不是值传递。为了避免宏代换时发生错误,宏定义中的字符串应加括号,字符串中出现的形参两边也应加括号。

文件包含是预处理的一个重要功能,它可用来把多个源文件连接成一个源文件进行编译,结果将生成一个目标文件。

条件编译允许只编译源程序中满足条件的程序段,使生成的目标程序较短,从而减少了内存的开销并提高了程序的运行效率。

使用预处理功能便于程序的修改、阅读、移植和调试,也便于实现模块化程序设计。

习 题 10

一、选择题

1. 在宏定义♯define A 3.897678 中,宏名 A 代替一个(　　)。

    A. 单精度数　　　　　B. 双精度数　　　　　C. 常量　　　　　D. 字符串

2. 以下叙述中正确的是(　　)。

    A. 预处理命令行必须位于源文件的开头

    B. 在源文件的一行上可以有多条预处理命令

    C. 宏名必须用大写字母表示

    D. 宏替换不占用程序的运行时间

3. C 语言的编译系统对宏命令的处理是(　　)。

    A. 在程序运行时进行的

    B. 在程序连接时进行的

    C. 和 C 程序中的其他语句同时进行的

    D. 在对源程序中其他语句正式编译之前进行的

4. 在文件包含预处理的语句中,被包含文件名用"< >"括起来时,寻找被包含文件的方式是(　　)。

    A. 直接按系统设定的标准方式搜索目录

    B. 先在源程序所在目录搜索,再按系统设定的标准方式搜索

    C. 仅仅在源程序所在目录搜索

    D. 仅仅搜索当前目录

5. 以下说法中正确的是(　　)。

    A. ♯define 和 printf 都是 C 语句

    B. ♯define 是 C 语句,而 printf 不是

    C. printf 是 C 语句,但♯define 不是

    D. ♯define 和 printf 都不是 C 语句

6. 阅读下面程序:

```
#define A 3.897678
#include<stdio.h>
void main()
```

```
    {
      printf("A=%f",A);
    }
```

程序运行结果为（　　）。

A. 3.897678＝3.897678　　　　　　B. 3.897678＝A

C. A＝3.897678　　　　　　　　　　D. 无结果

7. 有宏定义：

```
#define  LI(a,b)  a*b
#define  LJ(a,b)  (a)*(b)
```

在后面的程序中有宏引用：

```
x=LI(3+2,5+8);
y=LJ(3+2,5+8);
```

则 x、y 的值是（　　）。

A. x＝65,y＝65　　　　　　　　　　B. x＝21,y＝65

C. x＝65,y＝21　　　　　　　　　　D. x＝21,y＝21

8. 有以下程序：

```
#include<stdio.h>
#define f(x) (x*x)
void main()
{
  int i1, i2;
  i1=f(8)/f(4);
  i2=f(4+4)/f(2+2);
  printf("%d, %d\n",i1,i2);
}
```

程序运行后的输出结果是（　　）。

A. 64，28　　　　B. 4，4　　　　　C. 4，3　　　　D. 64，64

9. 以下程序的输出结果是（　　）。

```
#define M(x,y,z) x*y+z
void main()
{
  int a=1,b=2, c=3;
  printf("%d\n", M(a+b,b+c, c+a));
}
```

A. 19　　　　　　B. 17　　　　　　C. 15　　　　　D. 12

10. 有以下程序：

```
#include<stdio.h>
#define N 5
#define M1 N*3
#define M2 N*2
```

```
void main()
{
    int i;
    i = M1 + M2; printf("%d\n",i);
}
```

程序运行后的输出结果是( )

    A. 10   B. 20   C. 25   D. 30

11. 以下有关宏的不正确叙述是( )。

    A. 宏名无类型   B. 宏替换只是字符替换

    C. 宏名必须用大写字母表示   D. 宏替换不占用时间运行

12. C 语言中,宏定义有效范围从定义处开始,到源文件结束处结束,但可以用( )来提前解除宏定义的作用。

    A. ♯ifndef   B. endif   C. ♯undefine   D. ♯undef

13. 以下正确的叙述是( )。

    A. 在程序的一行中可以出现多个有效的预处理命令行

    B. 使用带参宏时,参数的类型应与宏定义时的一致

    C. 宏替换不占用运行时间,只占用编译时间

    D. 宏定义不能出现在函数内部

二、填空题

1. C 提供的预处理功能主要有_____、_____、_____ 3 种。

2. C 规定预处理命令必须以_____开头。

3. 在预编译时将宏名替换成_____的过程称为宏展开。

4. 预处理命令不是 C 语句,不必在行末加_____。

5. 以头文件 stdio.h 为例,文件包含的两种格式为_____、_____。

6. 定义宏的关键字是_____。

三、阅读程序题

1. 以下程序输出结果是什么?

```
♯include<stdio.h>
♯define   MAX(x,y) (x)>(y)?(x):(y)
void main()
{
    int i,z,k;
    z = 15;
    i = z - 5;
    k = 10 * (MAX(i,z);
    printf("%d\n"",k);
}
```

2. 以下程序输出结果是什么?

```
♯include < stdio.h>
♯define ADD(y)   3.54 + y
♯define PR(a) printf("%d",(int)(a))
♯define PR1(a) PR(a);putchar('\n')
```

```
void main()
{
    int i = 4;
    PR1(ADD(5) * i);
}
```

3. 设有如下宏定义：

```
#define MYSWAP(z,x,y) {z = x;x = y;y = z;}
```

以下程序段通过宏调用实现变量 a、b 内容交换，请填空。

```
float a = 5,b = 16,c;MYSWAP(_____,a,b);
```

4. 下列程序的输出结果是什么？

```
#include<stdio.h>
#define N 10
#define s(x) x * x
#define f(x) (x * x)
void main()
{
  int i1,i2;
  i1 = 1000/s(N);
  i2 = 1000/f(N);
  printf("%d    %d\n",i1,i2);
}
```

5. 下列程序的输出结果是什么？

```
#include<stdio.h>
#define TEST
void main( )
{
    int x = 0,y = 1,z;
    z = 2 * x + y;
    #ifdef TEST
      printf("%d %d ",x,y);
    #endif
    printf("%d\n",z);
}
```

四、编程题

1. 定义一个带参数的宏，求两个整数的和。通过宏调用，输出求得的结果。

2. 分别用函数和带参数的宏，实现求 3 个浮点数的平均值。

3. 输入一个整数 m，判断它能否被 3 整除。要求利用带参数的宏实现。

4. 设计一个程序，定义带参数的宏 MAX(a,b) 和 MIN(a,b) 分别求出两个数中的大数和小数，在主函数中输入 3 个数，并求出这 3 个数中的最大值和最小值。

5. 三角形的面积是 area $= \sqrt{s(s-a)(s-b)(s-c)}$，其中 $s = (a+b+c)/2$，a,b,c 为三角形的三边，定义两个带参数的宏，一个用来求 s，另一个用来求 area。编写程序，用带参数的宏来计算三角形的面积。

第 11 章　面向对象程序设计基础

面向对象程序设计(Objects-Oriented Programming,OOP)是软件系统设计与实现的新方法,这种新方法是通过增加软件的扩充性和可重用性,来提高程序员的生产能力,并控制维护软件的复杂性和软件维护的开销。本章从 C++语言入手,讲解 C++中的类与对象的定义及其使用方法,以及面向对象的两个重要特点:继承与多态性。

本章学习目标与要求

➤ 了解面向对象程序设计的思想和基本特点。

➤ 掌握类的概念和声明。

➤ 掌握对象的声明和引用。

➤ 熟悉继承和派生的特点和使用方法。

➤ 熟悉多态性的特点和表现方法。

11.1　面向对象程序设计

下面先介绍面向对象程序设计的基本原理和相关概念。

11.1.1　面向对象基本原理

面向对象方法学是面向对象程序开发技术的理论基础。基于该理论基础,人类不但创造出与人类思维方式和手段相对应的面向对象程序设计语言,而且使得程序开发过程与人类的认知过程同步,通过对人类认识客观世界及事物发展过程的抽象,建立了规范化的分析设计方法,由此带来软件模块化特色突出、可读性好、易维护性强等一系列优点。

根据人类对客观世界的认知规律、思维方式和方法,面向对象方法学对复杂的客观世界进行如下抽象和认识:

(1) 客观世界(事物)由许多各种各样的实体组成,这些实体称为对象。

(2) 每个对象都具有各自的内部状态和运动规律,在外界其他对象或环境的影响下,对象本身根据发生的具体事件做出不同的反应。

(3) 按照对象的属性和运动规律的相似性,可以将相近的对象划分为一类。

(4) 复杂的对象由相对简单的对象通过一定的方式组成。

(5) 不同对象的组合及其间的相互作用和联系构成了各种不同的系统,构成了人们所面对的客观世界。

上述第(1)项说明构成客观事物的基本单元是对象;第(2)项说明对象是一个具有封装性和信息隐藏的模块;第(3)项说明可以通过相似性原理将对象分类,从那些相似对象的属性和行为中抽象出共同部分加以描述；第(4)项说明客观事物的可分解性及可组合性，而第(5)项则说明由对象组合成系统的原则。

将上述 5 项基本观点形式化就可以得到面向对象语言的主要语法框架。如果根据上述基本观点，结合人类认知规律制定出进行分析和设计的策略、步骤，就产生了面向对象的分析与设计方法。

11.1.2　面向对象程序设计的基本特点

1. 抽象

抽象是人类认识问题的基本手段之一。面向对象方法中的抽象是指对具体问题(对象)进行概括，抽出一类对象的公共性质并加以描述的过程。抽象的过程也是对问题进行分析和认识的过程。在面向对象的软件开发中，首先注意的是问题的本质及描述，其实是解决问题的具体过程。一般来讲，对一个问题的抽象应该包括两个方面：**数据抽象和行为抽象(或称为功能抽象、代码抽象)**。前者描述某类对象的属性或状态，也就是此类对象区别于其他类对象的特征；后者描述的是某类对象的共同行为或功能特征。

下面来看一个简单例子。通过对人进行归纳、抽象，提取出其中的共性，可以得到如下抽象描述：

共同的属性，如姓名、性别、年龄等，它们组成了人的数据抽象部分，用 C++ 语言的变量来表达，可以是：

```
String name;char sex;int number;
```

共同的行为，如吃饭、行走这些生物性行为，以及工作、学习等社会性行为。这构成了人的行为抽象部分，也可以用 C 语言的函数表达：

```
Eat();Walk();Word();Study();
```

2. 封装

封装就是将抽象得到的数据和行为(或功能)相结合，形成一个有机的整体，也就是将数据与操作数据的函数代码进行有机的结合，形成"类"，其中的数据和函数都是类的成员。

3. 继承

人们认识问题总是处于一个不断深入的过程中，对于一个特定的问题，前人很可能已经进行过较为深入的研究，这些结果怎么利用？另外，如果在程序设计的后期，对问题又有了更深入的认识，如何将这些新的认识融入已有的成果中？如果是不断地从头再来，怎么可能提高软件产业的产生率？

继承就是解决这个问题的良策。只有继承，才可以在别人认识的基础之上有所发现，有所突破，摆脱重复分析、重复开发的困境。C++ 语言中提供了类的继承机制，允许程序员在保持原有类特性的基础上，进行更具体、更详细的说明。通过类的这种层次结构，可以很好地反映出认识的发展过程。

4. 多态性

面向对象程序设计中的多态是对人类思维方法的一种直接模拟，如日常生活中说"打打球"，这个"打"就表示了一个抽象的信息，具有多重含义。可以说打篮球、打排球、打羽毛球等，都使用这个"打"字来表示参与了某项球类运动，而其中的规则和实际动作却相差甚远。

面向对象程序设计基础

实际上它就是对多种运动行为的抽象,在程序中也是这样的。

从广义上说,多态性是指一段程序能够处理多种类型对象的能力。在 C++语言中,多态性可以通过强制多态、重载多态、类型参数化多态、包含多态 4 种形式来实现。

强制多态是通过一种类型的数据转换成另一种类型的数据来实现的,也就是前面介绍过的数据类型转换(隐式或显式)。重载是指同一个名字赋予不同的含义,如函数重载、运算符重载等,它们都属于特殊的多态性,只是表面的多态性。

类型参数化多态和包含多态属于一般多态性,是真正的多态性。C++语言中采用虚函数实现包含多态,虚函数是多态性的精华。模板是 C++语言实现类型参数化多态的工具,分为函数模板和类模板两种。

11.2　类 与 对 象

类是 C++语言中的一种数据类型,是面向对象程序的核心。在面向对象的程序设计中,程序的模块是由类构成的,类是数据和函数的封装体,是对所要处理的问题的抽象描述。类实际上相当于用户自定义的数据类型,就像 C 语言中的结构体一样,不同的是结构体中没有对数据的操作,类中封装了对数据的操作,利用自定义的类类型来定义变量,这个变量就称为**类的对象**,或者称为**实例和对象变量**,并把声明的过程称为**类的实例化**。

11.2.1　C++中类的定义

同普通变量一样,类在使用之前必须先定义。

定义类的一般格式为:

```
class 类名称
{
  public:          //公有成员,包含数据(或属性)和函数(或功能)
  protected:       //保护类型成员,包含数据(或属性)和函数(或功能)
  private:         //私有成员,包含数据(或属性)和函数(或功能)
}[类的对象定义];
```

说明:

(1) class 是关键字,用于类的定义。

(2) 类名的命名规则与 C 语言中的标识符的命名规则一致。

(3) 类中的数据(又称数据成员)和函数(又称成员函数)分为 3 种访问控制属性,使用控制修饰符 public(公有类型)、private(私有类型)、protected(保护类型)加以修饰。

(4) private、protected 和 public 是关键字,是对数据成员和成员函数的访问控制(又称属性),不分先后顺序,用于修饰在它们之后列出的数据成员和成员函数能被程序的其他部分访问的权限。默认的情况下为 private。在声明类时,并不一定 3 种控制类型的成员都有。

(5) 如果类体中不含成员函数,则等同于 C 语言中的结构体类型。

例如:

```
class Student          //使用 class 定义类名为 Student 的类
```

```
{
 public:                              //数据成员为公有类型,含有 3 个数据
    string name;
    int   number;
    float score;
};
```

在本例中,类 Student 中只有数据成员,而且是公有属性,可以在类外对这些数据进行操作。这跟 C 语言中的结构体类型非常相似,但是系统并不给 Student 类类型分配内存单元,只有使用类定义变量(C++ 中称为对象变量,也称为对象)在系统编译时分配内存单元,该内存单元是存放类类型数据的。

11.2.2 类成员的访问控制

类的成员包括数据成员和函数成员,分别描述问题的属性和行为,是不可分割的两个方面。为了理解类成员的访问权限,还是先来看学生类。不管是哪个学校或是哪个年级的学生,都用某种属性,记录性别、年龄和成绩等,还应该设计给予它合适的功能,例如输入详细信息值、输出信息值等,这种输入和输出成了接触学生类的仅有途径,一般都将这些功能设计成外部接口,这样使用者才能通过这个外部接口去访问其他成员。

对类成员访问权限的控制是通过设置成员的访问属性而实现的。访问控制属性可以有以下 3 种:公有类型(public)、私有类型(private)和保护类型(protected)。

(1) 公有类型成员定义了类的外部接口。公有成员用关键字 public 声明,在类外只能访问类的公有成员。对于学生类,从外部只能调用 Input() 和 Output() 这两个公有类型函数成员来改变或查看学生信息。

(2) 在关键字 private 后面声明的就是类的私有成员。如果私有成员紧接着类的名称,则关键字 private 可以省略。私有成员只能被本类的成员函数访问,来自类外部的任何访问都是非法的。这样,私有成员就完全隐藏在类中,保护了数据的安全性。

(3) 保护类型成员的性质和私有成员的性质相似,其差别在于继承过程中对产生的派生类影响不同。

说明:

(1) 在类的定义中,具有不同访问属性的成员可以按任意顺序出现,修饰访问属性的关键字也可以多次出现,但是一个成员只能具有一种访问属性。

(2) 在书写时通常习惯将公有类型放在最前面,这样便于阅读,因为它们是外部访问时所要了解的。一般情况下,一个类的数据成员都应该声明为私有类型,这样,内部数据结构就不会对该类以外的其余部分造成影响,程序模块之间的相互作用就被降低到最小。

11.2.3 类的成员函数

类的成员函数描述的是类的行为,例如学生类的成员函数 Input() 和 Output()。成员函数是程序算法的实现部分,是对封装的数据进行操作的方法。

1. 成员函数的声明与实现

函数的原型声明要写在类体中,原型说明了函数的参数表和返回值类型。而函数的具体实现是写在类之外的。与普通函数不同的是,实现成员函数时要指明类的名称,具体格

式为:

```
返回值类型   类名::函数成员名(参数表)
{
    函数体
}
```

2. 带默认形参值的成员函数

类的成员函数也可以有默认值,其调用规则与普通函数相同。有时这个默认值可以带来很大的方便,如学生类的 Input()函数,就可以使用如下默认值:

```
void Student::Input(String Newname = '', int Newnumber = 00000000, float Newscore = 60.0)
{
    name = Newname;
    number = Newnumber;
    score = Newscore;
}
```

这样,如果调用这个函数时没有给出实参,就会按照默认形参值将学生类设置为姓名为空、学号为 00000000,分数为 60 分的初始值。

3. 内联成员函数

函数的调用过程要消耗一些内存资源和运行时间来传递参数和返回值,要记录调用时的状态,以便保证调用完成后能够正确地返回并继续执行。如果有的函数成员需要被频繁调用,而且代码比较简单,这个函数也可以定义为内联函数(inline function)。和前面介绍的普通内联函数相同,内联成员函数的函数体也会在编译时被插入到每一个调用它的地方。这样做可以减少调用的开销,提高执行效率,但是却增加了编译后代码的长度。所以要在权衡利弊的基础上慎重选择,只有对相当简单的成员函数才可以声明为内联函数。

内联成员函数的声明有两种方式:隐式声明和显式声明。

将函数体直接放在类体内,这种方法可以称为隐式声明。如将学生类的 Output()函数声明为内联函数,可以写作:

```
class Student
{
  public:
  void Input(string Newname, int Newnumber, float Newscore);
  void Output()
      {cout << name <<";"<< number <<";"<< score << endl;}
  private:
  string name;
  int    number;
  float score;
};
```

为了保证类定义的简洁,一般采用关键字 inline 显示声明的方式。即在函数体实现时,在函数返回值类型前加上 inline;类定义中不加入 ShowTime 的函数体。请看下面的表达方式:

```
inline void Student::Output()
```

```
{
  cout << name <<";"<< number <<";"<< score << endl;
}
```

其效果和前面隐式表示是完全相同的。

下面看一个完整的学生类定义的例子：

```
# include < string >                    //新标准不需要在文件名后加扩展名.h
using namespace std;
class Student
{
  private:                              //数据成员为公有类型,含有 3 个数据
  string name;
  int   number;
  float score;
  public:
  void Input(string Newname, int Newnumber, float Newscore);
  void Output();
};
void Student::Input(string Newname, int Newnumber, float Newscore)
{
  name = Newname;
  number = Newnumber;
  score = Newscore;
}
void Student::Output()
{
  cout << name <<":"<< number <<":"<< score << endl;
}
```

程序说明如下：

（1）两个函数成员的实现可以在类体内，但为了使程序结构清晰，最好使用在类内声明、类外实现的方式。

（2）成员函数为 public 属性，函数 void Input()和 void Output()就是一个类的外部接口，通过函数名可以访问类中的数据。

（3）定义成员函数时，要使用预定义符"::"指明该成员函数属于的类。

11.2.4　类的对象变量定义及访问

1. 定义对象的格式

类是一种自定义的数据类型，对象是声明为类类型的一个实例，即为变量。定义对象的一般格式有以下两种。

（1）定义类的同时直接定义类的对象，即：

```
class 类名
{
  成员变量;
  成员函数;
}对象名列表;
```

面向对象程序设计基础

说明：对象名列表中的每个对象之间用逗号分隔。

(2) 先定义类,再定义类的对象,即:

类名 类对象 1[,类对象 2, …];

建立对象数组的格式如下:

类名 类对象数组名[长度];

2. 类的对象变量的访问

定义了类及其对象,就可以访问对象的公有成员。这种访问采用的是".",操作符,其一般格式为:

(1) 类对象的数据成员的访问格式。

对象名.数据成员名

(2) 类对象的函数成员的访问格式。

对象名.公有成员函数(实参列表);

说明:

(1) "."是成员运算符,在结构体变量中使用过。

(2) 只有被定义为公有类型的成员才能在类的外面被访问到,即采用类的对象的方式去访问。但是在类内部,所有成员之间都可以通过成员名称直接访问,这就实现了对访问范围的有效控制。

通过下面的例子,学习如何定义类的对象,并利用对象调用公有成员。

【例 11-1】 通过主函数调用学生类中的数据成员及成员函数。

源程序如下:

```
void main()
{
    Student stu1,stu2;                      //定义类 Student 的对象 stu1 和 stu2
    stu1.Input("张文英",20100401,89);       //调用对象 stu1 的公有成员函数 Input(),并给出实参值
    stu1.Output();                          //调用对象 stu1 的公有成员函数 Output(),输出学生信息
    string name1;                           //尝试用另一种方法输入学生数据
    int number1;
    float score1;
    cin >> name1 >> number1 >> score1;
    stu2.Input(name1,number1,score1);       //注意调用时实参的类型和顺序
    stu2.Output();
}
```

运行结果为:

```
张文英:20100401:89
输入: 李立 20100405 95.5
李立:20100405:95.5
```

3. 在 C++中访问全局变量

当局部变量与全局变量同名时,局部变量掩盖全局变量。但在需要操作与局部变量同

名的全局变量时,可以用作用域操作符":::"来访问全局变量,格式是在全局变量名前加上作用域操作符。

【例 11-2】 作用域操作符的使用。

```
# include < iostream >
# include < string >
using namespace std;

double A;                       //全局变量 A
void main()
{
    int A;                      //全局变量 A
    A = 5;                      //为全局变量 A 赋值
    ::A = 2.5;                  //为全局变量 A 赋值
    cout << A << endl;          //输出全局变量的值 5
    cout <<::A << endl;         //输出全局变量的值 2.5
}
```

11.3 构造函数和析构函数

在类中有两个特殊的函数:构造函数和析构函数。构造函数是用来进行对象初始化的,析构函数是用来做程序结束后对象的释放工作的。

11.3.1 构造函数

首先来看普通变量的建立过程。每一个变量在程序运行时都要占据一定的内存空间,在声明一个变量时对变量进行初始化,就意味着在为内存分配单元的同时,在其中写入了变量的初始化值。这些初始化在 C++源程序中看似很简单,但是编译器却需要根据变量的类型自动产生一些代码来完成初始化过程。

对象的建立过程也是类似的:在程序执行过程中,当遇到对象声明语句时,程序会向操作系统申请一定的内存空间用于存放新建的对象。我们希望程序就像对待普通变量那样,在分配内存空间的同时,将数据成员的初始值写入。但是类的对象太复杂了,编译器不知道如何产生代码来实现已编译初始化。如果需要进行对象初始化,程序员要编写初始化程序。如果程序员没有自己编写初始化程序,C++编译系统做这项工作。C++中严格规定了初始化程序的接口形式,并有一套自动的调用机制,即构造函数。

构造函数的作用就是在对象被创建时利用特定的值构造对象,将对象初始化为特定的状态。构造函数也是类的一个成员函数,它有一些特殊的性质:**构造函数的函数名与类名相同,而且没有返回值;构造函数通常被声明为公有函数**。只要类中有构造函数,编译器就会在建立新对象的地方自动插入对构造函数的调用代码。因此通常说构造函数在对象被创建的时候将被自动调用。

下面的例题是在上面 Student 类中加入构造函数的定义。

【例 11-3】 使用构造函数重写例 11-1 的完整程序。

```
# include < iostream >
# include < string >
```

```cpp
using namespace std;
class Student
{
  private:
    string name;
    int    number;
    float score;
  public:
    Student(string Newname,int Newnumber,float Newscore);//添加构造函数
    void Input(string Newname,int Newnumber,float Newscore);
    void Output();
};
Student::Student(string Newname,int Newnumber,float Newscore)
{
  name = Newname;
  number = Newnumber;
  score = Newscore;
}//构造函数的实现
void Student::Input(string Newname, int Newnumber, float Newscore)
{
  name = Newname;
  number = Newnumber;
  score = Newscore;
}
void Student::Output()
{
  cout << name <<":"<< number <<":"<< score << endl;
}
void main()
{
  /* 定义类 Student 的对象 stu1,并同时对其进行初始化,过程是隐含调用构造函数,将实参值用作
初始值 */
  Student stu1("张文英",20100401,89);
  stu1.Output();                    //调用对象 stu1 的公有成员函数 Output(),输出学生信息
  stu1.Input("刘文",20100402,79);
  stu1.Output();
}
```

运行结果为:

```
张文英: 20100401:89
刘文: 20100402:79
```

说明:

(1) 如果类中没有定义构造函数,编译器会自动生成一个默认形式的构造函数——没有参数,也不做任何事情的构造函数。

(2) 如果类中声明了构造函数(无论有否参数),编译器便不会再为之生成任何形式的构造函数。因为 Student 类中定义的构造函数带参数,所以建立类对象时必须给出初始值,用来作为调用构造函数的实参。

如果在 main()函数中这样声明对象:

Student stu1;

编译时就会给出语法错误,因为没有给出必要的实参。

(3) 构造函数也是类的成员函数,可以直接访问类的所有数据成员,可以是内联函数,可以带有参数表,可以带默认的形参值,也可以重载。

根据以上特点,可以选择合适的形式将对象初始化成特定的状态。通过下面例题观察重载的构造函数及其被调用的情况。

【例 11-4】 利用构造函数的重载完成例 11-1。

```
class Student
{
  private:
    string name;
    int    number;
    float score;
  public:
    Student();                                    //不带参数的构造函数
{
  name = null;
  number = 0;
  score = 0.0;
}
Student(string newName,int newNumber,float newScore);   //带参数的构造函数
  void Input(string newName,int newNumber,float newScore);
  void Output();
};
Student::Student(string newName,int newNumber,float newScore)
{
  name = newName;
  number = newNumber;
  score = newScore;
}                                              //构造函数的实现
//其他函数实现略
void main()
{
  Student stu1();                               //调用无参的构造函数
  Student stu2("张文英",20100401,89);
  //调用带参数的构造函数,将实参值作为初始值
  stu1.Output();          //调用对象 stu1 的公有成员函数 Output(),输出学生信息
  stu2.Output();
}
```

这里的构造函数有两种重载形式:带参数的和无参的。无参数的构造函数也称为默认形式的构造函数。另外,对象所占据的内存空间只是用于存放数据成员,函数成员不在每一个对象中存储副本。

11.3.2 析构函数

做任何事情都要有始有终,在编程时也要考虑扫尾工作。在 C++ 程序中当对象消失时,

面向对象程序设计基础

往往需要处理好扫尾事宜。析构函数的作用正是如此。它与构造函数相反,用来完成对象被删除前的一些清理工作。析构函数是在对象的生存期即将结束的时刻被自动调用的,调用完成后,对象也就消失了,相应的内存空间也被释放。

与构造函数一样,析构函数是类的一个公有函数成员,它的名称是在类名前面加"~"符号,没有返回值。和构造函数不同的是析构函数不接受任何参数,如果不进行显式说明,系统也会生成一个不做任何事的默认析构函数。

例如,给 Student 类加入一个空的内联析构函数,其功能和系统自动生成的默认析构函数相同。

```
class Student
{
  private:
     string name;
     int number;
     float score;
  public:
     Student();                //无参的构造函数
     void Input(string newName,int newNumber,float newScore);
     void Output();
     ~Student(){   }          //内联析构函数,为空.注意,此处没有分号
};
//其他函数实现略
```

说明:

(1) 一般来讲,如果希望程序在对象被删除之前的时刻自动(不需要人为进行函数调用)完成某些事情,就可以把它们写到析构函数中。

(2) 析构函数体的定义与构造函数一样,可以在类体中定义,也可以在类体中先声明函数,在类体外定义析构函数体。

例如,以上代码可以改成:

```
class Student
{
  private:
     string name;
     int   number;
     float score;
  public:
     Student();                //无参的构造函数
     void Input(string newName,int newNumber,float newScore);
     void Output();
     ~Student();               //析构函数声明.注意,此处有分号
};
Student:: ~Student(){ }     //析构函数实现
//其他函数实现略
```

(3) 析构函数不能被重载。

11.3.3 指向对象的指针变量

定义一个指向对象的指针变量的方法与定义指向基本类型的指针变量一样。一般格式为：

类名 * 指针变量名;

例如：

Student stu1, * pStu1;

说明：指针 pStu1 定义指向一个 Student 类类型的对象，只有赋给它一个具体的对象的地址或动态分配内存空间（使用 new 运算符）后才能使用。

其一般格式为：

pStu1 = &stu1;   //指向对象 stu1

或

pStu1 = new Student;

指针也可以指向对象数组，例如：

```
Student stu2[6], * pStu2;        //定义 pStu2
pStu2 = stu2;                     //将 stu2 数组的首地址赋给 pStu2
```

可以使用指向类对象的指针访问类的公有成员。通过指针访问对象和对象的成员的方式有两种。

第一种方式：

```
( * pStu1).name;                 //访问 pStu1 所指向的对象中的数据成员 name
( * pStu1).Output();             //访问 pStu1 所指向的成员函数 Output()
```

第二种方式：

```
pStu1 -> name;                   //访问 pStu1 所指向的对象中的数据成员 name
pStu1 -> Output();               //访问 pStu1 所指向的成员函数 Output()
```

利用指向对象的指针变量改写例 11-3 中的主函数：

```
void main()
{
  Student stu1("张文英",20100401,89), * pStu1; //定义指针变量 pStu1
  pStu1 = &stu1;                   //将 stu1 的地址赋给指针变量 pStu1
  pStu1.Output();      /* 利用指针变量调用对象 stu1 的公有成员函数 Output(),输出学生信息 * /
  pStu1 -> Input("刘文",21,79);
  pStu1 -> Output();
}
```

【例 11-5】 程序实例：声明一个 Point 点类，有数据成员 x、y、z（三维直角坐标点），成员函数 SetX()、SetY()、GetX()、GetY()、ShowP()等，添加构造函数，并构造一个 Point 类的对象进行测试。

面向对象程序设计基础

```
# include < iostream >
using namespace std;
class Point
{
  float x;
  protected:
  float y;
  public:
  float z;
  Point(float x, float y, float z)
{ this -> x = x;   this -> y = y;   this -> z = z; }
  void SetX(float x){ this -> x = x; }
  void SetY(float y){ this -> y = y; }
  void SetZ( float z){ this -> z = z; }
  float GetX(){ return x; }
  float GetY(){ return y; }
  float GetZ(){ return z; }
  void ShowP(){ cout <<'('<< x <<','<< y <<','<< z <<')'; }
};
void main()
{
  floata,b,c;
  cout <<"请输入三维直角坐标点: ";
  cin >> a >> b >> c;
  Point p1(a,b,c);
  p1.ShowP();
}
```

运行结果为:

```
请输入三维直角坐标点: 5.0   6.0   7.0
(5.0,6.0,7.0)
```

说明: 程序中的 this 是一个指向本类的引用,即指针,用以区分本类数据成员和外来调用者。

11.4   C++中的函数重载

在 C 语言中,函数名不能相同,如果相同就会出错。而在 C++语言中,提供了对重载的支持。所谓重载,就是在程序中相同的函数名对应不同的函数实现。函数重载允许程序内出现多个名称相同的函数,这些函数可以完成不同的功能,并且带有不同的类型、不同的形参个数及不同的返回值。使用函数重载,就可以把功能相似的函数命名为一个相同的标识符,使程序结构简单易懂。

【例 11-6】   求 3 个数当中的最大数(共考虑 3 种数据类型,分别是整型、双精度型和长整型)。

算法分析: 设计 3 个函数,函数名为 max,其参数类型不同。

源程序代码如下:

```
# include < stdio. h >
# include < iostream >
using namespace std;
int max( int a, int b, int c);                        //函数声明
double max( double a , double b, double c);            //函数声明
long max( long a, long b, long c);                     //函数声明
int main()
{
    int i1, i2, i3, i;
    cin >> i1 >> i2 >> i3;                             //输入 3 个整型数
    i = max( i1, i2, i3);                              //求 3 个整型数中的最大者
    cout <<"i_max = "<< i << endl;
    double d1, d2, d3, d;
    cin >> d1 >> d2 >> d3;                             //输入 3 个双精度型数
    d = max( d1, d2, d3);                              //求 3 个双精度型数中的最大者
    cout <<"d_max = "<< d << endl;
    long g1, g2, g3, g;
    cin >> g1 >> g2 >> g3;                             //输入 3 个长整型数
    g = max( g1, g2, g3);                              //求 3 个长整型数中的最大者
    cout <<"g_max = "<< g << endl;
    return 0;
}
int max( int a, int b, int c)                         //定义求 3 个整型数中的最大者的函数
{
    if( b > a) a = b;
    if( c > a) a = c;
    return a;
}
double max( double a, double b, double c)             //定义求 3 个双精度型数中的最大者的函数
{
    if( b > a)a = b;
    if( c > a)a = c;
    return a;
}
long max( long a, long b, long c)                     //定义求 3 个长整型数中的最大者的函数
{
    if( b > a) a = b;
    if( c > a) a = c;
    return a;
}
```

函数的重载要求编译器能够唯一地确定应该调用的函数,即应该采用哪一个函数来实现。为了不造成混乱,则要求重载函数的参数个数、参数的类型或形参的排列顺序不同。也就是说函数重载,函数名可以相同,但函数形参的个数、类型或排列顺序不能相同。

【实训 16】 构造函数和析构函数的应用

一、实训目的

1. 掌握类的声明和使用。

2. 掌握类的声明和对象的使用。

面向对象程序设计基础

3. 复习具有不同访问属性的成员的访问方式。

4. 观察构造函数和析构函数的执行过程。

5. 使用 Visual C++ 的 Debug 调试功能观察程序流程,跟踪观察类的构造函数、析构函数、成员函数的执行顺序。

二、实训任务

1. 声明一个 CPU 类,包含等级(rank)、频率(frequency)、电压(voltnumber)等属性,有两个公有成员函数 run()、stop()。其中,rank 为枚举类型 CPU_Rank,声明为 enum CPU_Rank{P1=1,P2,P3,P4,P5,P6,P7};frequency 是单位为 MHz 的整型数;voltnumber 为浮点型的电压值。观察构造函数和析构函数的调用顺序。

2. 声明一个简单的 Rectangle 类,有数据成员长(Length)、宽(Width),有 3 个公有成员函数 GetArea()、GetLength()和 GetWidth()。设计带参数的构造函数,设计析构函数,生成 Rectangle 类的对象,计算其面积。声明并实现这个类。

3. 设计一个用于人事管理的 People(人员)类。考虑到通用性,这里只抽象出所有类型人员都具有的属性:number(编号)、sex(性别)、birthday(出生日期)、id(身份证号)等。其中"出生日期"声明为一个日期类内嵌子对象。用成员函数实现对人员信息的录入和显示。要求包括:构造函数和析构函数、拷贝构造函数、内联成员函数。

三、实训步骤

1. 首先声明枚举类型 CPU_Rank,例如 enum CPU_Rank{P1=1,P2,P3,P4,P5,P6,P7},再声明 CPU 类,包含等级(rank)、频率(frequency)、电压(voltnumber)等私有数据成员,声明成员函数 run()和 stop(),用来输出提示信息,在构造函数和析构函数中也可以输出提示信息。在主程序中声明一个 CPU 的对象,调用其成员函数,观察类对象的构造和析构顺序,以及成员函数的调用。参考源代码 lab11_1.cpp 如下:

```cpp
//lab11_1.cpp
#include<iostream>
using namespace std;
enum CPU_Rank {P1 = 1,P2,P3,P4,P5,P6,P7};
class CPU
{
private:
    CPU_Rank rank;
    int frequency;
    float voltnumber;
public:
    CPU(CPU_Rank r, int f, float v)
    {
        rank = r;
        frequency = f;
        voltnumber = v;
        cout << "构造了一个 CPU!"<< endl;
    }
    ~CPU() { cout << "析构了一个 CPU!"<< endl; }
    CPU_Rank GetRank() const { return rank; }
int GetFrequency() const { return frequency; }
```

```
    float GetVoltnumber() const { return voltnumber; }
void SetRank(CPU_Rank r) { rank = r; }
void SetFrequency(int f) { frequency = f; }
void SetVoltnumber(float v) { voltnumber = v; }
    void Run() {cout << "CPU 开始运行!"<< endl; }
    void Stop() {cout << "CPU 停止运行!"<< endl; }
};
int main()
{
    CPU a(P6,300,2.8);
    a.Run();
    a.Stop();
}
```

使用 Debug 调试功能观察程序 lab11_1.cpp 的运行流程,跟踪观察类的构造函数、析构函数、成员函数的执行顺序。

调试操作步骤如下。

(1) 选择 Build→Start Debug→Step into,或按下快捷键 F11,系统进入单步执行状态,程序开始运行,并出现一个 DOS 窗口,此时 Visual Studio 的光标停在 main()函数的入口处。

(2) 从 Debug 菜单或 Debug 工具栏单击 Step Over,此时,光标下移,程序准备执行CPU 对象的初始化。

(3) 从 Debug 菜单或 Debug 工具栏单击 Step Into,程序准备执行 CPU 类的构造函数。

(4) 连续单击 Step Over,观察构造函数的执行情况,直到执行完构造函数,程序回到主函数。

(5) 此时程序准备执行 CPU 对象的 run()方法,单击 Step Into,程序进入 run()成员函数,连续单击 Step Over,直到回到 main()函数。

(6) 继续执行程序,参照上述方法,观察程序的执行顺序,加深对类的构造函数、析构函数、成员函数的执行顺序的认识。

(7) 再试试 Debug 菜单栏中其他的菜单项,熟悉 Debug 的各种方法。

运行结果为:

```
构造了一个 CPU!
CPU 开始运行!
CPU 停止运行!
析构了一个 CPU!
```

2. 首先声明 Rectangle 类,再声明私有数据成员 Length 和 Width,声明公有成员函数GetArea()、GetLength()和 GetWidth(),可在其中输出提示信息。在主程序中声明一个Rectangle 的对象,调用其成员函数,观察类对象及其成员变量的构造与析构顺序,以及成员函数的调用。参考源代码 lab11_2.cpp 如下:

```
//lab11_2.cpp
# include < iostream >
using namespace std;
class Rectangle
```

面向对象程序设计基础

```cpp
{
public:
    Rectangle(float len,float width)
    {
        Length = len;
        Width = width;
    }
    ~Rectangle(){};
    float GetArea() {return Length * Width;}
    float GetLength() {return Length;}
    float GetWidth() {return Width;}
private:
    float Length;
    float Width;
};
void main()
{
    float length,width;
    cout <<"请输入矩形的长度：";
    cin >> length;
    cout <<"请输入矩形的宽度：";
    cin >> width;
    Rectangle r(length,width);
    cout <<"长为"<< length <<"宽为"<< width <<"的矩形的面积为"<< r.GetArea()<< endl;
}
```

使用 Debug 调试功能观察 lab11_2.cpp 程序的运行流程，跟踪观察类的构造函数、析构函数、成员函数的执行顺序，特别注意观察成员变量的构造与析构顺序。

运行结果为：

```
请输入矩形的长度：6
请输入矩形的宽度：3
长为 6 宽为 3 的矩形的面积为 18
```

11.5　继承与派生

面向对象程序设计思想提供了类的继承机制，允许程序员在保持原有类特性的基础上，进行更具体、更详细的类的定义。以原有的类去产生新的类，即新类继承了原有类的特征，换个角度是原有类派生出新类。类的派生机制大大提高了代码的重用性和可扩充性。通过继承机制，可以利用已有的数据类型来定义新的数据类型。所定义的新的数据类型不仅拥有新定义的成员，而且还同时拥有旧的成员。

11.5.1　C++的继承机制

类的继承和派生的层次结构，是人们对自然界中事物进行分类、分析和认识的过程在程序设计中的体现。现实世界中的事物都是相互联系、相互作用的，人们根据它们的实际特征，抓住其共同特性和细小差别，利用分类的方法进行分析和描述，如对交通工具的分类（见

图 11-1)。这个分类树可以看成交通工具的派生关系,最高层是抽象程度最高的,是最具有普遍和一般意义的概念,下层具有了上层的特性,同时加入了自己的新特征,而最下层是最为具体的。上下之间的关系就可以看作是基类与派生类的关系。

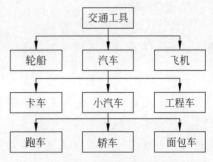

图 11-1 交通工具的分类图

说明:

(1) 通过继承,可以从已有的类派生出新类,新类在已有类的基础上新增自己的特性。

(2) 被继承的已有类称为**基类(父类)**,派生出的新类称为**派生类(子类)**。

(3) 在 C++ 语言中,一个派生类可以从一个基类派生,也可以从多个基类派生。从一个基类派生的继承称为单继承;从多个基类派生的继承称为多继承。

继承的重要之处是可以减少代码的冗余性,实现代码的重用,并且通过少量的修改,满足不断变化的具体应用要求,提高程序设计的灵活性。

11.5.2 派生类的定义

C++ 中派生类的一般定义语法为:

class <派生类名>: <继承方式> <基类名 1>, <继承方式> <基类 2>, …, <继承方式> <基类名 n>
{
    派生类新成员定义;
}

说明:

(1) "派生类名"是新定义的一个类的名字,它是从"基类名 n"中派生的,并且按指定的"继承方式"派生的。

(2) "继承方式"常使用如下 3 种关键字给予表示。

public,表示公有基类;

private,表示私有基类;

protected,表示保护基类。

例如,假设基类是已经定义的类,下面的语句定义了一个名为 Drl 的派生类,该类是从基类 Base1、Base2 派生而来:

```
class Derivel:public Base1,private Base2
{
  public:
  Derivel();//定义派生类的构造函数
  ～Derivel();//定义派生类的析构函数
};
```

(3) 如果省略继承方式,对 class 将采用私有继承,对 struct 将采用公有继承。例如,有如下代码:

```
class Base1{};
```

面向对象程序设计基础

```
struct Base2{};
class Derive2:Base1,Base2{};
```

那么,Derive2 类将私有继承 Base1,公有继承 Base2。相当于:

```
class Derive2:private Base1,public Base2{};
```

(4) 派生类新成员定义是指除了从基类继承来的所有成员之外,新增加的数据和函数成员。这些新增加的成员是派生类对基类的进化和发展。当重用和扩充已有的代码时,就是通过在派生类中新增加成员来添加新的属性和功能。

(5) 派生类在生成过程中,有以下 3 个步骤:吸收基类成员→改造基类成员→添加新成员。在此过程中,基类的构造和析构函数不能被继承。

当一个派生类只有一个直接基类时,是单继承。单继承是多继承的一个简单特例,多继承可以看作是多个单继承的组合,它们之间的很多特性是相同的。单继承的定义格式如下:

class <派生类名>:<继承方式><基类名>
{
　　派生类新成员定义;
};

下面主要以简单的单继承入手进行讲解。

11.5.3　派生类的 3 种继承方式

基类的成员可以有 pbulic(公有)、protected(保护)、private(私有)3 种访问属性,基类的自身成员可以对基类中任何一个其他成员进行访问,但是通过基类的对象只能访问该类的公有成员。

类的继承方式有 pbulic(公有继承)、protected(保护继承)、private(私有继承)3 种,不同的继承方式,导致原来具有不同访问属性的基类成员在派生类中的访问属性也有所不同。访问有两种方式:一是派生类中的新增成员访问从基类继承的成员;二是在派生类外部,通过派生类的对象访问继承的成员。下面分别进行讨论。

1. 公有继承

公有继承的特点是基类的公有成员和保护成员作为派生类的成员时,它们都保持原有的状态,而基类的私有成员仍然是私有的,不能被这个派生类的子类所访问。

对于公有继承方式说明如下:

(1) 基类成员对其对象的可见性:公有成员可见,其他不可见。这里保护成员等同于私有成员。

(2) 基类成员对派生类的可见性:公有成员和保护成员可见,而私有成员不可见。这里保护成员等同于公有成员。

(3) 基类成员对派生类对象的可见性:公有成员可见,其他成员不可见。

所以,在公有继承时,派生类的对象可以访问基类中的公有成员,派生类的成员函数可以访问基类中的公有成员和保护成员。这里,一定要区分清楚派生类的对象和派生类中的成员函数对基类的访问是不同的。

2. 私有继承

私有继承的特点是基类的公有成员和保护成员都作为派生类的私有成员,并且不能被这个派生类的子类所访问。

对于私有继承方式说明如下：

(1) 基类成员对其对象的可见性：公有成员可见，其他成员不可见。

(2) 基类成员对派生类的可见性：公有成员和保护成员是可见的，而私有成员是不可见的。

(3) 基类成员对派生类对象的可见性：所有成员都是不可见的。

所以，在私有继承时，基类的成员只能由直接派生类访问，而无法再往下继承，未加注明的情况下都指私有继承方式。

3. 保护继承

保护继承的特点是基类的所有公有成员和保护成员都成为派生类的保护成员，并且只能被它的派生类成员函数或友元访问，基类的私有成员仍然是私有的。这种继承方式与私有继承方式的情况相同。两者的区别仅在于对派生类的成员而言，对基类成员有不同的可见性。

上述的可见性也就是可访问性。关于可访问性还有另一种说法。这种规则中，称派生类的对象对基类的访问为水平访问，称派生类的派生类对基类的访问为垂直访问。

表 11-1 列出 3 种不同的继承方式的基类特性和派生类特性。

表 11-1   3 种不同的继承方式的基类特性和派生类特性

继承方式	基类成员的访问权限	基类成员在派生类中的访问权限	基类成员在派生类外的访问权限
公有继承	public	public	可见
	protected	protected	不可见
	private	不可见	不可见
私有继承	public	private	不可见
	protected	private	不可见
	private	不可见	不可见
保护继承	public	protected	不可见
	protected	protected	不可见
	private	不可见	不可见

下面通过例题观察以上 3 种继承方式，总结出派生类成员的访问规则。

【例 11-7】 公有继承方式举例。代码如下：

```
# include < iostream >
using namespace std;
class Location
{
public:
    void InitL( int xx, int yy) {X = xx; Y = yy;}
    void Move(int xOff, int yOff) {X += xOff; Y += yOff;}
    int GetX() {return X;}
    int GetY() {return Y;}
private:
    int X, Y;
```

```
};
class Rectangle:public Location                     //派生类
{
public:
    void InitR(int x, int y, int w, int h);
    int GetH() {return H;}
    int GetW() {return W;}
private:
    int W,H;
};
inline void Rectangle::InitR(int x, int y, int w, int h)
{
    InitL(x,y);                                     //派生类直接访问基类的公有成员
    W = w;
    H = h;
}
void main()
{
    Rectangle rect;
    rect.InitR(2,3,20,10);
    rect.Move(3,2);                                 //对象访问基类的公有成员
    cout << rect.GetX()<<', '<< rect.GetY()<<', '<< rect.GetH()<<', '
<< rect.GetW()<< endl;
    //对象访问基类的公有成员
}
```

运行结果为：

```
5,5,10,20
```

【例 11-8】 私有继承方式举例。代码如下：

```
class Rectangle:private Location
{
public:
    void InitR(int x, int y, int w, int h);
    void Move(int xOff, int yOff);
    int GetX();
    int GetY();
    int GetH() {return H;}
    int GetW() {return W;}
private:
    int W,H;
};
inline void Rectangle::InitR(int x, int y, int w, int h)
{
    InitL(x,y);                                     //派生类直接访问原公有成员
    W = w;
    H = h;
}
void Rectangle::Move(int xOff, int yOff)
{    Location::Move(xOff,yOff);    }
```

```
int Rectangle::GetX()
{      return Location::GetX();      }
int Rectangle::GetY()
{      return Location::GetY();             }
void main()
{
    Rectangle rect;
    rect.InitR(2,3,20,10);
    rect.Move(3,2);                              //对象访问派生类的函数
    cout << rect.GetX()<<','
    << rect.GetY()<<','<< rect.GetH()<<','<< rect.GetW()<< endl;
    //对象访问派生类的函数
}
```

11.5.4　类型兼容规则

类型兼容规则是指在需要基类对象的任何地方,都可以使用公有派生类的对象来替代。通过公有继承,派生类得到了基类中除构造函数、析构函数之外的所有成员。这样,公有派生类实际就具备基类所有功能,凡是基类能解决的问题,公有派生类都可以解决。类型兼容规则中所指出的替代包括以下情况:

(1) 派生类的对象可以赋值给基类对象;

(2) 派生类的对象可以初始化基类的引用;

(3) 派生类的对象的地址可以赋给指向基类的指针。

在替代之后,派生类对象就可以作为基类的对象使用,但只能使用从基类继承的成员。

如果 B 类为基类,D 为 B 类公有派生类,则 D 类中包含了基类 B 中除构造函数、析构函数之外的所有成员。这时,根据类型兼容规则,在基类 B 的对象可以出现的任何地方,都可以用派生类 D 的对象来替代。在如下程序中,b1 为 B 类的对象,d1 为 D 类的对象。

```
class B
{ … }
class D:public B
{ … }
B b1, * pb1;
D d1;
```

说明:

(1) 派生类对象可以赋值给基类对象,即用派生类对象中从基类继承来的成员,逐个赋值给基类对象的成员。

```
b1 = d1;
```

(2) 派生类的对象也可以初始化基类对象的引用。

```
B&bb = d1;
```

(3) 派生类对象的地址也可以赋值给指向基类的指针。

```
Pb1 = &d1
```

面向对象程序设计基础

根据类型兼容规则,在基类对象出现的场合使用派生类对象进行替代,但是替代之后派生类仅仅发挥出基类的作用。

例如:

```
class Base
{ int a;
  public:
  voidfunc(int i) {a = i;}
};
class Derive:public Base
{ int b;
  public:
  voidfunc(int i) {b = i;}
};
void main()
{
  Base b;
  b.func(5);
  Derive d;
  d.func(6);
  //派生类对象调用基类的公有函数
}
class Base
{ int a;
  public:
  void X(int i){a = i;}
  void X(char * c){ }
};
class Derive:public Base
{ int b;
  public:
  void X(int i){b = i;}
};
void main()
{
  Derive d;
  d.X("aa");
  //派生类对象调用基类的公有函数 Error()
}
```

在 11.6 节将学习面向对象程序设计的另一个重要特征——多态性,多态的设计方法可以保证在类型兼容的前提下,基类和派生类分别以不同的方式来响应相同的消息。

11.5.5 派生类的构造函数和析构函数

由于派生类不继承基类的构造函数和析构函数,但是能调用基类的构造函数和析构函数。在派生类中,如果对派生类新增的成员进行初始化,需要添加派生类的构造函数,完成对派生类中新增成员的初始化工作。对所有从基类继承下来的成员,其初始化工作仍然由基类的构造函数完成。同样,对派生类对象的扫尾和清理工作也需要加入新的析构函数。

【例 11-9】 派生类的构造函数和析构函数的作用。

```cpp
#include<iostream>
using namespace std;
class Base
{
public:
    Base(int i);
    ~Base();
    void print();
private:
    int a;
};
class Derive:public Base
{
public:
    Derive(int i, int j);
    ~Derive();
    void print();
private:
int b;
};
Base::Base(int i)
{
    a = i;
    cout <<"Base constructor"<< endl;
}
Base::~Base()
{
    cout <<"Base destructor"<< endl;
}
void Base::print()
{
    cout << a << endl;
}
Derive::Derive(int i, int j) : Base(i)
{
    b = j;
    cout <<"Derive constructor"<< endl;
}
Derive::~Derive()
{
    cout <<"Derive destructor"<< endl;
}
void Derive::print()
{
    Base::print();
    cout << b << endl;
}
void main()
{
```

```
    Derive der(2,5);
    der.print();
}
```

运行结果为：

```
Base constructor
Derive constructor
2
5
Derive destructor
Base destructor
```

说明：

（1）派生类的构造函数总是先调用基类的构造函数来初始化派生类中的基类成员，再进行派生类中成员的初始化。

（2）派生类构造函数的定义中，要提供基类构造函数所需要的参数。

例如语句：

```
Derive(int i, int j);
```

（3）如果派生类没有用户自定义的构造函数，执行其默认构造函数时，首先调用基类的构造函数。

（4）析构函数的调用顺序和构造函数的调用顺序相反。

（5）子类的构造函数要有一个默认的父类构造函数与之对应。

如果将以上程序做简化修改后，观察运行结果的变化：

```
class Base
{
public:
    Base(){cout <<"Base constructor"<< endl;}
    ~Base(){cout <<"Base destructor"<< endl;}
    void print();
};
class Derive:public Base
{
public:
    void set(int i) { b = i; }
    void print(){ cout << b << endl; }
private:
int b;
};
void main()
{
    Derive der;
    der.set(2);
    der.print();
}
```

运行结果为：

```
Base constructor
2
Base destructor
```

11.5.6 派生类成员的标识与访问

本小节主要讨论派生类使用过程中标识和访问派生类及对象成员问题。在派生类中，成员可以按访问属性划分为如下 4 种。

1. 不可访问的成员

不可访问的成员从基类私有成员继承而来，派生类或建立派生类对象的模块都没有办法访问到它们，如果从派生类继续派生新类，也无法访问。

2. 私有成员

私有成员包括从基类继承过来的成员及新增加的成员，在派生类内部可以访问，但是在建立派生类对象的模块中无法访问，继续派生，即成为新的派生类中的不可访问成员。

3. 保护成员

保护成员可能是新增的，也可能是从基类继承过来的，派生类内部成员可以访问，建立派生类对象无法访问，进一步派生，在新的派生类中可能成为私有成员或保护成员。

4. 公有成员

派生类和建立派生类的模块都可以访问，继续派生，可能是新派生类中的私有成员、保护成员或公有成员。

在对派生类的访问中，只能访问一个能够唯一标识的可见成员。如果通过某一个表达式能引用的成员不只一个，即为二义性问题。通过作用域分辨符来实现唯一标识问题。

作用域分辨符就是经常见到的"::"，它可以用来限定要访问的成员所在的类的名称，一般的使用格式是：

基类名::成员名；
基类名::成员名(参数表)；

对于在不同的作用域声明的标识符、可见性原则：如果存在两个或多个具有包含关系的作用域，外层声明了一个标识符，而内层没有再次声明同名标识符，那么外层标识符在内层仍然可见；如果在内层声明了同名标识符，则外层标识符在内层不可见，这时称内层就是隐藏了外运同名变量，这种现象称为隐藏规则。在 C++ 语言中同名标识符隐藏具体规则为：当派生类与基类中有相同成员时，若未强行指名，则通过派生类对象使用的是派生类中的同名成员；若通过派生类对象访问基类中被隐藏的同名成员，则应使用基类名限定。

【例 11-10】 多继承情况下同名成员隐藏情况举例。

```cpp
# include < iostream >
using namespace std;
class Base1 //定义基类 Base1
{
public:
    int var;
    void func() { cout <<"Member of Base1"<< endl; }
};
```

```
class Base2 //定义基类 Base2
{
public:
    int var;
    void func() { cout <<"Member of Base2"<< endl; }
};
class Derived:public Base1, public Base2                 //定义派生类 Derived
{
public:
    int var;                                 //同名数据成员
    void func() { cout <<"Member of Derived"<< endl; }    //同名函数成员
};
void main()
{
    Derived der;
    Derived * p = &der;
    der.var = 1;                             //对象名.成员名标识
    der.func();                              //访问 Derived 类成员
    der.Base1::var = 2;                      //作用域分辨符标识
    der.Base1::func();                       //访问 Base1 基类成员
    p -> Base2::var = 3;                     //作用域分辨符标识
    p -> Base2::func();                      //访问 Base2 基类成员
}
```

运行结果为：

```
Member of Derived
Member of Base1
Member of Base2
```

11.6 多 态 性

面向对象程序设计的真正力量不仅在于继承,而且在于将派生类对象当基类对象一样处理的能力。支持这种能力的机制就是多态性和动态绑定。

11.6.1 多态性概述

在程序中同一符号或名字在不同情况下具有不同解释的现象称为多态性。事实上,在程序设计中经常使用多态性,最简单的例子就是运算符,如使用同样的加号"＋",就可以实现整型数之间、浮点型数之间、双精度浮点型数之间以及它们相互的加法运算,同样的消息(相加),被不同类型的对象(变量)接收后,不同类型的变量采用不同的方式进行加法运算。如果是不同类型的变量相加,例如浮点型数和整型数,则要先将整型数转换为浮点型数,然后再进行加法运算,这就是典型的多态现象。C++语言支持的多态可以分为 4 类:**重载多态、强制多态、包含多态和参数多态**。下面重点学习包含多态。

C++语言支持的多态性可以按其实现的时机分为**编译时多态**和**运行时多态**两类。

(1) 编译时多态性(early binding):在程序编译阶段即可确定下来的多态性,主要通过使用重载机制获得。

（2）运行时多态性(late binding)：必须等到程序动态运行时才可确定的多态性，主要通过虚函数实现。

在第 5 章中，讲述了一些关于函数重载的问题，其实这是一种典型的编译时多态的特征。本小节主要从虚函数的角度，讲述 C++语言中的运行时多态的特征。

11.6.2 虚函数

通过基类的指针指向派生类的对象，并访问某个与基类同名的成员，那么首先在基类中将这个同名函数说明为虚函数。C++语言中引入了虚函数的机制，在派生类中可以对基类中的成员函数进行覆盖（重定义）。这样，通过基类类型的指针，就可以使属于不同派生类的不同对象产生不同的行为，从而实现了运行过程的多态。

声明虚函数成员的一般语法为：

virtual 函数类型 函数名(形参表)
{
　　函数体
}

说明：

（1）定义虚函数，在类定义中函数原型之前加 virtual。

（2）virtual 只用来说明类定义中的原型，不能用在函数实现时。

例如：

```
class Base{
public:
    virtual void display();
};
virtual void InBase::display()//virtual 用在此处，出错
{cout <<"In Base!"<< endl;}
```

（3）虚函数在基类与派生类中的声明（包括函数名、返回值类型和参数表列）必须一样，才能实现运行时的多态。

```
class Base
{
public:
    virtual void func1( );
    virtual void func2( );
    virtual void func3( );
}
class Derive
{
public:
    void func1( );
    int func2( );
    void func3(int);
}
```

关于虚函数的使用，还有以下几点特别需要提示：

（1）类中定义了虚函数，派生类中无论是否说明，同原型函数都自动为虚函数；

（2）只有类的非静态成员函数才能声明为虚函数；

（3）内联函数不能是虚函数；

（4）构造函数不能是虚函数；

（5）析构函数通常是虚函数。

【例 11-11】 虚函数举例。

```cpp
# include < iostream >
using namespace std;
class Base
{
public:
    virtual void func1();                //虚函数定义
    void func2();
};
void Base::func1()
{    cout <<"Base::func1"<< endl; }
    void Base::func2()
{    cout <<"Base::func2"<< endl; }
    class Derived:public Base
{
public:
    void func1();
    void func2();
};
void Derived::func1()
{    cout <<"Derived::func1"<< endl; }
    void Derived::func2()
{    cout <<"Derived::func2"<< endl; }
    void main()
{
    Derived aDerived;
    Derived  * pDerived = &aDerived;
    Base     * pBase  = &aDerived;
    pBase -> func1();
    pBase -> func2();
    pDerived -> func1();
    pDerived -> func2();
    void (Derived:: * pfn)();
    pfn = &Base::func1;
    (aDerived. * pfn)();
    pfn = &Base::func2;
    (aDerived. * pfn)();
}
```

运行结果为：

```
Derived::func1
Base::func2
Derived::func1
```

```
Derived::func2
Derived::func1
Base::func2
```

11.6.3 纯虚函数和抽象类

在基类中无法实现的函数能否只说明原型,用来规定整个类族中统一的接口,而在派生类中只给出函数的具体实现呢? C++语言中的纯虚函数就能实现此功能。纯虚函数(pure virtual function)是在基类中被标明为不具体实现的虚成员函数。

纯虚函数声明的一般格式为:

virtual 函数类型函数名(参数表) = 0;

带有纯虚函数的类就是抽象类(abstract class)。抽象类是不能有实例对象的类,唯一的用途是被继承,一个抽象类至少具有一个虚函数。如果一抽象类的派生类没有实现来自基类的某个纯虚函数,则该函数在派生类中仍然是纯虚函数,这就使得该派生类也成为抽象类。

抽象类有以下几点作用:

(1) 抽象类为抽象和设计的目的而建立,将有关的数据和行为组织在一个继承层次结构中,保证派生类具有要求的行为;

(2) 对于暂时无法实现的函数,可以声明为纯虚函数,留给派生类去实现;

(3) 派生类实现纯虚函数的参数要与父类纯虚函数声明的参数相同。

【例 11-12】 抽象类举例。定义抽象类 shape,派生出 3 个派生类: circle、rectangle、triangle,用函数 printArea() 分别输出以上 3 者的面积,3 个图形的初始值在定义对象时给定。

```cpp
#include<iostream>
using namespace std;
class shape
{
    private:
    double edge;
    public:
    virtual double area() = 0;
    void printArea()                    //输出面积函数在基类中,由子类继承
    {
cout << this -> area()<< endl;
    }
};
class circle :public shape
{
private:
    double radius;                      //半径
public:
    circle(){}
    circle(double r)
    {
```

```
            radius = r;
        }
        double area()
        {
            double s = 3. 14 * radius * radius;
            return s;
        }
};
class rectangle:public shape
{
    private:
    double len,wid;
    public:
    rectangle(double l,double w)
    {
        len = l;
        wid = w;
    }
    double area()
    {
        double s = len * wid;
        return s;
    }
};
class triangle:public shape
{
    private:
    double height,edge;
    public:
    triangle(double h,double e)
    {
        height = h;
        edge = e;
    }
    double area()
    {
        double s = height * edge/2;
        return s;
    }
};
void main()
{
    circle a(3.0);
    rectangle b(3.0,4.0);
    triangle c(4.0,3.0);
    cout <<"圆形的面积为: ";   a.printArea();      //圆形面积
    cout <<"矩形的面积为: ";   b.printArea();      //矩形面积
    cout <<"三角形的面积为: ";   c.printArea();     //三角形面积
}
```

运行结果为:

圆形的面积为：28.26
矩形的面积为：12
三角形的面积为：6

抽象类说明如下。

（1）不能定义抽象类的对象，但可以声明抽象类的指针或引用。通过改变指针或引用的具体地址，指向相应的派生类的对象，以便实现运行时的多态。

```
voidprintArea(Shape &s)
{     cout << s.Area()<< endl;    }
      void main()
{
      circle a(3.0);
      rectangle b(3.0,4.0);
      triangle c(4.0,3.0);
      printArea(cir);
      printArea(rect);
}
```

（2）派生类如果没有定义全部纯虚函数的操作，继承了部分纯虚函数，则仍然是抽象类。

```
class Base
{
      …
      virtual void init() = 0;
      virtual void print() = 0;
}
class Derive1:public Base
{
      …
      virtual void init(){ … }
}
class Derive2:public Derive1
{
      …
      virtual void print(){ … }
}
```

最后总结一下运行时多态性的优点：

（1）运行时根据实际对象的类型，动态地决定应该使用虚函数的哪个版本，符合人们的习惯，实现了更高级、更自然的抽象；

（2）进一步减少了信息冗余；

（3）显著提高了程序的可重用性、可扩展性、可维护性。

【实训 17】 类的继承和派生、多态性的综合应用

一、实训目的

1. 掌握类的继承和派生。

2. 掌握基类和派生类的特性,在 3 种不同的派生方式中,派生类对象的访问标识。

3. 掌握动态多态性特点——虚函数的使用,抽象类的使用。

二、实训任务

1. 声明一个车(vehicle)基类,具有 Run( )、Stop( )等成员函数,由此派生出自行车(bicycle)类、汽车(motorcar)类,从 bicycle 和 motorcar 派生出摩托车(motorcycle)类,它们都有 Run( )、Stop( )等成员函数。观察虚函数的作用。

2. 声明 Point 类,有坐标 x,y 两个成员变量;对 Point 类重载"++"(自增)、"——"(自减)运算符,实现对坐标值的改变。

三、实训步骤

1. 编写程序声明一个车(vehicle)基类,具有 Run( )、Stop( )等成员函数,由此派生出自行车(bicycle)类、汽车(motorcar)类,从 bicycle 和 motorcar 派生出摩托车(motorcycle)类,它们都有 Run( )、Stop( )等成员函数。在 main( )函数中声明 vehicle、bicycle、motorcar、motorcycle 的对象,调用其 Run( )、Stop( )函数,观察其执行情况。再分别用 vehicle 类型的指针来调用这几个对象的成员函数,看看能否成功;把 Run( )、Stop( )声明为虚函数,再试试看。参考源代码 lab11_3.cpp 如下:

```cpp
//lab11_3.cpp
# include < iostream >
using namespace std;
class vehicle{
  public:
      void Run(){
      cout <<"没有使用 Run()虚函数"<< endl;
      }
      void Stop(){
      cout <<"没有使用 Stop()虚函数"<< endl;
      }
};
class bicycle:virtual public vehicle{
   void Run(){
      cout <<"使用 bicycle 类 Run()函数"<< endl;
      }
void Stop(){
      cout <<"使用 bicycle 类 Stop()函数"<< endl;
      }
};
class motorcar:virtual public vehicle{
      void Run(){
      cout <<"使用 motorcar 类 Run()函数"<< endl;
      }
      void Stop(){
      cout <<"使用 motorcar 类 Stop()函数"<< endl;
      }
};
class motorcycle:public bicycle,public motorcar{
      void Run(){
```

```
            cout <<"使用 motorcycle 类 Run()函数"<< endl;
        }
        void Stop(){
            cout <<"使用 motorcycle 类 Stop()函数"<< endl;
        }
};
int main()     {
vehicle a, * h;
bicycle b;
motorcar   c;
motorcycle d;
h = &a;
h -> Run();h -> Stop();
h = &b;
h -> Run();h -> Stop();
h = &c;
h -> Run();h -> Stop();
h = &d;
h -> Run();h -> Stop();
return 0;
}
```

2. 编写程序声明 Point 类,在类中声明整型的私有成员变量 x、y,声明成员函数 Point 5tr()、Point operator ++(int)以实现对 Point 类重载"＋＋"(自增)运算符,声明成员函数 Point &operator --()、Point operator --(int);以实现对 Point 类重载"－－"(自减)运算符,实现对坐标值的改变。参考源代码 lab11_4.cpp 如下:

```
//lab11_4.cpp
# include< iostream >
using namespace std;
class Point{
public:
Point(int a, int b){
    x = a;
    y = b;
}
    void operator ++ (int)
    {
     ++ x;
     ++ y;
cout <<"使用自加:"<< endl;
    cout << x <<"\t"<< y << endl;
    }
    void operator -- ()
    {
     -- x;
     -- y;
    cout <<"使用前置自减:"<< endl;
    cout << x <<"\t"<< y << endl;
    }
```

```
    private:
        int x,y;
};
void main()
{
    int a,b;
    cout <<"请输入坐标值"<< endl;
    cin >> a >> b;
    Point c(a,b);
    c ++ ;
     -- c;
}
```

运行结果为:

请输入坐标值
3 4
使用自加:
4   5
使用前置自减:
3   4

本 章 小 结

本章主要讲述面向对象程序设计思想的基础知识。首先介绍面向对象程序设计的主要特点:抽象、封装、继承和多态性。接着围绕数据封装这一特点,着重讲解面向对象程序设计方法的核心概念——类,包括类的定义、实现以及如何利用类来解决具体问题。访问控制属性控制着对类成员的访问权限,实现了数据隐蔽。对象是类的实例,一个对象的特殊性就在于它具有不同于其他对象的自身属性,即数据成员。利用构造函数和析构函数实现对象的初始化和清理工作。

接着又介绍了面向对象的另外两个重要特征:继承和多态性。类的继承,是新的类从已有类那里得到已有的特性,而从已有类产生新类的过程就是类的派生。派生类同样也可以作为基类派生新的类,这样就形成了类的层次结构。派生新类的过程包括 3 个步骤:吸收基类成员、改造基类成员和添加新的成员。C++支持的多态又可以分为 4 类:重载多态、强制多态、包含多态和参数多态。多态从实现的角度来讲可以划分为两类:编译时的多态和运行时的多态,前者是在编译的过程中确定了同名操作的具体操作对象,而后者则是在程序运行过程中才动态地确定操作所针对的具体对象。本章重点学习了包含多态。虚函数和抽象类实现这种运行过程中多态的关键机制,因此也是学习的重点。

习 题 11

一、选择题

1. 下列关键字中,用以说明类中公有成员的是(   )。

A. public   B. private   C. protected   D. friend

2. 下列的各类函数中,(　　)不是类的成员函数。

   A. 构造函数   B. 析构函数

   C. 友元函数   D. 复制初始化构造函数

3. 作用域运算符的功能是(　　)。

   A. 标识作用域的级别的   B. 指出作用域的范围的

   C. 给出作用域的大小的   D. 标识某个成员是属于哪个类的

4. (　　)是不可以作为该类的成员的。

   A. 自身类对象的指针   B. 自身类的对象

   C. 自身类对象的引用   D. 另一个类的对象

5. (　　)不是构造函数的特征。

   A. 构造函数的函数名与类名相同   B. 构造函数可以重载

   C. 构造函数可以重载设置默认参数   D. 构造函数必须指定类型说明

6. (　　)是析构函数的特征。

   A. 一个类中能定义一个析构函数   B. 析构函数名与类名不同

   C. 析构函数的定义只能在类体内   D. 析构函数可以有一个或多个参数

7. 通常的拷贝初始化构造的参数是(　　)。

   A. 某个对象名   B. 某个对象的成员名

   C. 某个对象的引用名   D. 某个对象的指针名

8. 关于成员函数特征的下述描述中,(　　)是错误的。

   A. 成员函数一定是内联函数

   B. 成员函数可以重载

   C. 成员函数可以设置参数的默认值(只能一次)

   D. 成员函数可以是静态的

9. 已知类 A 中一个成员函数说明为"void Set(A&a);",其中,A&a 的含义是(　　)。

   A. 指向类 A 的指针为 a

   B. 将 a 的地址值赋给变量 Set

   C. a 是类 A 的对象引用,用来作为函数 Set()的形参

   D. 变量 A 与 a 按位相与作为函数 Set()的参数

10. 下列定义中,(　　)是定义指向数组的指针 p。

    A. int * p[5]   B. int (* p)[5]

    C. (int *)p[5]   D. int * p[]

11. 下面对派生类的描述中,错误的是(　　)。

    A. 一个派生类可以作为另外一个派生类的基类

    B. 派生类至少有一个基类

    C. 派生类的成员除了它自己的成员外,还包含了它的基类的成员

    D. 派生类中继承的基类成员的访问权限到派生类中保持不变

12. 当保护继承时,基类的(　　)在派生类中成为保护成员,不能通过派生类的对象来直接访问。

面向对象程序设计基础

A. 任何成员　　　　　　　　　　　　　B. 公有成员和保护成员

C. 公有成员和私有成员　　　　　　　　D. 私有成员

13. 在公有派生情况下,有关派生类对象和基类对象的关系,不正确的叙述是(　　)。

A. 派生类的对象可以赋给基类的对象

B. 派生类的对象可以初始化基类的引用

C. 派生类的对象可以直接访问基类中的成员

D. 派生类的对象的地址可以赋给指向基类的指针

14. 有如下类定义:

```
class MyBASE{
    int k;
    public:
    void set(int n) {k = n;}
    int get( ) const {return k;}
};
class MyDERIVED:protected MyBASE{
    protected;
    int j;
    public:
    void set(int m,int n){MyBASE::set(m);j = n;}
    int get( ) const{return MyBASE::get( ) + j;}
};
```

则类 MyDERIVED 中保护成员个数是(　　)。

A. 4　　　　　　　　B. 3　　　　　　　　C. 2　　　　　　　　D. 1

15. 类 O 定义了私有函数 F1。P 和 Q 为 O 的派生类,定义为 class P: protected O
{…}; class Q: public O{…},则(　　)可以访问 F1。

A. O 的对象　　　　B. P 类内　　　　　C. O 类内　　　　　D. Q 类内

16. 有如下类定义:

```
class XA{
int x;
public:
    XA(int n) {x = n;}
};
class XB: public XA{
    int y;
public:
    XB(int a,int b);
};
```

在构造函数 XB 的下列定义中,正确的是(　　)。

A. XB::XB(int a,int b):x(a),y(b){ }

B. XB::XB(int a,int b):XA(a),y(b) { }

C. XB::XB(int a,int b):x(a),XB(b){ }

D. XB::XB(int a,int b):XA(a),XB(b){ }

17. 类定义如下：

```
class A{
    public:
        virtual void func1( ){ }
        void fun2( ){ }
};
class B:public A{
    public:
        void func1( ) {cout <<"class B func1"<< endl;}
        virtual void func2( ) {cout <<"class B func2"<< endl;}
};
```

则下面正确的叙述是(   )。

A. A::func2()和 B::func1()都是虚函数

B. A::func2()和 B::func1()都不是虚函数

C. B::func1()是虚函数，而 A::func2()不是虚函数

D. B::func1()不是虚函数，而 A::func2()是虚函数

18. 下列关于虚函数的说明中，正确的是(   )。

A. 从虚基类继承的函数都是虚函数

B. 虚函数不得是静态成员函数

C. 只能通过指针或引用调用虚函数

D. 抽象类中的成员函数都是虚函数

二、填空题

1. C++语言支持两种多态性，分别是_____和_____。

2. 在编译时就确定的函数调用称为_____，它通过使用_____、模板等实现。

3. 在运行时才确定的函数调用称为_____，它通过_____来实现。

4. 虚函数的声明方法是在函数原型前加上关键字_____。在基类中含有虚函数，在派生类中的函数没有显式写出 virtual 关键字，系统依据以下规则判断派生类的这个函数是否是虚函数：该函数是否和基类的虚函数_____；是否与基类的虚函数_____；是否与基类的虚函数_____。如果满足上述 3 个条件，派生类的函数就是_____，并且该函数是_____基类的虚函数。

5. 当通过_____或_____使用虚函数时，C++语言会在与对象关联的派生类中正确地选择重定义的函数，实现了_____时多态。而通过_____使用虚函数时，不能实现_____多态。

6. 纯虚函数是一种特别的虚函数，它没有函数的_____部分，也没有为函数的功能提供实现的代码，它的实现版本必须由_____给出，因此纯虚函数不能是_____。拥有纯虚函数的类就是_____类，这种类不能_____。如果纯虚函数没有被重载，则派生类将继承此纯虚函数，即该派生类也是_____。

7. 类的构造函数_____（请填写可以/不可以）是虚函数，类的析构函数_____（可以/不可以）是虚函数。当类中存在动态内存分配时经常将类的_____函数声明成_____。

三、程序阅读题

1. 写出下面代码的执行结果。

```cpp
# include < iostream. h >
using namespace std;
class Count{
    public:
        Count() {   count ++ ;   }
        static int HM() { return count; }
        ~Count() { count -- ; }
    private:
        static int count;
};
int Count::count = 100;
void mian(){
    Count c1,c2,c3,c4;
    Cout << Count::HM()<< endl;
}
```

2. 写出下面代码的执行结果。

```cpp
# include < iostream. h >
< using namespaces std >
class A{
public:
A(char * s) { cout << s << endl; }
    ~A() {}
};
class B:virtual public A{
public:
B(char * s1, char * s2):A(s1)
    {    cout << s2 << endl;    }
};
class C: virtual public A{
public:
C(char * s1,char * s2):A(s1)
    {    cout << s2 << endl;    }
};
class D:public B,public C{
public:
  D(char * s1, char * s2,char * s3, char * s4):B(s1,s2),C(s1,s3),A(s1)
    {   cout << s4 << endl;   }
};
void main(){
D * p = new D("class A","class B","class C","class D");
delete p;
}
```

3. 写出下面代码的执行结果。

```cpp
# include < iostream >
using namespace std;
```

```cpp
class B1{
public:
    B1(int i){     cout <<"constructing B1 "<< i << endl; }
    ~B1( ){     cout <<"destructing B1 "<< endl;      }
};
class B2 {
public:
    B2( ){     cout <<"constructing B3  * "<< endl; }
    ~B2( ){     cout <<"destructing B3"<< endl; }
};
class C:public B2, virtual public B1 {
int j;
public:
    C(int a, int b, int c):B1(a),memberB1(b) ,j(c){}
private:
    B1 memberB1;
    B2 memberB2;
};
int main( ){
    C obj(1,2,3);
}
```

4. 写出下面代码的执行结果。

```cpp
# include < iostream >
using namespace std;
class B{
public:
    void f1(){cout <<"B::f1"<< endl;}
};
class D:public B{
public:
    void f1(){cout <<"D::f1"<< endl;}
};
void f(B& rb){
    rb.f1();
}
int main( ){
    D d;
    B b, &rb1 = b, &rb2 = d;
    f(rb1); f(rb2);
    return 0;
}
```

四、程序设计题

1. 定义一个 Person 类描述人的基本信息,再继承 Person 类派生一个 Student 类描述学生的信息,并测试。

2. 有一个交通工具类 vehicle,将它作为基类派生小车类 car、卡车类 truck 和轮船类 boat,定义这些类并定义一个虚函数用来显示各类信息。

3. 设计一个建筑物类 Building,由它派生出教学楼类 Teach-Building 和宿舍楼类

面向对象程序设计基础

Dorm-Building,前者包括教学楼编号、层数、教室数、总面积等基本信息,后者包括宿舍楼编号、层数、宿舍数、总面积和容纳学生总人数等基本信息。

4. 使用纯虚函数建立计算 $\int_a^b f(x)\mathrm{d}x$ 的抽象基类 T,然后通过继承抽象基类 T,派生出计算 $\int_a^b (x-\sin x)\mathrm{d}x$ 的类 Tf1,最后定义 Tf1 类的对象,计算 $\int_0^3 (x-\sin x)\mathrm{d}x$。数值积分使用矩形法。

5. 编写一个程序实现小型公司的工资管理。该公司主要有 4 类人员:经理(mainager)、技术人员(technician)、销售员(salesman)、销售经理(salesmanager)。这些人员都是职员(employee),有编号、姓名、月工资信息。月工资的计算方法是:经理固定月薪 8000元;技术人员每小时 100 元;销售员按当月销售额 4% 提成;销售经理既拿固定月工资 5000 元也拿销售提成,销售提成为所管辖部门当月销售额的 0.5%。要求编程计算职员的月工资并显示全部信息。

综合提炼篇

第 12 章　综合课程设计

12.1　课程设计的培养目标

C/C++程序设计基础课程设计就是让学生运用所学理论知识进行实践的综合训练来培养学生解决问题的能力和自主学习的能力。通过C/C++程序设计基础课程设计训练,应使实现以下目标。

(1) 通过C/C++程序设计基础中所学的理论知识,对实际问题设计解决方案。

(2) 熟练掌握程序的编译、连接与运行的方法。

(3) 认真撰写C/C++程序设计基础课程报告,培养严谨的作风和科学的态度。

12.2　课程设计的目的和要求

C/C++程序设计基础课程设计是C/C++程序设计基础课程的一个综合性实践教学环节,通过课程设计,可以拓展学生的思路,培养学生实际分析问题和解决实际问题的能力以及对理论和实践知识的综合运用能力,有效地理解和消化本门课程的知识。

通过对C/C++程序设计基础课程设计这种综合知识的训练,学生了解并掌握C/C++程序设计基础与算法的设计方法,具备初步的独立分析和设计能力;提高综合运用所学的理论知识和方法进行独立分析和解决问题的能力。

12.3　课程设计的实现步骤

(1) 根据课程设计的题目进行分析,选择合适的算法解决方案。

(2) 根据设计的算法制定解决问题的最佳方案。

(3) 将解决问题的最佳方案转换为C/C++程序设计语言。

(4) 上机调试程序并进行程序结果分析。

(5) 撰写课程设计报告。

12.4　课程设计报告的书写格式

课程设计报告是在完成课程设计后培养学生对归纳技术文档、撰写报告能力的训练。课程设计报告也是作为衡量学生对整个课程设计的综合运用情况的分析依据和评定标准。课程设计报告要以规定格式(A4纸)的电子文档书写、打印并装订。文字、图形、表格要条理清晰。课程设计报告的书写内容及要求如下。

(1) 封面：题目、院系、专业、班级、学号、学生姓名、指导教师和完成日期。

(2) 课程设计的设计任务及要求(由指导教师提供给学生)。

(3) 课程设计正文。正文应包括以下内容。

① 课程设计的题目。

② 课程设计需要的运行环境(软硬件环境)。

③ 课程设计的问题描述。

④ 课程设计的问题分析(即所用算法的选择,及解决方案)。

⑤ 课程设计的程序设计(源程序与注释等)。

⑥ 程序调试与参数测试(使用程序调试的方法和技巧,选用合理的参数和数据进行程序系统测试等)。

⑦ 运行结果分析。

⑧ 收获及体会。

⑨ 课程设计的参考文献。

12.5　课程设计的成绩评定

学生课程设计后,学生必须写出课程设计报告并附电子版文档和课程设计实现的C/C++语言源程序代码。课程设计成绩分两部分：课程设计报告占30%,课程设计实现的C/C语言源程序占70%。

课程设计成绩分为5级：优秀、良好、中等、及格、不及格。

12.6　课程设计报告封面格式

封面格式如下。

课 程 设 计 报 告

题　　目：_____

院　　系：_____

专　　业：_____

班　　级：_____

学　　号：_____

学生姓名：_____

指导教师：_____

年　　月　　日

12.7 课程设计报告任务书

课程设计报告任务书模板如下。

课程设计报告任务书(一)

题　目	循环结构的应用		指导教师	
学　号		学生姓名	专业(班级)	
组　别	第一组	组　员		
课程设计任务	计算把一张1元整币兑换成1分、2分、5分、1角、2角和5角共6种零币的不同兑换种数			
设计要求	(1) 利用穷举法求解,列出变量穷举范围及满足的条件; (2) 对穷举循环设计进行优化,减少循环次数; (3) 对不同的循环结构设计算法进行比较			
进度计划	(1) 第一天——查看资料,编写基本算法; (2) 第二天——优化循环结构设计; (3) 第三天——进一步优化循环结构设计,降低循环次数; (4) 第四天——编译、测试,比较循环结构执行次数的不同; (5) 第五天——整理总结			
参考资料				

题　目	数组的应用		指导教师	
学　号		学生姓名	专业(班级)	
组　别	第二组	组　员		

课程设 计任务	有5个学生,每个学生有4门课的成绩,从键盘输入数据,并计算出平均成绩和总分,一并保存到此二维数组中
设计 要求	(1) 定义一个二维数组; (2) 将这5个学生的学号、姓名、4门课成绩输入到这个二维数组中; (3) 计算每个学生的平均分和总分,保存到这个二维数组中,并输出
进度 计划	(1) 第一天——查看教材,编写算法(主函数及主界面、函数声明); (2) 第二天——继续编写程序(各小块程序); (3) 第三天——编写程序(各小块程序); (4) 第四天——测试、查错,修改程序完善其功能; (5) 第五天——整理总结
参考 资料	

课程设计报告任务书(三)

题　目	指针、结构体的应用		指导教师	
学　号		学生姓名	专业(班级)	
组　别	第　　组	组　员		

课程设计任务	有 N 个学生,每个学生的数据包含学号(不重复)、姓名、3 门课的成绩及平均成绩,试设计一个学生成绩管理系统

设计要求	(1) 主菜单。 学生成绩管理系统 ① 成绩录入 ② 成绩查询 ③ 成绩统计 ④ 退出 (2) 各菜单项功能。 ① 成绩录入:输入学生的学号、姓名及 3 门课的成绩; ② 成绩查询(至少一种查询方式): •　按学号查询学生记录; •　查询不及格学生的记录。 ③ 成绩统计: •　计算学生的平均分; •　根据学生的平均分高低,对学生的数据进行排序后输出; •　对学生单科成绩排序,输出学生姓名与该科成绩。 ④ 退出系统:退出整个系统(即主菜单)
进度计划	(1) 第一天——查看教材,编写算法(主函数及主界面、函数声明); (2) 第二天——继续编写程序(各小块程序); (3) 第三天——编写程序(各小块程序); (4) 第四天——测试、查错,修改程序完善其功能; (5) 第五天——整理总结
参考资料	

题 目	类的继承与派生		指导教师	
学 号		学生姓名	专业(班级)	
组 别	第五组	组 员		

课程设 计任务	分别声明 Teacher(教师)类和 Cadre(干部)类,采用多重继承方式由这两个类派生出新类 Teacher_Cadre(教师兼干部)类
设计 要求	(1) 在两个基类中都包含姓名、年龄、性别、地址、电话等数据成员。 (2) 在 Teacher 类中还包含数据成员 title(职称),在 Cadre 类中还包含数据成员 post(职务),在 Teacher_Cadre 类中还包含数据成员 wages(工资)。 (3) 对两个基类中的姓名、年龄、性别、地址、电话等数据成员用相同的名字,在引用这些数据成员时,指定作用域。 (4) 在类体中声明成员函数,在类外定义成员函数。 (5) 在派生类 Teacher_Cadre 的成员函数 show()中调用 Teacher 类中的 display()函数,输出姓名、年龄、性别、职称、地址、电话,然后再用 cout 语句输出职务与工资
进度 计划	(1) 第一天——查看教材,编写算法(主函数及主界面、函数声明); (2) 第二天——继续编写程序(各小块程序); (3) 第三天——编写程序(各小块程序); (4) 第四天——测试、查错,修改程序完善其功能; (5) 第五天——整理总结
参考 资料	

课程设计报告任务书(五)

题 目		文件的应用		指导教师		
学 号			学生姓名		专业(班级)	
组 别	第五组		组 员			

课程设 计任务	定义文本文件的合并程序,可以根据用户的要求,把多个文本文件合并成一个文件
设计 要求	(1) 本程序主要分为3个模块:主模块、选择模块、复制模块。 文本文件的合并程序 主模块 选择模块 复制模块 (2) 各模块功能。 ① 主模块:定义函数中所需要的字符数组变量和整型变量,构造文本文件的合并主菜单,输入变量 j 的值,进入选择模块; ② 选择模块:根据变量 j 的值,分为4个操作分支,分别为 j 等于0、j 等于1、j 等于2、j 为其他值。 ③ 复制模块:将要合并的文本文件的文件名和文件内容写入新建文本文件中
进度 计划	(1) 第一天——查看教材,编写算法(主函数及主界面、函数声明); (2) 第二天——继续编写程序(各小块程序); (3) 第三天——编写程序(各小块程序); (4) 第四天——测试、查错,修改程序完善其功能; (5) 第五天——整理总结
参考 资料	

第13章 ACM-ICPC 算法精解

13.1 ACM-ICPC 简介

ACM 国际大学生程序设计竞赛(ACM International Collegiate Programming Contest,简称 ACM-ICPC 或 ICPC)是由美国计算机协会(ACM)主办的一项旨在展示大学生创新能力、团队精神和在压力下编写程序、分析和解决问题能力的年度竞赛。

经过多年的发展,ACM 国际大学生程序设计竞赛已经发展成为最具影响力的大学生计算机竞赛。竞赛的历史可以追溯到 1970 年,当时在美国得克萨斯 A&M 大学举办了首届比赛。主办方是 the Alpha Chapter of the UPE Computer Science Honor Society。作为一种全新的发现和培养计算机科学顶尖学生的方式,竞赛很快得到美国和加拿大各大学的积极响应。1977 年,在 ACM 会议期间举办了首次总决赛,并演变成为目前的一年一届的多国参与的国际性比赛。1980 年,ACM 将竞赛的总部设在位于美国得克萨斯州的贝勒大学。

在赛事的早期,冠军多为美国和加拿大的大学获得。而到 1990 年以后,俄罗斯和其他一些东欧国家的大学连夺数次冠军。来自中国的上海交通大学代表队在 2002 年美国夏威夷的第 26 届和 2005 年上海的第 29 届、2010 年哈尔滨的第 34 届全球总决赛上三夺冠军。来自中国的浙江大学代表队在 2011 年美国佛罗里达州的奥兰多的第 35 届全球总决赛上夺冠。赛事的竞争格局已经由最初的北美大学一枝独秀演变成目前的亚欧对抗的局面。

ACM-ICPC 以团队的形式代表各学校参赛,每队由 3 位队员组成。每位队员必须是在校学生,有一定的年龄限制,并且最多可以参加 2 次全球总决赛和 5 次区域选拔赛。比赛期间,每队使用 1 台计算机在 5 小时内使用 C、C++或 Java 中的一种语言编写程序解决 7~10 个问题。程序完成之后提交裁判运行,运行的结果会被判定为正确或错误两种并及时通知参赛队,而且有趣的是每队在正确完成一题后,组织者将在其位置上升起一只代表该题颜色的气球。最后的获胜者为正确解答题目最多且总用时最少的队伍。每道试题用时将从竞赛开始到试题解答被判定为正确为止,期间每一次提交运行结果被判错误的话将被加罚 20 分钟时间,未正确解答的试题不记时。例如:A、B 两队都正确完成两道题目,其中 A 队提交这两题的时间分别是比赛开始后 1:00 和 2:45,B 队为 1:20 和 2:00,但 B 队有一题提交了 2 次。这样 A 队的总用时为 1:00+2:45=3:45,而 B 队为 1:20+2:00+0:20=3:40,所以 B 队以总用时少而获胜。

13.2 ACM-ICPC 经典算法汇总

ACM-ICPC 在国内很多大学中都有自己的题库建设,涉及程序设计算法的方方面面,下面列出比较经典的几类算法集合。

1. 超经典算法

这类算法包含:汉诺塔问题;斐波那契数列问题;帕斯卡三角形(又称杨辉三角形、贾宪三角形)问题;三色旗问题;老鼠走迷宫(一);老鼠走迷宫(二);Knight_Tour 骑士走棋盘(马的汉密尔顿周游路线问题)问题;八皇后问题;八枚银币问题;生命游戏问题;字符串核对问题;双色、三色汉诺塔问题;背包问题(Knapsack Problem)等。

2. 有关数制运算的算法

蒙特卡洛法求 PI;Eratosthenes 筛选求质数;超长整数运算(大数运算)问题;求最大公因数、最小公倍数、因式分解;求完全数(或完美数);求阿姆斯壮数;求最大访客数;中序式转后序式(前序式)问题;后序式的运算等。

3. 有关博弈的算法

洗扑克牌(乱数排列)的问题;Craps 赌博游戏问题;约瑟夫问题(Josephus Problem)等。

4. 有关集合的算法

排列组合问题;格雷码(Gray Code)问题;产生可能的集合的问题;m 元素集合的 n 个元素子集的问题;数字拆解问题等。

5. 有关排序的算法

得分排行的问题;选择、插入、气泡排序问题;Shell 排序法(改良的插入排序);Shaker 排序法(改良的气泡排序);Heap 排序法(改良的选择排序);快速排序法(一、二、三);合并排序法;基数排序法等。

6. 有关查找的算法

线性查找法;二分查找法;分块查找法;二叉排序树查找法;哈希查找法等。

7. 有关矩阵的算法

稀疏矩阵的问题;多维矩阵转一维矩阵的问题;上三角、下三角、对称矩阵的问题;奇数魔方阵的问题;4N 魔方阵的问题;2(2N+1)魔方阵的问题等。

13.3 ACM-ICPC 算法精解举例

13.3.1 三色旗问题

1. 问题描述

三色旗问题最早由 E. W. Dijkstra 所提出,他所使用的用语为 Dutch Nation Flag(Dijkstra 为荷兰人),而多数作者则使用 Three-Color Flag。

假设有一条绳子,上面有红、白、蓝 3 种颜色的旗子,起初绳子上的旗子颜色并没有顺序,您希望将之分类,并排列为蓝(B)、白(W)、红(R)的顺序,要如何移动次数才会最少?注意,只能在绳子上进行这个动作,而且一次只能调换两个旗子。

2. 算法思想

在一条绳子上移动,在程序中也就意味只能使用一个阵列,而不使用其他的阵列来做辅助。问题的解法很简单,可以自己想象一下在移动旗子时,从绳子开头进行,遇到蓝色往前移,遇到白色留在中间,遇到红色往后移,如图 13-1 所示。

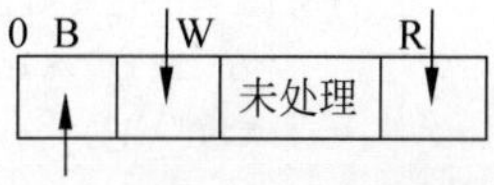

要让移动次数最少的话,就要有些技巧:

图 13-1　三色旗问题

(1) 如果图 13-1 中 W 所在的位置为白色,则 W+1,表示未处理的部分移至白色群组。

(2) 如果 W 所在的位置为蓝色,则 B 与 W 的元素对调,而 B 与 W 必须各加 1,表示两个群组都多了一个元素。

(3) 如果 W 所在的位置是红色,则将 W 与 R 交换,但 R 要减 1,表示未处理的部分减 1。

注意,B、W、R 并不是三色旗的个数,它们只是一个移动的指标;什么时候移动结束呢?一开始时未处理的 R 指标等于旗子的总数,当 R 的索引数减至少于 W 的索引数时,表示接下来的旗子就都是红色了,此时就可以结束移动。

3. 参考代码

程序代码如下:

```c
#include <stdio.h>
#include <stdlib.h>
#include <string.h>
#define BLUE 'b'
#define WHITE 'w'
#define RED 'r'
#define SWAP(x, y) { char temp; \
                     temp = color[x]; \
                     color[x] = color[y]; \
                     color[y] = temp; }
int main() {
    char color[] = {'r', 'w', 'b', 'w', 'w', 'b', 'r', 'b', 'w', 'r', '\0'};
    int wFlag = 0;
    int bFlag = 0;
    int rFlag = strlen(color) - 1;
    int i;
    for(i = 0; i < strlen(color); i++)
        printf("%c", color[i]);
    printf("\n");
    while(wFlag <= rFlag) {
        if(color[wFlag] == WHITE)
            wFlag++;
        else if(color[wFlag] == BLUE) {
            SWAP(bFlag, wFlag);
            bFlag++; wFlag++;
        }
        else {
            while(wFlag < rFlag && color[rFlag] == RED)
```

```
            rFlag - - ;
            SWAP(rFlag, wFlag);
            rFlag - - ;
        }
    }
    for(i = 0; i < strlen(color); i + + )
        printf(" % c ", color[i]);
    printf("\n");
    return 0;
}
```

4. 程序运行结果

```
r w b w b w b r w r
b b b w w w w r r r
```

13.3.2　八皇后问题

1. 问题描述

西洋棋中的皇后可以直线前进,吃掉遇到的所有棋子,如果棋盘上有 8 个皇后,则这 8 个皇后如何相安无事地放置在棋盘上? 1970 年与 1971 年, E. W. Dijkstra 与 N. Wirth 曾经用这个问题来讲解程式设计的技巧。

2. 算法思想

关于棋盘的问题,都可以用递回求解,然而如何减少递回的次数? 在八皇后问题中,不必对所有的格子都检查,例如若某列检查过,则该该列的其他格子就不用再检查了,这个方法称为分支修剪。

3. 参考代码

程序代码如下:

```c
# include < stdio. h >
# include < stdlib. h >
# define N 8
int column[N + 1];           //同栏是否有皇后,1 表示有
int rup[2 * N + 1];          //右上至左下是否有皇后
int lup[2 * N + 1];          //左上至右下是否有皇后
int queen[N + 1] = {0};
int num;                     //解答编号
void backtrack(int);         //递回求解
int main(void) {
    int i;
    num = 0;
    for(i = 1; i < = N; i + + )
        column[i] = 1;
    for(i = 1; i < = 2 * N; i + + )
        rup[i] = lup[i] = 1;
    backtrack(1);
    return 0;
}
```

```
void showAnswer() {
    int x, y;
    printf("\n 解答 %d\n", ++num);
    for(y = 1; y <= N; y++) {
        for(x = 1; x <= N; x++) {
            if(queen[y] == x) {
                printf(" Q");
            }
            else {
                printf(" .");
            }
        }
        printf("\n");
    }
}
void backtrack(int i) {
    int j;
    if(i > N) {
        showAnswer();
    }
    else {
        for(j = 1; j <= N; j++) {
            if(column[j] == 1 &&
               rup[i + j] == 1 && lup[i - j + N] == 1){
                queen[i] = j;
                //设定为占用
                column[j] = rup[i + j] = lup[i - j + N] = 0;
                backtrack(i + 1);
                column[j] = rup[i + j] = lup[i - j + N] = 1;
            }
        }
    }
}
```

4. 程序运行结果

（略）

13.3.3　Armstrong 数

1. 问题描述

在 3 位的整数中，例如 153 可以满足 $1^3 + 5^3 + 3^3 = 153$，这样的数称为 Armstrong 数。试编写程序找出所有的 3 位 Armstrong 数。

2. 算法思想

寻找 Armstrong 数，其实就是如何将一个数字分解为个位数、十位数、百位数等，这只要使用除法与余数运算就可以了，例如输入为 abc，则：

```
a = input/100
b = (input % 100)/10
c = input % 10
```

3. 参考代码

程序代码如下：

```c
#include <stdio.h>
#include <time.h>
#include <math.h>
int main(void) {
    int a, b, c;
    int input;
    printf("寻找 Armstrong 数：\n");
    for(input = 100; input <= 999; input ++ ) {
        a = input/100;
        b = (input % 100)/10;
        c = input % 10;
        if(a * a * a + b * b * b + c * c * c == input)
            printf(" % d ", input);
    }
    printf("\n");
    return 0;
}
```

4. 程序运行结果

```
寻找 Armstrong 数：
153 370 371 407
```

13.3.4 最大访客数

1. 问题描述

现将举行一个餐会，让访客事先填写到达时间与离开时间，为了掌握座位的数目，必须先估计不同时间的最大访客数。

2. 算法思想

这个题目看似有些复杂，其实相当简单。单就计算访客数这个目的，同时考虑同一访客的来访时间与离开时间，反而会使程序变得复杂；只要将来访时间与离开时间分开处理就可以了，假设访客 i 的来访时间为 $x[i]$，而离开时间为 $y[i]$。

在资料输入完毕之后，将 $x[i]$ 与 $y[i]$ 分别进行排序（由小到大），道理很简单，只要先计算某时之前总共来访了多少访客，然后再减去某时之前的离开访客，就可以轻易地解出这个问题。

3. 参考代码

程序代码如下：

```c
#include <stdio.h>
#include <stdlib.h>
#define MAX 100
#define SWAP(x,y) {int t; t = x; x = y; y = t;}
int partition(int[], int, int);
void quicksort(int[], int, int);          //快速排序法
```

```c
int maxguest(int[], int[], int, int);
int main(void) {
    int x[MAX] = {0};
    int y[MAX] = {0};
    int time = 0;
    int count = 0;
    printf("\n输入来访与离开125;时间(0~24): ");
    printf("\n范例: 10 15");
    printf("\n输入 -1 -1 结束");
    while(count < MAX) {
        printf("\n>>");
        scanf("%d %d", &x[count], &y[count]);
        if(x[count]< 0)
            break;
        count ++ ;
    }
    if(count > = MAX) {
        printf("\n超出最大访客数(%d)", MAX);
        count -- ;
    }
    //预先排序
    quicksort(x, 0, count);
    quicksort(y, 0, count);
    while(time < 25) {
        printf("\n%d 时的最大访客数: %d",
                   time, maxguest(x, y, count, time));
        time ++ ;
    }
    printf("\n");
    return 0;
}
int maxguest(int x[], int y[], int count, int time) {
    int i, num = 0;
    for(i = 0; i < = count; i ++ ) {
        if(time > x[i])
            num ++ ;
        if(time > y[i])
            num -- ;
    }
    return num;
}
int partition(int number[], int left, int right) {
    int i, j, s;
    s = number[right];
    i = left - 1;
    for(j = left; j < right; j ++ ) {
        if(number[j]< = s) {
            i ++ ;
            SWAP(number[i], number[j]);
        }
    }
```

ACM-ICPC算法精解

```
        SWAP(number[i + 1], number[right]);
        return i + 1;
    }
    void quicksort(int number[], int left, int right) {
        int q;
        if(left < right) {
            q = partition(number, left, right);
            quicksort(number, left, q - 1);
            quicksort(number, q + 1, right);
        }
    }
```

4. 程序运行结果

输入来访与离开 125;时间(0~24):
范例: 10 15
输入 - 1 - 1 结束
\>> 2 6
\>> 4 6
\>> 10 20
\>> 12 20
\>> - 1
 - 1
0 时的最大访客数: 0
1 时的最大访客数: 0
2 时的最大访客数: 0
3 时的最大访客数: 1
4 时的最大访客数: 1
5 时的最大访客数: 2
6 时的最大访客数: 2
7 时的最大访客数: 0
8 时的最大访客数: 0
9 时的最大访客数: 0
10 时的最大访客数: 0
11 时的最大访客数: 1
12 时的最大访客数: 1
13 时的最大访客数: 2
14 时的最大访客数: 2
15 时的最大访客数: 2
16 时的最大访客数: 2
17 时的最大访客数: 2
18 时的最大访客数: 2
19 时的最大访客数: 2
20 时的最大访客数: 2
21 时的最大访客数: 0
22 时的最大访客数: 0
23 时的最大访客数: 0
24 时的最大访客数: 0

13.3.5 赌博游戏

1. 问题描述

一个简单的赌博游戏规则如下:玩家掷两个骰子,点数为 1~6,如果第一次点数和为 7

或 11，则玩家胜；如果点数和为 2、3 或 12，则玩家输；如果点数和为其他点数，则记录第一次的点数和，然后继续掷骰子，直至点数和等于第一次掷出的点数和，则玩家胜；如果在这之前掷出的点数和为 7，则玩家输。

2. 算法思想

规则看来有些复杂，但是其实只要使用 switch 配合 if 条件判断来编写即可。

3. 参考代码

程序代码如下：

```c
# include < stdio. h >
# include < stdlib. h >
# include < time. h >
# define WON 0
# define LOST 1
# define CONTINUE 2
int rollDice() {
    return(rand() % 6) + (rand() % 6) + 2;
}
int main(void) {
    int firstRoll = 1;
    int gameStatus = CONTINUE;
    int die1, die2, sumOfDice;
    int firstPoint = 0;
    char c;
    srand(time(0));
    printf("Craps 赌博游戏，按 Enter 键开始游戏 **** ");
    while(1) {
        getchar();
        if(firstRoll) {
            sumOfDice = rollDice();
            printf("\n 玩家掷出点数和： % d\n", sumOfDice);
            switch(sumOfDice) {
                case 7: case 11:
                    gameStatus = WON; break;
                case 2: case 3: case 12:
                    gameStatus = LOST; break;
                default:
                    firstRoll = 0;
                    gameStatus = CONTINUE;
                    firstPoint = sumOfDice;
                    break;
            }
        }
        else {
            sumOfDice = rollDice();
            printf("\n 玩家掷出点数和： % d\n", sumOfDice);
            if(sumOfDice == firstPoint)
                gameStatus = WIN;
            elseif(sumOfDice == 7)
                gameStatus = LOST;
```

```
        }
        if(gameStatus == CONTINUE)
            puts("未分胜负,再掷一次 **** \n");
        else {
            if(gameStatus == WIN)
                puts("玩家胜");
            else
                puts("玩家输");
            printf("再玩一次?");
            scanf(" % c", &c);
            if(c == 'n') {
                puts("游戏结束");
                break;
            }
            firstRoll = 1;
        }
    }
    return 0;
}
```

4. 程序运行结果

Craps 赌博游戏,按 Enter 键开始游戏 ****
玩家掷出点数和: 2
玩家输
再玩一次?
玩家掷出点数和: 8
未分胜负,再掷一次 ****
玩家掷出点数和: 7
玩家输
再玩一次?n
游戏结束

13.3.6 排列组合的算法

1. 问题描述

将一组数字、字母或符号进行排列,以得到不同的组合顺序,例如 1 2 3 这 3 个数的排列组合有 1 2 3、1 3 2、2 1 3、2 3 1、3 1 2、3 2 1。

2. 算法思想

可以使用递回将问题切割为较小的单元进行排列组合,例如 1 2 3 4 的排列可以分为 1 [2 3 4]、2 [1 3 4]、3 [1 2 4]、4 [1 2 3]进行排列,这边利用旋转法,先将旋转间隔设为 0,将最右边的数字旋转至最左边,并逐步增加旋转的间隔,例如:

1 2 3 4:旋转 1 —>继续将右边 2 3 4 进行递归处理;

2 1 3 4:旋转 1 2 变为 2 1—>继续将右边 1 3 4 进行递归处理;

3 1 2 4:旋转 1 2 3 变为 3 1 2 —>继续将右边 1 2 4 进行递归处理;

4 1 2 3:旋转 1 2 3 4 变为 4 1 2 3 —>继续将右边 1 2 3 进行递归处理。

3. 参考代码

程序代码如下:

```c
#include<stdio.h>
#include<stdlib.h>
#define N 4
void perm(int * , int);
int main(void) {
    int num[N+1], i;
    for(i=1; i<=N; i++)
        num[i] = i;
    perm(num, 1);
    return 0;
}
void perm(int * num, int i) {
    int j, k, tmp;
    if(i<N) {
        for(j=i; j<=N; j++) {
            tmp = num[j];
            //旋转该区段最右边数字至最左边
            for(k=j; k>i; k--)
                num[k] = num[k-1];
            num[i] = tmp;
            perm(num, i+1);
            //还原
            for(k=i; k<j; k++)
                num[k] = num[k+1];
            num[j] = tmp;
        }
    }
    else {//显示此次排列
        for(j=1; j<=N; j++)
            printf(" %d ", num[j]);
        printf("\n");
    }
}
```

4. 程序运行结果

```
1 2 3 4
1 2 4 3
1 3 2 4
1 3 4 2
1 4 2 3
1 4 3 2
2 1 3 4
2 1 4 3
2 3 1 4
2 3 4 1
2 4 1 3
2 4 3 1
3 1 2 4
3 1 4 2
3 2 1 4
```

```
3 2 4 1
3 4 1 2
3 4 2 1
4 1 2 3
4 1 3 2
4 2 1 3
4 2 3 1
4 3 1 2
4 3 2 1
```

13.3.7 奇数魔方阵

1. 问题描述

将 1 到 n(为奇数)的数字排列在 $n \times n$ 的方阵上,且各行、各列与各对角线的和必须相同,如图 13-2 所示。

2. 算法思想

填魔术方阵的方法以奇数最为简单,第一个数字放在第一行第一列的正中央,然后向右(左)上填,如果右(左)上已有数字,则向下填,如图 13-3 所示。

图 13-2 奇数魔方阵

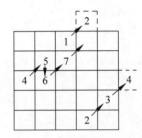

图 13-3 填魔方阵的方法示例图

一般程序语言的阵列索引多从 0 开始,为了计算方便,利用索引 1 到 n 的部分,而在计算是向右(左)上或向下时,可以将索引值除以 n 值,如果得到余数为 1 就向下,否则就往右(左)上。原理很简单,看看是不是已经在同一列上绕一圈就对了。

3. 参考代码

程序代码如下:

```c
# include < stdio.h >
# include < stdlib.h >
# define N 5
int main(void) {
    int i, j, key;
    int square[N + 1][N + 1] = {0};
    i = 0;
    j = (N + 1)/2;
    for(key = 1; key <= N * N; key ++ ) {
        if((key % N) == 1)
            i ++ ;
        else {
            i -- ;
```

```
            j++;
        }
        if(i == 0)
            i = N;
        if(j > N)
            j = 1;
        square[i][j] = key;
    }
    for(i = 1; i <= N; i++) {
        for(j = 1; j <= N; j++)
            printf(" %2d ", square[i][j]);
        printf("\n");
    }
    return 0;
}
```

4. 程序运行结果

17	24	1	8	15
23	5	7	14	16
4	6	13	20	22
10	12	19	21	3
11	18	25	2	9

本 章 小 结

本章简单介绍了 7 种经典算法的例子,引导学生掌握 ACM-ICPC 算法的入门要领,提高学生的编程能力和编程兴趣。

附录 A ASCII 码对照表

ASCII 码(American Standard Code for Information Interchange,美国信息交换标准代码)是基于拉丁字母的一套计算机编码系统。它主要用于显示现代英语和其他西欧语言。它是现今最通用的单字节编码系统,并等同于国际标准 ISO/IEC 646。在计算机的存储单元中,一个 ASCII 码值占一个字节(8 个二进制位),其最高位(b7)用作奇偶校验位。ASCII 码对照表如表 A-1 所示。

表 A-1　ASCII 码对照表

ASCII 值	控制字符	ASCII 值	控制字符	ASCII 值	控制字符	ASCII 值	控制字符
0	NUT	26	SUB	52	4	78	N
1	SOH	27	ESC	53	5	79	O
2	STX	28	FS	54	6	80	P
3	ETX	29	GS	55	7	81	Q
4	EOT	30	RS	56	8	82	R
5	ENQ	31	US	57	9	83	X
6	ACK	32	(space)	58	:	84	T
7	BEL	33	!	59	;	85	U
8	BS	34	"	60	<	86	V
9	HT	35	#	61	=	87	W
10	LF	36	$	62	>	88	X
11	VT	37	%	63	?	89	Y
12	FF	38	&	64	@	90	Z
13	CR	39	,	65	A	91	[
14	SO	40	(	66	B	92	\
15	SI	41	)	67	C	93	]
16	DLE	42	*	68	D	94	^
17	DCI	43	+	69	E	95	—
18	DC2	44	,	70	F	96	`
19	DC3	45	—	71	G	97	a
20	DC4	46	.	72	H	98	b
21	NAK	47	/	73	I	99	c
22	SYN	48	0	74	J	100	d
23	TB	49	1	75	K	101	e
24	CAN	50	2	76	L	102	f
25	EM	51	3	77	M	103	g

ASCII 值	控制字符	ASCII 值	控制字符	ASCII 值	控制字符	ASCII 值	控制字符
104	h	110	n	116	t	122	z
105	i	111	o	117	u	123	{
106	j	112	p	118	v	124	|
107	k	113	q	119	w	125	}
108	l	114	r	120	x	126	~
109	m	115	s	121	y	127	DEL

附录 B 常用运算符及其优先级

常用运算符及其优先级如表 B-1 所示。

表 B-1　常用运算符及其优先级

优先级	运算符	名称或含义	使 用 形 式	结合方向	说明
1	[]	数组下标	数组名[常量表达式]	左到右	
	()	圆括号	(表达式)/函数名(形参表)		
	.	成员选择(对象)	对象.成员名		
	->	成员选择(指针)	对象指针->成员名		
2	-	负号运算符	-表达式	右到左	单目运算符
	(类型)	强制类型转换	(数据类型)表达式		
	++	自增运算符	++变量名/变量名++		单目运算符
	--	自减运算符	--变量名/变量名--		单目运算符
	*	取值运算符	*指针变量		单目运算符
	&	取地址运算符	&变量名		单目运算符
	!	逻辑非运算符	!表达式		单目运算符
	~	按位取反运算符	~表达式		单目运算符
	sizeof	长度运算符	sizeof(表达式)		
3	/	除	表达式/表达式	左到右	双目运算符
	*	乘	表达式*表达式		双目运算符
	%	余数(取模)	整型表达式/整型表达式		双目运算符
4	+	加	表达式+表达式	左到右	双目运算符
	-	减	表达式-表达式		双目运算符
5	<<	左移	变量<<表达式	左到右	双目运算符
	>>	右移	变量<<表达式		双目运算符
6	>	大于	表达式>表达式	左到右	双目运算符
	>=	大于或等于	表达式>=表达式		双目运算符
	<	小于	表达式<表达式		双目运算符
	<=	小于或等于	表达式<=表达式		双目运算符
7	==	等于	表达式==表达式	左到右	双目运算符
	!=	不等于	表达式!=表达式		双目运算符
8	&	按位与	表达式&表达式	左到右	双目运算符
9	^	按位异或	表达式^表达式	左到右	双目运算符
10	|	按位或	表达式|表达式	左到右	双目运算符
11	&&	逻辑与	表达式&&表达式	左到右	双目运算符
12	||	逻辑或	表达式||表达式	左到右	双目运算符

优先级	运算符	名称或含义	使 用 形 式	结合方向	说明
13	?:	条件运算符	表达式 1? 表达式 2:表达式 3	右到左	三目运算符
14	=	赋值运算符	变量=表达式	右到左	
	/=	除后赋值	变量/=表达式		
	*=	乘后赋值	变量 * =表达式		
	%=	取模后赋值	变量%=表达式		
	+=	加后赋值	变量+=表达式		
	-=	减后赋值	变量-=表达式		
	<<=	左移后赋值	变量<<=表达式		
	>>=	右移后赋值	变量>>=表达式		
	&=	按位与后赋值	变量&=表达式		
	^=	按位异或后赋值	变量^=表达式		
	|=	按位或后赋值	变量|=表达式		
15	,	逗号运算符	表达式,表达式,…	左到右	从左向右顺序运算

说明：同一优先级的运算符,运算次序由结合方向所决定。

附录 C　常见的 C 库函数

1. 字符处理函数

字符处理函数所在函数库为 ctype.h。字符处理函数如表 C-1 所示。

表 C-1　字符处理函数

函 数 原 型	函数功能说明
int isalpha(int ch)	判断 ch 是否是字母,若是字母则返回非 0 值,否则返回 0
int isalnum(int ch)	判断 ch 是否是字母或数字,若是字母或数字则返回非 0 值,否则返回 0
int isascii(int ch)	判断 ch 是否是字符(ASCII 码中的 0~127),若是则返回非 0 值,否则返回 0
int iscntrl(int ch)	判断 ch 是否是控制字符,若 ch 是作废字符(0x7F)或普通控制字符(0x00-0x1F)则返回非 0 值,否则返回 0
int isdigit(int ch)	判断 ch 是否是数字,若 ch 是数字('0'~'9')则返回非 0 值,否则返回 0
int isgraph(int ch)	判断 ch 是否是可显示字符,若是可显示字符(0x21-0x7E)则返回非 0 值,否则返回 0
int islower(int ch)	判断 ch 是否是小写字母若 ch 是小写字母('a'~'z')则返回非 0 值,否则返回 0
int isprint(int ch)	若 ch 是可打印字符(含空格)(0x20-0x7E)则返回非 0 值,否则返回 0
int ispunct(int ch)	若 ch 是标点字符(0x00-0x1F)则返回非 0 值,否则返回 0
int isspace(int ch)	若 ch 是空格、水平制表符('\t')、回车符('\r')、走纸换行符('\f')、垂直制表符('\v')、换行符('\n')则返回非 0 值,否则返回 0
int isupper(int ch)	若 ch 是大写字母则返回非 0 值,否则返回 0
int isxdigit(int ch)	若 ch 是十六进制数则返回非 0 值,否则返回 0
int tolower(int ch)	若 ch 是大写字母则返回相应的小写字母
int toupper(int ch)	若 ch 是小写字母则返回相应的大写字母

2. 数学函数

数学函数所在函数库为 math.h、stdlib.h、string.h、float.h。数学函数如表 C-2 所示。

表 C-2　数学函数

函 数 原 型	函数功能说明
int abs(int i)	返回整型参数 i 的绝对值
double cabs(struct complex znum)	返回复数 znum 的绝对值
double fabs(double x)	返回双精度参数 x 的绝对值
long labs(long n)	返回长整型参数 n 的绝对值
double exp(double x)	返回指数函数 e^x 的值
double frexp(double value,int * eptr)	将双精度数 value 分成尾数 x 和阶 n(以 2 为底),返回 value＝$x*2^n$ 中 x 的值,n 存储在 eptr 中

函 数 原 型	函数功能说明
double ldexp(double value,int exp)	返回 value * 2^{exp} 的值
double log(double x)	返回 lnx 的值
double log10(double x)	返回 $\log_{10} x$ 的值
double pow(double x,double y)	返回 x^y 的值
double pow10(int p)	返回 10^p 的值
double sqrt(double x)	返回 x 的开方
double acos(double x)	返回 x 的反余弦 arccos(x)值,x 为弧度
double asin(double x)	返回 x 的反正弦 arcsin(x)值,x 为弧度
double atan(double x)	返回 x 的反正切 arctan(x)值,x 为弧度
double atan2(double y,double x)	返回 y/x 的反正切 arctan(x)值,y 的 x 为弧度
double cos(double x)	返回 x 的余弦 cos(x)值,x 为弧度
double sin(double x)	返回 x 的正弦 sin(x)值,x 为弧度
double tan(double x)	返回 x 的正切 tan(x)值,x 为弧度
double cosh(double x)	返回 x 的双曲余弦 cosh(x)值,x 为弧度
double sinh(double x)	返回 x 的双曲正弦 sinh(x)值,x 为弧度
double tanh(double x)	返回 x 的双曲正切 tanh(x)值,x 为弧度
double hypot(double x,double y)	返回直角三角形斜边的长度(z), x 和 y 为直角边的长度
double ceil(double x)	返回不小于 x 的最小整数
double floor(double x)	返回不大于 x 的最大整数
void srand(unsigned seed)	初始化随机数发生器
int rand()	产生一个随机数并返回这个数
double poly(double x,int n,double c[])	以形参数组 c 的元素为系数产生一个 n 阶多项式,代入 x 的值计算该多项式的结果并返回
double modf(double value,double * iptr)	将双精度数 value 分解成整数和小数部分,整数部分存入 iptr 指向的单元,函数返回值为小数部分
double fmod(double x,double y)	返回 x/y 的余数
double atof(char * nptr)	将字符串 nptr 转换成浮点数并返回该浮点数
double atoi(char * nptr)	将字符串 nptr 转换成整数并返回该整数
double atol(char * nptr)	将字符串 nptr 转换成长整数并返回该长整数
char * ecvt(double value,int ndigit,int * decpt, int * sign)	将浮点数 value 转换成字符串并返回该字符串
char * fcvt(double value,int ndigit,int * decpt, int * sign)	将浮点数 value 转换成字符串并返回该字符串
char * gcvt(double value,int ndigit,char * buf)	将数 value 转换成字符串存于 buf 中,并返回 buf 的指针
char * ultoa(unsigned long value,char * string, int radix)	将无符号整型数 value 转换成字符串并返回该字符串,radix 为转换时所用的基数
char * ltoa(long value,char * string,int radix)	将长整型数 value 转换成字符串并返回该字符串,radix 为转换时所用的基数
char * itoa(int value,char * string,int radix)	将整数 value 转换成字符串存入 string,radix 为转换时所用的基数

333

附录 C

常见的 C 库函数

函 数 原 型	函数功能说明
double atof(char * nptr)	将字符串 nptr 转换成双精度数,并返回该数,若出现错误则返回 0
int atoi(char * nptr)	将字符串 nptr 转换成整型数,并返回该数,若出现错误则返回 0
long atol(char * nptr)	将字符串 nptr 转换成长整型数,并返回该数,若出现错误则返回 0
double strtod(char * str,char ** endptr)	将字符串 str 转换成双精度数,并返回该数
long strtol(char * str,char ** endptr,int base)	将字符串 str 转换成长整型数,并返回该数

3. 字符串处理函数

字符串处理函数所在函数库为 string. h。字符串处理函数如表 C-3 所示。

表 C-3　字符串处理函数

函 数 原 型	函数功能说明
char * stpcpy(char * dest,const char * src)	将字符串 src 复制到 dest
char * strcat(char * dest,const char * src)	将字符串 src 添加到 dest 末尾
char * strchr(const char * s,int c)	检索并返回字符 c 在字符串 s 中第一次出现的位置
int strcmp(const char * s1,const char * s2)	比较字符串 s1 与 s2 的大小,若 s1<s2 则返回负数,若 s1=s2 则返回 0,若 s1>s2 则返回正数
char * strcpy(char * dest,const char * src)	将字符串 src 复制到 dest
char * strdup(const char * s)	将字符串 s 复制到新建立的内存区域,并返回该区域首地址
int stricmp(const char * s1,const char * s2)	比较字符串 s1 和 s2(不区分大小写字母)
size_t strlen(const char * s)	返回字符串 s 的长度
char * strlwr(char * s)	将字符串 s 中的大写字母全部转换成小写字母,并返回转换后的字符串
char * strncat(char * dest,const char * src, size_t maxlen)	将字符串 src 中最多 maxlen 个字符添加到到字符串 dest 末尾
int strncmp(const char * s1,const char * s2, size_t maxlen)	比较字符串 s1 与 s2 中的前 maxlen 个字符
char * strncpy(char * dest,const char * src, size_t maxlen)	复制 src 中的前 maxlen 个字符到 dest 中
int strnicmp(const char * s1,const char * s2, size_t maxlen)	比较字符串 s1 与 s2 中的前 maxlen 个字符(不区分大小写字母)
char * strnset(char * s,int ch,size_t n)	字符串 s 的前 n 个字符更改为 ch 并返回修改后的字符串
char * strset(char * s,int ch)	将一个字符串 s 中的所有字符设置为给定的字符 ch 的值
char strupr(char * s)	将字符串 s 中的小写字母全部转换成大写字母,并返回转换后的字符串

4. 输入输出函数

输入输出函数所在函数库为 io. h、conio. h、stat. h、dos. h、stdio. h、signal. h。输入输出函数如表 C-4 所示。

表 C-4　输入输出函数

函 数 原 型	说　　明
int kbhit()	本函数返回最近所按的键
int fgetchar()	从文件中获取一个字符,显示在屏幕上
int getch()	从标准输入设备读一个字符,不显示在屏上
int putch()	向标准输出设备写一个字符
int getchar()	从标准输入设备读一个字符,等待按 Enter 键后显示在屏幕上
int putchar()	向标准输出设备写一个字符
int getche()	从标准输入设备读一个字符,不需要按 Enter 键,直接显示在屏幕上
int ungetch(int c)	把字符 c 退回给标准输入设备
int scanf(char * format[,argument…])	从标准输入设备按 format 指定的格式输入数据赋给 argument 指向的单元
int cscanf(char * format[,argument…])	直接从控制台(键盘)读入数据
int puts(char * string)	发送一个字符串 string 给标准输出设备
void cputs(char * string)	发送一个字符串 string 给控制台(显示器),直接对控制台作操作,如显示器即为直接写频方式显示
int printf(char * format[,argument,…])	发送格式化字符串输出给标准输出设备
int cprintf(char * format[,argument,…])	发送格式化字符串输出给控制台(显示器),直接对控制台作操作,如显示器即为直接写频方式显示
int open(char * pathname, int access[, int permiss])	为读或写打开一个文件,按 access 来确定是读文件还是写文件。permiss 为文件属性,可为以下值: S_IWRITE,允许写; S_IREAD,允许读 S_IREAD|S_IWRIT,允许读写
int creat(char * filename,int permiss)	建立一个新文件 filename,并设定文件属性,如果文件已经存在,则清除文件原有内容
int creatnew(char * filenamt,int attrib)	建立一个新文件 filename,并设定文件属性,如果文件已经存在,则返回出错信息。attrib 为文件属性,可以为以下值: FA_RDONLY,只读;FA_HIDDEN,隐藏;FA_SYSTEM,系统
int read(int handle,void * buf,int nbyte)	从文件号为 handle 的文件中读 nbyte 个字符存入 buf 中
int eof(int * handle)	检查文件是否结束,若结束则返回 1,否则返回 0
long filelength(int handle)	返回文件长度,handle 为文件号
int setmode(int handle,unsigned mode)	设定文件号为 handle 的文件的打开方式
long lseek (int handle, long offset, int fromwhere)	将文件号为 handle 的文件的指针移到 fromwhere 后的第 offset 个字节处
long tell(int handle)	返回文件号为 handle 的文件指针当前位置,以字节表示
int lock(int handle,long offset,long length)	对文件共享做封锁
int unlock (int handle, long offset, long length)	打开对文件共享的封锁

函 数 原 型	说　明
int close(int handle)	关闭 handle 所表示的文件处理,若成功则返回 0,否则返回 -1,可用于 UNIX 系统
FILE ＊ fopen (char ＊ filename, char ＊ type)	打开一个文件 filename,打开方式为 type,并返回这个文件指针
int getc(FILE ＊ stream)	从流 stream 中读一个字符,并返回这个字符
int putc(int ch,FILE ＊ stream)	向流 stream 中写入一个字符 ch
int getw(FILE ＊ stream)	从流 stream 中读入一个整数,错误返回 EOF
int putw(int w,FILE ＊ stream)	向流 stream 中写入一个整数
int ungetc(char c,FILE ＊ stream)	把字符 c 退回给流 stream,下一次读进的字符将是 c
int fgetc(FILE ＊ stream)	从流 stream 中读一个字符,并返回这个字符
int fputc(int ch,FILE ＊ stream)	将字符 ch 写入流 stream 中
char ＊ fgets(char ＊ string,int n,FILE ＊ stream)	从流 stream 中读 n 个字符存入 string 中
int fputs(char ＊ string,FILE ＊ stream)	将字符串 string 写入流 stream 中
int fread(void ＊ ptr,int size,int nitems, FILE ＊ stream)	从流 stream 中读入 nitems 个长度为 size 的字符串存入 ptr 中
int fwrite(void ＊ ptr,int size,int nitems, FILE ＊ stream)	向流 stream 中写入 nitems 个长度为 size 的字符串,字符串在 ptr 中
int fscanf(FILE ＊ stream,char ＊ format[, argument,…])	以格式化形式从流 stream 中读入数据
int fprintf(FILE ＊ stream,char ＊ format[, argument,…])	以格式化形式将一个字符串写给指定的流 stream
int fseek (FILE ＊ stream, long offset, int fromwhere)	函数把文件指针移到 fromwhere 所指位置的向后 offset 个字节处,fromwhere 可以为以下值:SEEK_SET,文件开关;SEEK_CUR,当前位置;SEEK_END,文件尾
long ftell(FILE ＊ stream)	函数返回定位在 stream 中的当前文件指针位置,以字节表示
int rewind(FILE ＊ stream)	将当前文件指针 stream 移到文件开头
int feof(FILE ＊ stream)	检测流 stream 上的文件指针是否在结束位置
int ferror(FILE ＊ stream)	检测流 stream 上是否有读写错误,如果有错误就返回 1
void clearerr(FILE ＊ stream)	清除流 stream 上的读写错误
int fclose(FILE ＊ stream)	关闭一个流,可以是文件或设备(例如 LPT1)
int fcloseall()	关闭所有除 stdin 或 stdout 外的流

5. 存储分配函数

　　存储分配函数所在函数库为 dos. h、alloc. h、malloc. h、stdlib. h、process. h。存储分配函数如表 C-5 所示。

表 C-5 存储分配函数

函 数 原 型	函数功能说明
void * calloc(unsigned nelem,unsigned elsize)	分配 nelem 个长度为 elsize 的内存空间并返回所分配内存的指针
void * malloc(unsigned size)	分配 size 个字节的内存空间,并返回所分配内存的指针
void free(void * ptr)	释放先前所分配的内存,所要释放的内存的指针为 ptr
void * realloc(void * ptr,unsigned newsize)	改变已分配内存的大小,ptr 为已分配有内存区域的指针,newsize 为新的长度,返回分配好的内存指针

常见的 C 库函数

参 考 文 献

[1] 聚慕课教育研发中心.C语言从入门到项目实践[M].北京：清华大学出版社,2018.

[2] 明日科技.C++项目开发全程实录[M].2版.北京：清华大学出版社,2018.

[3] 耿国华.数据结构——用C语言描述[M].北京：高等教育出版社,2018.

[4] 王国钧,唐国民,等.C/C++程序设计基础实验教程(C语言版)[M].北京：清华大学出版社,2009.

[5] 张树粹.C/C++程序设计[M].北京：清华大学出版社,2010.

[6] 教育部考试中心.C++语言程序设计[M].北京：高等教育出版社,2019.

[7] 郑莉,董江舟.C++语言程序设计[M].4版.北京：清华大学出版社,2010.

[8] 谭浩强.C++程序设计[M].2版.北京：清华大学出版社,2011.

[9] 鲁丽,张翼,等.C++面向对象程序设计(微课版)[M].北京：人民邮电出版社,2018.

图 书 资 源 支 持

感谢您一直以来对清华版图书的支持和爱护。为了配合本书的使用，本书提供配套的资源，有需求的读者请扫描下方的"书圈"微信公众号二维码，在图书专区下载，也可以拨打电话或发送电子邮件咨询。

如果您在使用本书的过程中遇到了什么问题，或者有相关图书出版计划，也请您发邮件告诉我们，以便我们更好地为您服务。

我们的联系方式：

地　　址：北京市海淀区双清路学研大厦 A 座 701

邮　　编：100084

电　　话：010-83470236　010-83470237

资源下载：http://www.tup.com.cn

客服邮箱：2301891038@qq.com

QQ：2301891038（请写明您的单位和姓名）

用微信扫一扫右边的二维码，即可关注清华大学出版社公众号"书圈"。

资源下载、样书申请

书圈

扫一扫，获取最新目录

课 程 直 播